21世纪普通高校计算机公共课程系列教材

计算机应用基础

统信UOS操作系统+WPS

郭风 岳溥庥 宋燕星 编著

清华大学出版社

北京

内 容 简 介

本书是一本关于统信 UOS 系统管理和 WPS Office 办公软件应用的实用教程。

全书分为 2 篇,第 1 篇介绍了统信 UOS 操作系统,从系统安装、软件应用管理、桌面环境、实用工具及系统维护,文件管理、网络应用翔实地阐述了 UOS 操作系统在日常办公场景中的基础知识;第 2 篇介绍了 WPS Office 2019 的应用,从文字处理、电子表格到演示文稿,翔实地阐述了办公组件的功能和具体应用。

本书内容循序渐进,理论与讲解与实例应用相结合,既注重理论知识的系统性和适用性,又强调了实践能力的培养,适合作为高校各专业通识课程的教材和社会培训的教材使用。

图书在版编目(CIP)数据

计算机应用基础：统信 UOS 操作系统＋WPS / 郭风,岳溥庥,宋燕星编著. -- 北京：清华大学出版社,2025.8. --(21 世纪普通高校计算机公共课程系列教材). -- ISBN 978-7-302-70158-3

Ⅰ. TP316;TP317.1

中国国家版本馆 CIP 数据核字第 2025FU2779 号

责任编辑:贾　斌　薛　阳
封面设计:刘　键
责任校对:胡伟民
责任印制:杨　艳

出版发行:清华大学出版社
　　　网　　　址:https://www.tup.com.cn,https://www.wqxuetang.com
　　　地　　　址:北京清华大学学研大厦 A 座　　　邮　　编:100084
　　　社 总 机:010-83470000　　　邮　　购:010-62786544
　　　投稿与读者服务:010-62776969,c-service@tup.tsinghua.edu.cn
　　　质量反馈:010-62772015,zhiliang@tup.tsinghua.edu.cn
　　　课件下载:https://www.tup.com.cn,010-83470236
印 装 者:三河市天利华印刷装订有限公司
经　　销:全国新华书店
开　　本:185mm×260mm　　印　　张:15　　　　字　　数:375 千字
版　　次:2025 年 9 月第 1 版　　　　　　　　印　　次:2025 年 9 月第 1 次印刷
印　　数:1～1500
定　　价:49.80 元

产品编号:100080-01

前　言

近十年来，移动互联迅猛发展，基于安卓、鸿蒙系统的手机办公应用不断丰富、成熟、普及并进入日常办公、教学、商务会议等使用场景。手机通过有线、无线连接显示设备进行日常办公、教学越来越普遍。近几年来信创高速推进，统信、麒麟等操作系统不断进入办公学习中，在桌面操作系统中占比越来越高，熟练使用统信、麒麟等系统，成为办公学习的基础必备，而困扰用户的设备驱动问题，伴随迁移工具日渐丰富迎刃而解，比如传统 Windows 设备驱动，Windows 特定软件通过 Wine 运行在统信操作系统上。与 Linux、安卓近缘，能运行 Windows 驱动和应用，界面风格友好的统信操作系统在桌面办公操作系统中占比不断增加。在 Office 办公软件中，WPS Office 在 Linux、统信、安卓、鸿蒙、Mac、iOS、Windows 等桌面操作系统、手机操作系统中都有较好的实现、在微信小程序中使用也很方便，学习 WPS Office 以便在信创、移动互联趋势下，更好地进行日常办公和学习引起用户的关注。

本书是一本介绍统信 UOS 和 WPS Office 办公软件应用的实用教程，编写的宗旨是使读者能够掌握 UOS 操作系统的使用、维护和管理，掌握 WPS Office 办公软件的相关知识和应用方法，掌握在网络环境下操作计算机进行信息处理的基本技能。满足日常办公、学习、商务会议的需要。本书内容丰富、新颖，面向应用，重视操作能力、综合应用和创造能力的培养，结构合理，内容翔实。

全书分为 2 篇，第 1 篇介绍了统信 UOS 操作系统，从系统安装、软件应用管理、桌面环境、实用工具及系统维护，文件管理、网络应用翔实地阐述了 UOS 操作系统在日常办公场景中的基础知识；第 2 篇介绍了 WPS Office 2019 的应用，从文字处理、电子表格到演示文稿，翔实地阐述了办公组件的功能和具体应用。其中第 1～3 章、第 9、10 章由郭风编写，第 5 章、第 11 章由岳溥庥编写，第 4 章、第 12 章由宋燕星编写，第 6～8 章由王宝强编写。全书内容设计由岳溥庥完成，全书统稿由郭风、宋燕星完成。

由于时间仓促和编者水平有限，书中难免有疏漏和不妥之处，敬请读者提出宝贵意见。

编　者

2025 年 6 月

目　录

第 1 篇　统信 UOS

第 2 篇　WPS 应用

第1篇
统信UOS

第1章　计算机操作系统概述

计算机技术的基本特征是以操作系统为主体,以计算机硬件为依托而构成的一种称为基本平台的综合保障体系,或者说是保障整个计算机系统正常运行的工作环境。学习计算机技术的首要任务就是先学会一种或几种操作系统的使用方法,或者先学会一种或几种基本平台的操作方法。

1.1　计算机操作系统简介

操作系统是一套复杂的系统软件,其作用是有效地管理计算机系统的所有硬件和软件资源,合理地组织整个计算机的工作流程,并为用户提供一系列操作计算机的实用功能和高效、方便、灵活的操作环境。

1.1.1　操作系统的概念

计算机发展到今天,从个人计算机到巨型计算机系统,毫无例外地都配置了一种或多种操作系统。引入操作系统是为了给计算机系统的功能扩展提供支撑平台,使其在追加新的服务和功能时更加容易并且不影响原有的服务与功能。

操作系统(Operating System,OS)是计算机系统中的一个系统软件,它是这样一些程序模块的集合——它们管理和控制计算机系统中的硬件及软件资源,合理地组织计算机工作流程,以便有效地利用这些资源为用户提供一个具有足够的功能、使用方便、可扩展、安全和可管理的工作环境,从而在计算机与其用户之间起到接口的作用。

操作系统的几个主要特点是:它是一个管理计算机软硬件资源的系统软件,它为用户提供尽可能多的服务,它的管理过程根据用户要求不同而有所不同,但主要是为了让用户高效率地共享计算机软硬件资源,但又要保证其可靠性、安全性、可用性和可管理性。

1.1.2　操作系统的功能

操作系统的功能可以概括为计算机的硬件资源管理、文件系统、用户接口和系统监控4个方面。

1. 硬件资源管理

操作系统把 CPU 的计算能力、存储器的存储空间、输入/输出设备的信息通信能力,以及在存储器中所存储的文件(数据和程序)等都看成计算机系统的"资源"。因此,计算机硬件资源管理主要包括 CPU 的调度和管理、内存储器及虚拟存储空间(可寻址空间)的分配和管理,以及输入/输出设备管理及其通信支持等。

2. 文件系统

文件是指一组信息的集合。外存储器所存储的信息尽管种类繁多,但都是以文件的形式存储和操作的。文件系统需要解决两方面的问题:一是要有效地利用外存储器等硬件设备的存储能力,设法适应各种硬件的具体工作方式和特点;二是要保证与文件有关的各种操作,如新文件的建立、已有文件的读写和更改等,能够方便有效地进行。

3. 用户接口

操作系统为用户提供了方便灵活地使用计算机的手段,即提供一个友好的用户接口。一般来说,操作系统提供两种方式的接口为用户服务。一种接口是程序一级的接口,即提供一组广义指令供用户程序和其他系统程序调用。另一种接口是作业一级的接口,提供一组控制操作命令供用户去组织和控制自己作业的运行。

4. 系统监控

系统监控是指负责计算机系统的安全性以及计算机系统对它所执行的当前各项任务的监控等任务。操作系统对计算机系统进行监控一方面是为了更好地满足计算机用户的需求,另一方面也是为了尽量发挥整个系统的能力。

1.1.3 几种主要的操作系统

操作系统是用户与计算机之间通信的桥梁,为用户提供访问计算机资源的环境。一个好的操作系统不但能使计算机系统中的软件和硬件资源得以充分利用,还要为用户提供一个清晰、简洁、易用的工作界面。用户通过使用操作系统提供的命令和交互功能实现各种访问计算机的操作。

1. MS-DOS 操作系统

MS-DOS 操作系统是美国微软(Microsoft)公司在 1981 年为 IBM-PC 微型计算机开发的操作系统。它是一种单个用户独占式使用,并且仅限于运行单个计算任务的操作系统。在运行时,单个用户的唯一任务占用计算机上的资源,包括所有的硬件和软件资源。

MS-DOS 有很明显的弱点:一是它作为单任务操作系统已不能满足需要。另外,由于最初是为 16 位微处理器开发的,因而所能访问的内存地址空间太小,限制了微型计算机的性能。而现有的 32 位、64 位微处理器留给应用程序的寻址空间非常大,当内存的实际容量不能满足要求时,操作系统要能够用分段和分页的虚拟存储技术将存储容量扩大到整个外存储器空间。在这一点上,MS-DOS 原有的技术就无能为力了。

2. Windows 操作系统

Windows 操作系统是由美国微软公司研发的操作系统,问世于 1985 年。起初是 MS-DOS 模拟环境,后续由于微软对其进行不断更新升级,提升易用性,使 Windows 成为应用最广泛的操作系统。

Windows 采用了图形用户界面(Graphical User Interface,GUI),比起从前的 MS-DOS 需要输入指令使用的方式更为人性化。随着计算机硬件和软件的不断升级,Windows 也在不断升级,从架构的 16 位、32 位再到 64 位,系统版本从最初的 Windows 1.0、Windows 3.1 到人们熟知的 Windows 95、Windows 98、Windows 2000、Windows XP、Windows 7、Windows 10、Windows 11 和 Windows Server 服务器企业级操作系统,微软一直在致力于 Windows 操作系统的开发和完善。

3. UNIX 操作系统

UNIX 是在操作系统发展历史上具有重要地位的一种多用户多任务操作系统。它是20 世纪 70 年代初期由美国贝尔实验室用 C 语言开发的,首先在许多美国大学中推广,而后在教育科研领域中得到了广泛应用。20 世纪 80 年代以后,UNIX 作为一个成熟的多任务分时操作系统,以及非常丰富的工具软件平台,被许多计算机厂家如 Sun、SGI、Digital、IBM、HP 等公司所采用。这些公司推出的中档以上计算机都配备基于 UNIX 但是换了一种名称的操作系统,如 Sun 公司的 Solaries、IBM 公司的 AIX 操作系统等。

4. Linux 操作系统

Linux 是一个与 UNIX 完全兼容的开源操作系统,但它的内核全部重新编写,并公布所有源代码。Linux 由芬兰人 Linux Torvalds 首创,由于具有结构清晰、功能简捷等特点,许多编程高手和业余计算机专家不断地为它增加新的功能,已成为一个稳定可靠、功能完善、性能卓越的操作系统。Linux 支持 32 位和 64 位硬件,它继承了 UNIX 以网络为核心的设计思想,是一个性能稳定的多用户网络操作系统。目前,Linux 已获得了许多计算机公司,如 IBM、HP、Oracle 等的支持。Linux 有上百种不同的发行版,如基于社区开发的 Debian、Arch Linux 和基于商业开发的 Red Hat Enterprise Linux、SUSE、Oracle Linux 等。

除上述操作系统之外,值得注意的还有 macOSX、IBM 的 OS/2 操作系统。前者是美国苹果计算机公司为自己的苹果机开发的一种多任务操作系统;后者是美国 IBM 公司为替代 DOS 而开发的性能优良的操作系统。

1.2   Linux 操作系统简介

Linux 是一个与 UNIX 完全兼容的开源操作系统,但它的内核全部重新编写,并公布了所有源代码。

1.2.1   GNU 与开源

谈到 Linux 就不得不提及 Linux 背后的 GNU 计划。1983 年,Richard M. Stallman 发起了一项名为 GNU 的国际性的源代码开放计划,并创立了自由软件基金会。自由软件基金会规定了 4 个自由:第一,基于任何目的运行程序的自由;第二,学习和修改源代码的自由;第三,重新发布程序的自由;第四,创建衍生程序的自由。GNU 强调"Free"一词,大部分人对它的理解是"免费"的,实际上这是不确切的,这里的"Free"指的是自由的软件,即自由获取并修改。虽然确实可以免费获得源码,但对于软件的咨询、售后服务、软件升级等增值服务是需要进行付费的,这就是自由软件的商业行为。GNU 的成立对推动 UNIX 操作系统及 Linux 操作系统的发展起到了非常积极的作用。

GNU 项目是建立完全自由(Free)、开放源码(Open Source)的操作系统。但当时没有这样的操作系统,Stallman 就先开发了适用于 UNIX 上运行的小程序,如 Emacs、gcc(GNUC Compiler)和 Bash shell 等。

1985 年,为了避免 GNU 所开发的自由软件被其他人所利用而成为专利软件,Stallman

发布了通用公共许可证,即 GPL 协议。GPL 协议采取两种措施来保护程序员的权利:一是给软件以版权保护;二是给程序员提供许可证。GPL 协议给程序员复制、发布和修改这些软件提供了法律许可。在复制和发布方面,GPL 协议规定,"只要你在每一副本上明显和恰当地给出出版社版权声明和不承担担保声明,保持此许可证的声明和没有担保的声明完整无损,并和程序一起给每个其他的程序接受者一份许可证的副本,你就可以用任何媒体复制和发布你收到的原始程序的源代码。可以为转让副本的实际行为收取一定费用,你也有权选择提供担保以换取一定的费用,但是只要在一个软件中使用 GPL 协议的产品,该软件产品必须采用 GPL 协议,即必须也是开源和免费的。"

目前除了 GPL 协议,常见的开源协议还有木兰协议、LGPL 协议、BSD 协议等。其中,木兰协议是我国首个开源协议,这一开源协议包括 5 个主要方面,涉及授予版权许可、授予专利许可、无商标许可、分发限制和免责声明与责任限制;LGPL 主要是为类库而设计的开源协议,和 GPL 要求任何使用、修改、衍生自 GPL 类库的软件必须采用 GPL 协议不同,LGPL 允许商业软件通过类库引用方式使用 LGPL 类库而不需要开源商业软件的代码;BSD 协议是一个自由度很大的协议,使用者可以自由地使用、修改原代码,也可以将修改后的代码作为开源或者专有软件再发布。

1.2.2　Linux 的诞生

在 GNU 计划的背景下,Linux 于 1991 年诞生,当时的芬兰大学生林纳斯(Linus)出于个人兴趣,基于可移植操作系统接口标准在 x86 处理器上开发了一个类 UNIX 操作系统,这就是 Linux 的开始。作为一个操作系统内核,Linux 本身没有超前的理论创新,也没有宏伟的蓝图设计,它最引人注目的特点在于开发方式。Linux 内核是基于 GPL 第 2 版发布的,其源代码能被任何人访问到,而且任何人都能参与到 Linux 的开发中。实际上,现在已有超过 1200 家公司、2 万多人为 Linux 内核提交过代码,其中包括一些知名的软硬件发行商。随着各 Linux 操作系统的成熟与流行,Linux 内核已经部署运行在全世界大部分的服务器、智能手机以及相当数量的桌面计算机上,取得了巨大的成功。

需要说明的是,提起 Linux 的时候,往往指的是 Linux 内核(Kernel),而不是一般意义上的操作系统。内核是操作系统的核心。Linux 内核运行在处理器的特权级别,包含进程管理、内存管理、文件管理、设备管理等功能,能通过驱动程序和固件对底层的硬件进行管理,并提供系统调用等一系列接口给应用使用。但是内核不能被直接使用,它是为软硬件服务的。用户平时都是通过应用(如命令行程序 bash 或桌面环境等)来使用计算机操作系统的,这些应用实际上还依赖于一系列的软件库。因此,一个 Linux 操作系统实际上就是在 Linux 内核的基础上,加上常见的软件库与软件形成的。

1.2.3　统信 UOS 操作系统概述

在 Linux 发展的这几十年中,陆续涌现出一大批优秀的,基于 Linux 内核的发行版操作系统。我国软件产业起步较晚,操作系统领域很长一段时间都由国外公司垄断。近些年来,经过我国软硬件厂商的不断努力和大量资源的投入,国产操作系统生态体系在不断发展壮大,例如,统信 UOS 操作系统及其应用生态也日趋成熟。

统信 UOS 操作系统(简称 UOS 操作系统)基于 Linux 内核,同源异构支持多种 CPU 架构(如 AMD64、ARM64、MIPS64、SW64)和 CPU 平台(如鲲鹏、龙芯、申威、海光、兆芯、飞腾),具有简洁的人机交互界面、美观应用的桌面应用、安全稳定的系统服务,是真正可用和好用的操作系统。UOS 操作系统通过对硬件外设的适配支持,对应用软件的兼容和优化,以及对应用场景解决方案的构建,能够满足项目支撑、平台应用、应用开发和系统定制等需求。

计算机操作系统概述

第2章   统信 UOS 安装

一个计算机系统必须具备完整的硬件系统和操作系统之后,才能真正实现计算机和用户之间的人机交互功能。本章将介绍 UOS 操作系统安装过程中的关键步骤,以及硬件信息、备份还原操作系统等基础知识。

2.1   系统安装基础知识

在安装统信 UOS 操作系统之前,要检查系统硬件是否符合配置的基本要求,以及了解 BIOS、UEFI 等接口知识。

2.1.1   配置要求

操作系统在安装前需要确保计算机满足如表 2-1 所示的硬件要求,如果低于该配置要求,用户将无法很好地体验 UOS 桌面版。

表 2-1   UOS 桌面版安装硬件配置要求

硬 件 名 称	配 置 要 求
处理器	2.0GHz 多核或主频更高的处理器
内存	4GB 或更高的物理内存
硬盘	64GB 或更多可用的硬盘空间
显卡	1024×768px 或更高的屏幕分辨率
声卡	支持大部分现代声卡

2.1.2   BIOS

BIOS(Basic Input Output System,基本输入输出系统)是固化到计算机内主板上一个 ROM 芯片上的程序。因为 BIOS 是计算机通电后第一个运行的程序,所以 BIOS 为计算机提供最底层的、最直接的硬件设置和控制。主要有以下三个功能:一是通电自检,即检查计算机硬件,包括 CPU、内存、硬盘、串口、并口等是否损坏,如果损坏则发出警报;二是初始化,主要是创建中断向量、设置寄存器、设定硬件参数等,还要负责引导、加载操作系统启动程序(一般是主引导记录 MBR Master Boot Record);三是程序服务处理和硬件中断处理,主要是将一部分与硬件处理相关的接口提供给操作系统,并处理操作系统指令和硬件中断的内容。

2.1.3   UEFI

UEFI(Unified Extensible Firmware Interface,统一可扩展固件接口)是一种用于替代

传统 BIOS 的固件接口标准,它提供了操作系统和硬件之间的桥梁,负责启动计算机和加载操作系统。相比传统 BIOS,UEFI 具备更高的安全性、支持大容量硬盘、提供启动项管理且启动速度更快、可以支持更多的功能和技术。

2.1.4 分区和分区表

硬盘作为计算机主要的外部存储设备,通常具备比较大的存储空间,为了有效利用且方便管理大容量存储空间,一般采用硬盘分区的方式将硬盘拆分成一个或多个逻辑存储单元,一个逻辑存储单元是一个分区。根据分区方式的不同,在硬盘进行分区时需要在硬盘上记录不同的索引数据,用以维护硬盘上的位置、大小等分区信息。这个索引数据就是通常所说的分区表,常见的分区表有主引导记录、分区表和全局唯一标识磁盘分区表。

2.2 UOS 的安装

2.2.1 下载 UOS

UOS 操作系统是一套基于 Linux 开源技术研发的发行版操作系统,个人用户和企业用户都可以通过网络下载并安装该操作系统。UOS 操作系统的获取方式非常简单,通过搜索"统信软件技术有限公司",进入统信软件官方网站,在该网站下载 ISO 格式的 UOS 操作系统镜像文件即可。

由于不同的 CPU 架构及平台的硬件架构和底层指令代码不同,作为管理和控制硬件系统的操作系统必须要与硬件系统正确匹配,才能实现控制、管理和维护硬件系统的功能。UOS 操作系统支持多种 CPU 架构和平台,所以用户下载前需要首先确认自己的硬件系统的平台和架构类型,然后核对自己的硬件是否符合 UOS 操作系统的如表 2-1 所示的最低要求,选择下载与自己计算机硬件系统相对应的操作系统文件。

在核对硬件系统的基本要求后,用户可以通过统信软件官方网站下载匹配的 UOS 操作系统 ISO 镜像文件。为了安装 UOS 操作系统,用户还需要准备一个 8GB 以上的空白 U 盘来制作系统启动盘。在做好这些准备工作后,就可以正式进入 UOS 操作系统的安装阶段。

2.2.2 制作启动盘

将在统信软件官方网站下载的操作系统 ISO 格式文件存储到 U 盘中,使用 U 盘来制作 UOS 操作系统的启动盘。目前流行的启动盘制作工具较多,如 RUFUS、深度启动盘制作工具等。这里以深度启动盘制作工具为例介绍制作启动盘。

(1) 启动深度启动盘制作工具,单击 Reselect an ISO image file 按钮,选择已下载好的 UOS 操作系统 ISO 格式文件。

(2) 单击 Next 按钮,在进入的下一页界面中选择准备好的 U 盘。

(3) 为了提高启动盘制作的成功率,建议在页面中勾选 Formating disk can increase the making success rate 选项来格式化 U 盘。

(4) 单击 Start making 按钮,开始制作启动盘。

这里建议将 U 盘格式化为 FAT32 格式,以便启动盘制作工具能够正确识别 U 盘,通过启动盘制作工具,选择之前下载的 UOS 操作系统 ISO 格式文件,就可以利用该工具的智能向导自动制作启动盘,当启动盘制作工具提示制作成功后,一个可用于引导和安装 UOS 操作系统的启动盘就制作完成了。

2.2.3　安装 UOS 操作系统

将制作好的启动盘插入 USB 口,并重新启动计算机。按下启动计算机的 BIOS 快捷键(不同类型的计算机对应的快捷键不同,常见计算机类型对应的 BIOS 快捷键如表 2-2 所示),进入 BIOS 界面,将启动盘设置为第一启动项并保存设置。在进入 BIOS 界面后,选择使用制作好的启动盘启动计算机,计算机重新启动后,启动盘将会自动启动 UOS 操作系统的安装向导程序。

表 2-2　不同计算机的 BIOS 快捷键

计算机类型	快　捷　键
一般台式计算机	Delete
一般笔记本计算机	F2
惠普笔记本计算机	F10
联想笔记本计算机	F12
苹果笔记本计算机	C

进入 UOS 操作系统的安装向导程序后,在启动盘的引导下进入 UOS 操作系统安装界面,系统会默认选中 Install UOS 20 desktop 选项,用户可按 Enter 键确认,或等待 5s 后自动进入安装向导程序。此时在安装向导程序界面左侧显示当前的安装步骤,当前默认的安装步骤为"选择语言",在该界面用户所进行的操作步骤如下。

(1) 选择语言,系统默认使用"简体中文"。

(2) 安装操作系统前,用户需要阅读相应的许可协议并勾选同意。

(3) 单击"下一步"按钮,进入磁盘分区管理界面。

2.2.4　硬盘分区

在 UOS 操作系统的安装过程中,硬盘分区是很重要的安装步骤,要理解硬盘分区的设置,需要先了解分区、格式化和挂载等概念。

分区是指将硬盘的存储空间划分成多个区域,每一个区域都是一个相对独立的空间,使用多个分区的重要目的是将不同种类的文件,分门别类地存储到不同的分区中,以便于操作系统对文件进行管理。建议用户在不同的分区存储不同类型的文件,这样能够大幅提高操作系统对文件的管理和查找效率。

为了使分区中的文件组织成操作系统能够处理的形式,需要对分区进行格式化,即按照操作系统能够读写的文件系统格式进行初始化操作。

在操作系统中,分区在格式化之后,还要经过挂载才可以使用,挂载可简单地理解为将分区关联到目录树中某个已知目录上;挂载点,简单地说,就是所关联的已知目录。

在安装向导的硬盘分区步骤中,有"全盘安装"和"手动安装"两种类型可以选择。

全盘安装是指操作系统自动使用整个硬盘安装操作系统。全盘安装形式下,具体的硬盘分区和目录挂载形式是由安装向导自动对其进行分区操作的,用户不需要参与。因此,可以认为全盘安装是一种全自动安装形式。全盘安装状态下,安装向导会自动将硬盘分区,并设置分区格式。系统自动将硬盘分为两个区:一个是系统分区"/boot",操作系统程序安装于此分区;另一个是数据分区"/data",主要用于存放应用数据。此外,用户可以选择"全盘加密",将整个硬盘的所有数据都进行加密,设置成更加安全的数据存储形式,如果选择"全盘加密",会要求用户输入访问密码,用户须牢记密码。

手动安装是用户自己选择和指定分区的大小、文件系统,并进行目录的挂载。

2.2.5 系统初始化

为了更便捷地使用 UOS,需要对操作系统进行初始化设置,如选择语言、设置键盘布局、设置时区、创建账户和优化系统配置。

1. 选择语言

在初始化页面先选择左侧窗格中的"选择语言",然后在右侧窗格中选择"语言"下拉列表中的"简体中文"选项,并勾选页面下方的"同意"和"我已仔细阅读并同意"复选框,单击"下一步"按钮,进入键盘布局设置界面。

2. 设置键盘布局

在键盘布局设置界面,用户可以自定义设置键盘布局,并在测试区域对键盘进行测试,默认选择的键盘布局为"汉语"。设置完键盘布局后单击"下一步"按钮,进入时区设置界面。

3. 设置时区

选择左侧窗格的"选择时区",然后在右侧窗格中进行时区设置。在选择时区界面时,可通过地图模式和列表模式选择时区。

地图模式下,用户可以在地图上单击选择自己所在的国家或地区,系统会根据选择显示相应国家或地区的城市,如果被选择的区域中有多个国家或地区时,系统会以列表的形式显示多个城市的列表,用户可以在列表中选择城市。

列表模式下,用户可以先选择所在的区域,再选择自己所在的城市。

在选择时区界面下方,勾选"手动设置时间"复选框,可以手动设置时间。单击"下一步"按钮,进入创建账户界面。

4. 创建账户

在创建账户界面,用户可以设置用户头像、用户名、计算机名、密码等,设置相关信息后,单击"下一步"按钮,进入优化系统配置界面。

5. 优化系统配置

系统自动完成这一环节,系统自动优化完成后就完成了所有的安装步骤,UOS 操作系统就会自动进入如图 2-1 所示的用户登录界面,输入正确的密码后,即可登录 UOS 操作系统,进入 DDE 桌面环境。

2.2.6 授权与激活

UOS 操作系统安装完成后,需要进行操作系统的授权和激活。操作系统的授权状态分为两种,分别为"已激活"和"未激活"。如果操作系统未激活,则在任务栏的系统图标区会显示授权管理图标,并且桌面背景的右下角会显示"试用期",如图 2-2 所示。

单击任务栏系统图标区的授权管理图标,进入授权管理界面;或者也可以通过控制中

图 2-1　用户登录界面

心的"系统信息"选项,查看版本授权栏目进入授权管理界面,如图 2-2 所示。在授权管理界面单击"输入序列号"或"导入激活文件"按钮,然后根据提示输入序列号或导入激活文件。用户可通过统信软件官方网站申请授权和用于操作系统激活的序列号或激活文件。授权管理是操作系统预装的工具,利用该工具可以帮助用户激活操作系统,操作系统激活后,用户可以获得更高的管理权限,体验更加完整的功能。

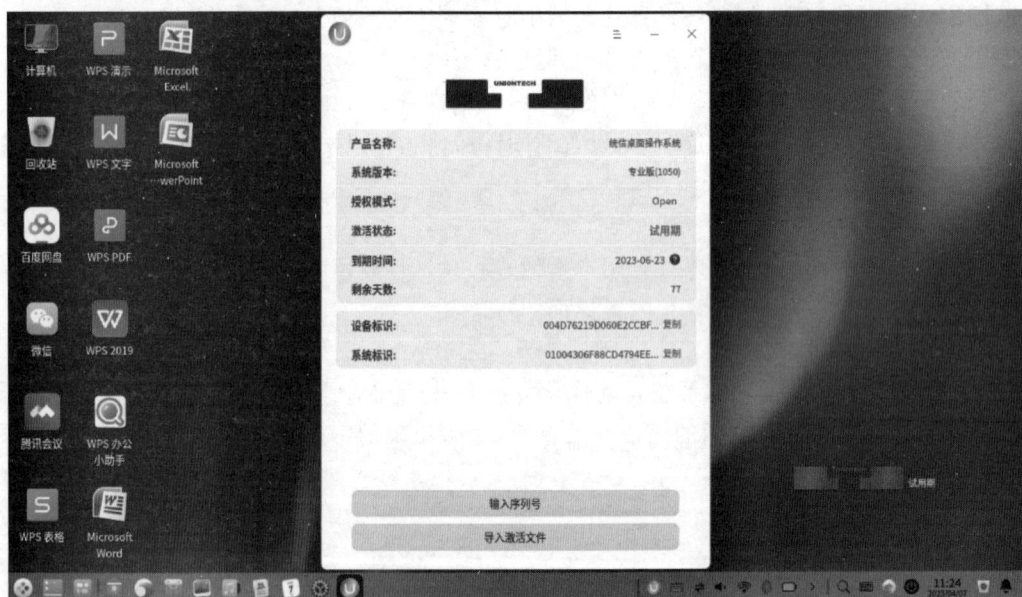

图 2-2　系统激活管理

第3章 DDE 桌面环境

UOS 操作系统使用的是 DDE 桌面环境。DDE 桌面环境以用户的需求为导向，充分考虑到了用户的操作习惯，提供了美观易用、操作简单的环境。

3.1 登录到桌面

UOS 操作系统集成了 DDE 桌面环境，用户在 DDE 桌面环境下，能够通过图形化的交互界面，实现操作系统的绝大部分操作功能。

3.1.1 认识 UOS 桌面

UOS 操作系统的 DDE 桌面环境主要包括桌面背景、任务栏和桌面图标等，如图 3-1 所示。

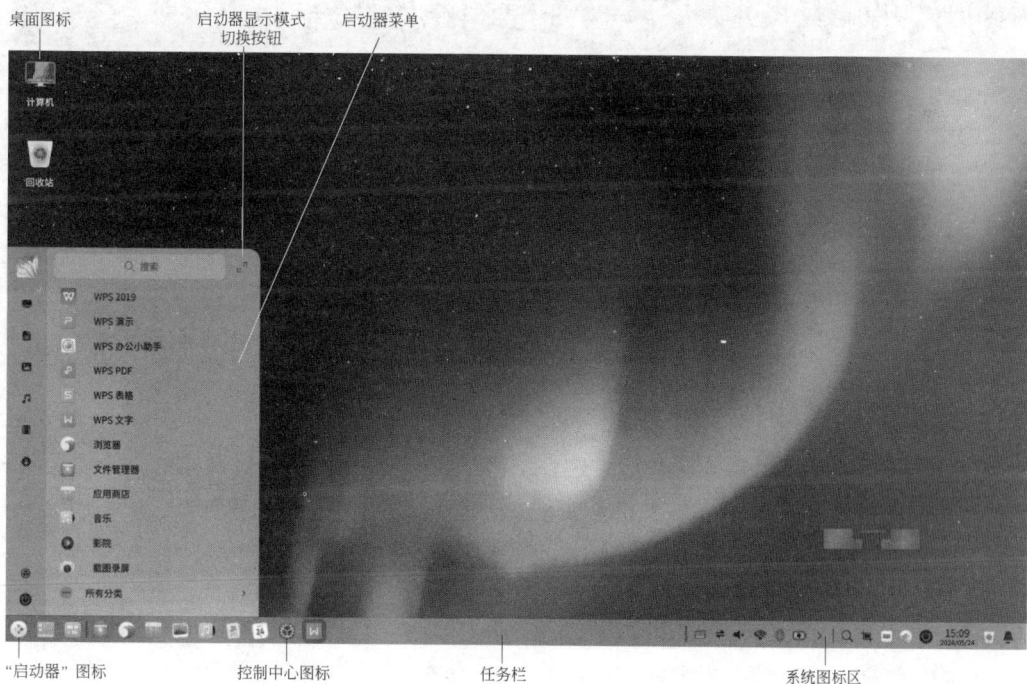

图 3-1　UOS 操作系统的 DDE 桌面环境

1. 启动器

启动器是负责维护和管理 UOS 操作系统中的所有软件的核心部件。启动器有两种显示模式,即菜单模式和全屏平铺模式。单击"启动器"图标 打开启动器菜单,进入菜单模式,该模式和 Windows 中的"开始"菜单比较相似。单击图 3-1 中启动器菜单右上角的显示模式切换按钮,可将启动器转换为全屏平铺模式,如图 3-2 所示。启动器的两种显示模式切换灵活,用户可以选择自己喜欢的模式。启动器中集成了浏览器、文件管理器、应用商店、音乐、影院、截图录屏、看图、相册,以及控制中心等应用软件和工具。

图 3-2　启动器全屏平铺模式

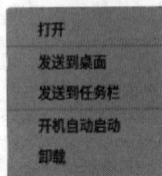

图 3-3　应用软件快捷菜单

用户通过启动器能快捷地启动应用软件,所以可以将启动器看作各类应用软件的便捷管理工具。在应用软件图标上右击鼠标,可弹出如图 3-3 所示的快捷菜单,通过该菜单,还可以实现常用的软件管理功能,如将该应用软件的快捷方式添加到桌面,将该应用软件添加到任务栏中或从任务栏中移除,将该应用软件设置为"开机自动启动",直接通过启动器卸载该应用软件等。

2. 任务栏

任务栏是位于桌面底部的长条形组件,主要集合了启动器图标、控制中心图标、系统图标、关机图标等。利用如图 3-1 所示的任务栏,可以打开启动器、显示桌面、进入工作区以及进行相关程序的打开、新建、关闭、强制退出等操作,还可以设置输入法、调节音量、查看日历、连接 Wi-Fi、进入关机界面等。

3. 控制中心

控制中心的主要功能包括账户设置、UOS ID 设置、显示设置等。用户可以在启动器中查找并打开控制中心,此外,也可以通过单击任务栏中的控制中心图标将其打开。打开后的控制中心其界面如图 3-4 所示。

图 3-4　控制中心界面

3.1.2　注销与关机

UOS 操作系统是一个多用户操作系统,单击任务栏右侧的关机图标,会弹出注销窗口。注销窗口中提供 7 种选项:关机是关闭计算机;重启是关闭并重新启动计算机;待机是将计算机除内存外的设备进行断电,从待机状态恢复后,可直接回到待机前的状态;休眠模式下,系统会自动将当前运行的程序和数据全部转存到磁盘的休眠文件中,然后切断对所有设备的供电,当从休眠模式恢复时,系统会从休眠文件恢复数据,并返回到休眠之前的状态;锁定是指锁定当前用户后,当前正在运行的程序会在锁定状态下运行,用户再次登录系统时,需要输入当前账户密码;切换用户是切换当前用户;注销是指注销计算机后,当前正在运行的程序会被关闭,系统会清除当前登录用户的账户信息,下次开机后用户可重新输入账户信息登录系统。

3.2　桌面布局

桌面是指登录后可以看到的主屏幕区域。在桌面上可以进行图标设置、壁纸屏幕保护设置、任务栏设置等。

3.2.1　图标、壁纸与屏保设置

1. 设置图标排列方式和图标大小

在桌面空白处右击鼠标,弹出如图 3-5 所示的快捷菜单,选择"排序方式",在其级联菜单中可以选择按名称、修改时间、大小、类型进行排序。如果选择图 3-5 中的"自动排列",桌

15

第 3 章

DDE 桌面环境

面图标将自上而下、自左而右按照当前的排序规则进行排列,当有图标被删除时,后面的图标会自动向前填充。

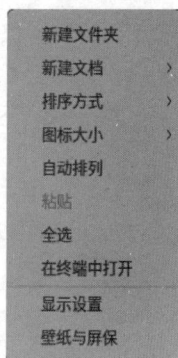

桌面上的图标大小可以根据需要进行调整。在桌面空白处右击鼠标,在图 3-5 中选择"图标大小",在其级联菜单中可以选择极小、小、中、大、极大的显示方式。或者使用快捷键 Ctrl＋ ＋/－或按住 Ctrl＋鼠标滚轮,也可以调整桌面图标大小。

2. 设置壁纸

选择一些精美、时尚的壁纸美化桌面,可以让计算机的显示与众不同。在桌面空白处右击鼠标,在弹出的如图 3-5 所示的快捷菜单中,选择"壁纸与屏保",在桌面底部可以预览所有壁纸,如图 3-6 所示。选择某一款壁纸后,单击"桌面"按钮,壁纸就会在"桌面"生效;单击"锁屏"按钮,壁纸就会在"锁屏"时生效;单击"同时设置"按钮,则壁纸就会在"桌面"和"锁屏"同时生效;勾选"自动更换壁纸"复选框,可以设置自动更换壁纸的时间间隔,在"登录时"或"唤醒时"自动更换壁纸。如果希望使用自己喜欢的图片作为桌面壁纸,可以在图片查看器中进行设置。

图 3-5　桌面快捷菜单

图 3-6　更改壁纸

3. 设置屏保

屏幕保护程序原本是为了保护显示器的显像管,现在一般用于个人计算机的隐私保护。在图 3-6 中单击"屏保"按钮,切换到屏保设置,在桌面底部可以预览所有屏保。单击某个屏保的缩览图即可使其设置生效,同时还可以在缩览图上方设置闲置的时间,当计算机闲置达到指定时间后,系统将启动选择的屏幕保护程序。勾选"恢复时需要密码"复选框,则可以进行密码设置,更好地保护个人隐私。

3.2.2 剪贴板与回收站设置

1. 设置剪贴板

剪贴板用于展示当前用户登录操作系统后复制和剪切的所有文本、图片以及文件,每次粘贴时,复制的是最后一次剪切或复制到剪贴板上的内容。使用剪贴板可以快速复制其中的某项内容。使用快捷键 Ctrl+Alt+V 可以打开剪贴板,如图 3-7 所示。双击剪贴板内的某一区块,会快速复制当前区块的内容,且当前区块会被移动到剪贴板顶部,选择目标位置进行粘贴时,该区块就会复制到目标位置。将光标移入剪贴板的某一区块,单击其右上方的"关闭"按钮,可以关闭当前区块;单击顶部的"全部清除"按钮,可以清空剪贴板。

2. 设置回收站

在回收站中可以找到计算机中被临时删除的文件,选择还原或删除这些文件,还可以清空回收站。

在回收站中选择要恢复的文件,在其上右击鼠标,在弹出的快捷菜单中选择"还原",则文件将还原到删除前的存储路径。如果文件原来所在的文件夹已经被删除,还原文件时会自动新建相应文件夹。

在回收站中可以单独删除某一文件。选择要删除的文件,在其上右击鼠标,在弹出的快捷菜单中选择"删除",即可在回收站中删除该文件。在回收站中单击"清空"按钮,则可清空回收站中的所有内容。

图 3-7　剪贴板

3.2.3 任务栏设置

任务栏的不同功能区可通过任务栏图标快速识别,任务栏图标包括启动器图标、应用程序图标、托盘区图标、系统插件图标等。任务栏不是固定的,其显示模式可以切换,用户可设置任务栏在桌面上的位置,显示或隐藏任务栏,以及显示或隐藏回收站、电源等系统插件。

1. 设置任务栏位置

在任务栏处右击鼠标,弹出如图 3-8 所示的快捷菜单,在"位置"级联菜单中可以选择设置任务栏所在的位置,即可位于屏幕的"上""下""左""右"4 个位置。此外,用鼠标拖动任务栏边缘,可改变任务栏高度。

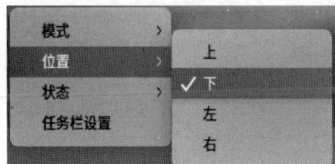

图 3-8　任务栏设置快捷菜单

2. 切换显示模式

在图 3-8 中"模式"级联菜单中可以设置任务栏采用"时尚模式"还是"高效模式"。不同模式显示的图标大小和应用窗口的激活效果不同。在高效模式下,单击任务栏右侧可显示桌面,将鼠标指针移到任务栏上已打开窗口的图标上时,会显示相应的预览窗口。

3. 显示或隐藏任务栏

任务栏可以隐藏,以便最大限度地扩展桌面的可操作区域。在图 3-8 中"状态"级联菜单中可以设置任务栏的显示或隐藏。选择"一直显示",任务栏将会一直显示在桌面上;选择"一直隐藏",任务栏将会隐藏起来,只有在鼠标指针移至任务栏区域时才会显示;选择"智能隐藏",当应用窗口占用任务栏区域时,任务栏将自动隐藏。

4. 显示或隐藏插件

选择图 3-8 中"任务栏设置"命令,将弹出如图 3-9 所示的任务栏设置窗口,在该窗口中也能完成任务栏位置、模式和状态的设置。其中,"插件区域"可以设置显示或隐藏插件,以便设置用户常用的程序。如果插件被勾选上,则会显示在任务栏上;反之,如果取消勾选,则任务栏上将隐藏对应插件。

图 3-9　任务栏设置窗口

通知中心作为一个插件,是一个隐藏在桌面任务栏右侧的实时消息窗口,主要功能是将操作系统和应用软件的通知和信息及时转发到桌面,通知用户了解当前系统状态和信息。"通知中心"图标位于任务栏右侧,当有通知时,桌面右侧会弹出通知消息。用户也可单击任务栏右侧的"通知中心"图标🔔,打开通知中心窗口查看所有通知。

3.2.4　启动器

通过启动器可以管理系统中所有已安装的应用,在启动器中使用分类导航或搜索功能,可以快速找到需要的应用程序。在启动器中可以查看新安装的应用,新安装的应用旁边会出现一个小蓝点提示。

1. 应用管理

在启动器中可以进行排序、查找、运行、卸载应用等操作。

在全屏模式下,系统默认按照安装时间排列所有应用;在小窗口模式下,系统默认按照使用频率排列应用。除此之外,还可以根据需要对应用进行排列。操作步骤是:将鼠标指针悬停在应用图标上,按住鼠标左键,将应用图标拖曳到指定的位置自由排列;也可单击图 3-2 左上角的"分类"图标■进行排列。

在启动器中,可以使用鼠标滚轮或切换分类导航来查找应用,如果知道应用名称,直接在图 3-2 上面的搜索框中输入关键字,即可快速定位到需要的应用。

如果启动器中没有想要的应用,可以在应用商店一键下载、安装,安装应用的具体操作见 6.1 节。

对于已经创建了桌面或任务栏快捷方式的应用,双击桌面快捷方式或右击桌面快捷方式,并选择"打开"即可;也可以直接单击任务栏上的应用快捷方式,或右击任务栏上的应用快捷方式,并选择"打开"。

对于未创建桌面或任务栏快捷方式的应用,可以在启动器中直接单击应用图标打开应用,或右击应用图标选择"打开"。对于常用应用,可以在启动器中右击应用图标,选择"开机自动启动",将应用程序添加到开机启动项,在计算机开机时自动运行该应用。

对于不再使用的应用,可以选择将其卸载以节省硬盘空间,卸载应用的具体操作见 6.1 节。

2. 快捷方式

通过快捷方式可以简单、快捷地启动应用,在启动器界面可以设置快捷方式,如创建快捷方式和删除快捷方式等。

将应用发送到桌面或任务栏上,即可创建快捷方式,方便后续启动应用。在启动器中右击应用图标(如浏览器),弹出如图 3-10 所示的快捷菜单,在其中选择"发送到桌面",将在桌面创建快捷方式;选择"发送到任务栏",则将应用快捷方式固定到任务栏。

从启动器拖曳应用图标到任务栏上放置可以创建快捷方式,但是当应用处于运行状态时,将无法通过这种方式创建,此时可以右击任务栏上的应用图标,选择"驻留"将应用快捷方式固定到任务栏,以便下次使用时从任务栏上快速启动应用。

图 3-10 创建快捷方式

当不再需要某种应用的快捷方式时,既可以在桌面直接删除应用的快捷方式,也可以在任务栏或启动器中删除。

从任务栏删除快捷方式的具体操作是:在任务栏上按住鼠标左键,将应用快捷方式拖曳到任务栏以外的区域,即可删除快捷方式。当应用处于运行状态时,无法使用拖曳进行删除,此时可以右击任务栏上的应用快捷方式,选择"移除驻留",则将该应用快捷方式从任务栏上删除。

从启动器删除快捷方式的具体操作是:在启动器中,右击应用图标,在弹出的快捷菜单中选择"从桌面移除",则删除桌面快捷方式;选择"从任务栏上移除",则将固定在任务栏上的应用快捷方式删除。

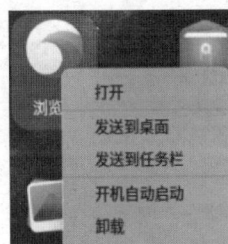

3.2.5 控制中心

进入桌面环境后,单击任务栏上的控制中心图标可以打开控制中心,如图 3-4 所示。在控制中心首页,主要展示各个设置模块,方便日常查看和快速设置,在界面上方的标题栏中,包含返回按钮、搜索框、主菜单以及窗口操作按钮。

1. 账户类设置

控制中心账户类设置模块包括账户设置模块和网络账户设置模块,账户设置模块可以设置多个账户、自动登录和无密码登录等操作,帮助用户更方便地管理和使用计算机;网络账户设置模块可以通过网络账户一键将计算机相关的系统配置转移到另一台计算机上,让用户能够实现无缝衔接地更换设备。

(1) 账户设置。

在安装系统时会创建一个账户,在控制中心的账户设置模块,可以修改账户设置或创建新账户,如图 3-11 所示。

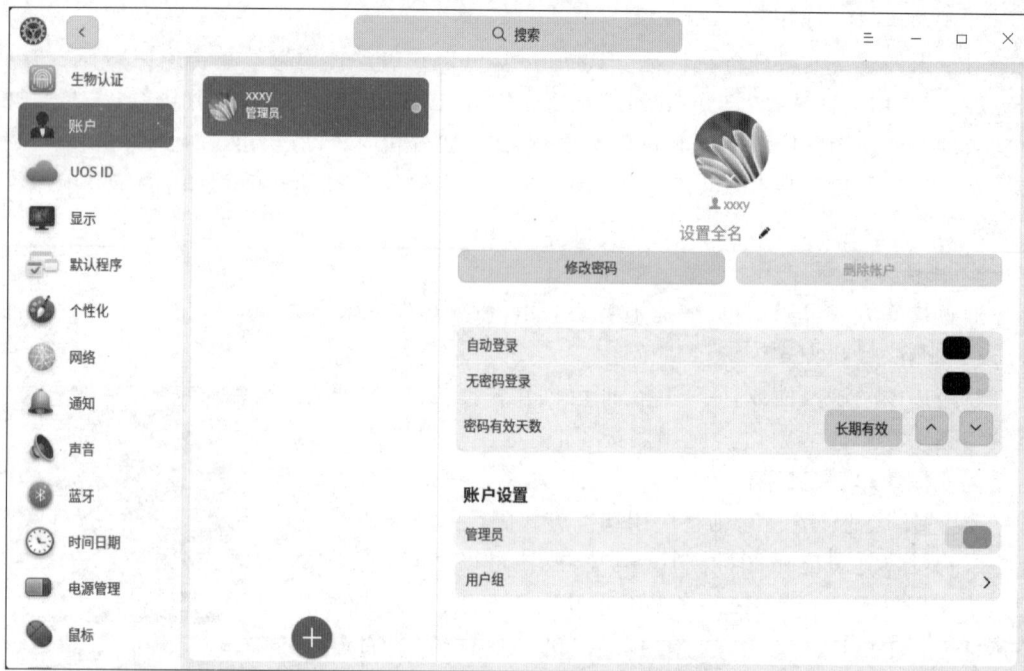

图 3-11　账户设置

创建新账户的操作步骤是:在如图 3-4 所示的控制中心首页,单击"账户"按钮;在如图 3-11 所示的账户设置界面单击"添加"按钮 ⊕,打开如图 3-12 所示的创建账户界面。在创建账户界面,输入用户名、密码以及重复密码,单击"创建"按钮,在弹出的授权对话框中输入当前登录账户的密码,新账户就会添加到账户列表中。

(2) 自动登录和无密码登录。

开启自动登录功能后下次启动时(重启或开机)可直接进入桌面,但是在锁屏和注销后,再次登录需要输入密码。开启无密码功能后,下次登录时(重启、开机和注销后再次登录),不需要输入密码,单击"登录"按钮即可登录系统。操作步骤是:在如图 3-11 所示的账户设置界面,单击当前登录账户,在当前登录账户界面,打开"自动登录"和"无密码登录"开关,即可开启自动登录和无密码登录功能。

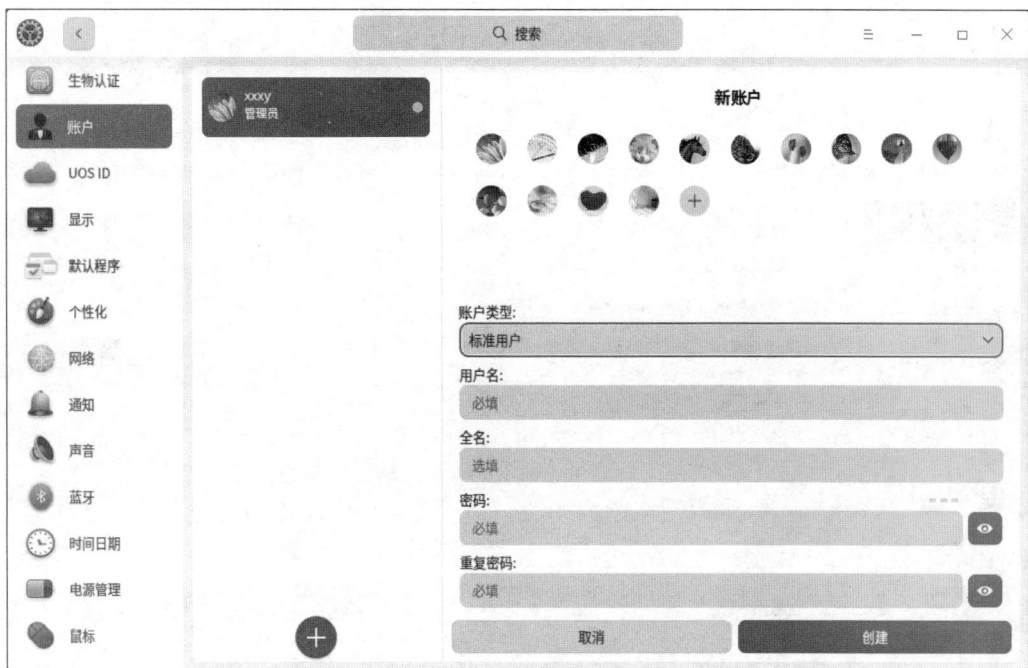

图 3-12　创建账户

　　若自动登录和无密码登录同时打开,下次启动时可直接进入桌面。在设置自动登录和无密码登录时,如果出现授权对话框,系统默认勾选"清空钥匙环密码",在无密码登录的情况下,登录已经记住密码的程序时,不需要再次输入系统登录密码;反之则每次都要输入系统登录密码。

　　类似地,在当前账户界面上,还可以完成更换头像、设置账户名、修改密码以及删除账户等操作。需要注意的是,已登录的账户无法被删除。

　　(3)网络账户设置。

　　在控制中心登录网络账户后,可使用云同步、应用商店、邮件客户端、浏览器等应用上的相关云服务功能,开启网络账户设置中的云同步功能,可自动同步各种系统配置到云端,如网络、声音、鼠标、更新、任务栏、启动器、壁纸、主题、电源等。若想在另一台设备上使用相同的系统配置,只需登录此网络账户,即可一键同步以上配置到该设备。当"自动同步配置"开启时,可以选择同步项;关闭时所有配置都不能进行同步。

2. 显示与个性化设置

　　(1)显示设置。

　　UOS 操作系统的显示设置主要包括显示器亮度、屏幕缩放、分辨率、刷新率和方向等的设置。打开控制中心,单击"显示"选项即可打开显示设置界面,如图 3-13 所示。或者在桌面空白处右击鼠标,在弹出的快捷菜单中选择"显示设置"也可打开显示设置界面。其中,亮度用来调整屏幕的亮度;屏幕缩放用来设置显示器屏幕的缩放比例,以调整屏幕显示内容的大小比例;分辨率通常以"行像素数×列像素数"表示,分辨率越高显示效果越好;刷新率通常以 Hz 为单位表示,刷新率越高,所显示的图像稳定性就越好。

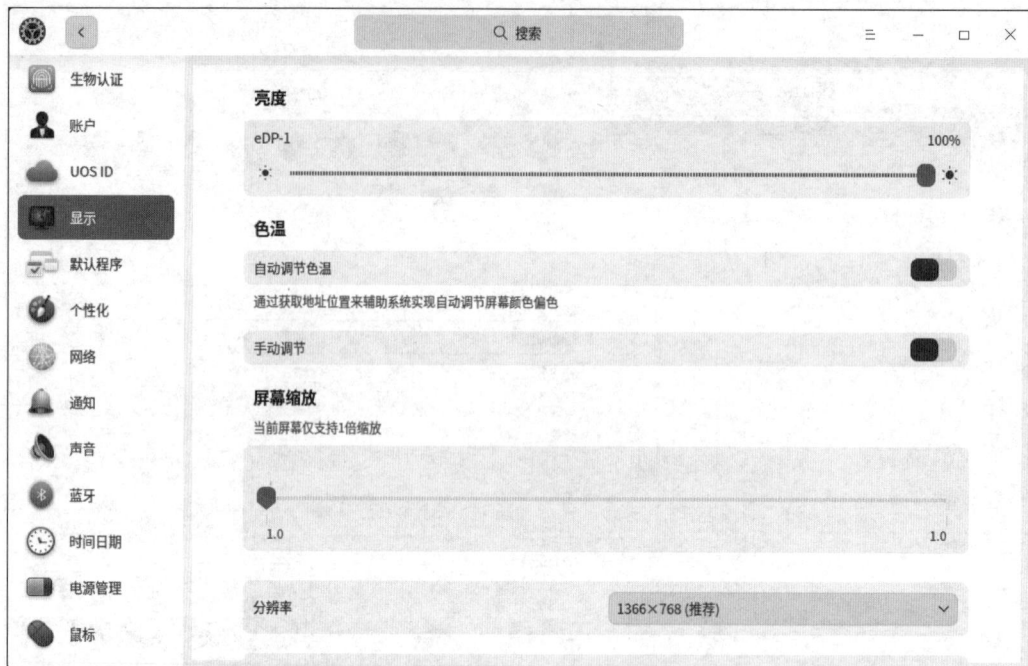

图 3-13　显示设置

（2）个性化设置。

打开控制中心，单击"个性化"选项即可打开个性化设置界面，如图 3-14 所示。UOS 操作系统的个性化设置有 4 个选项，分别为通用、图标主题、光标主题和字体。其中，通用选项的"主题"用于设置界面的主体配色，有浅色、自动、深色这三种主题可选；通用选项的"活动

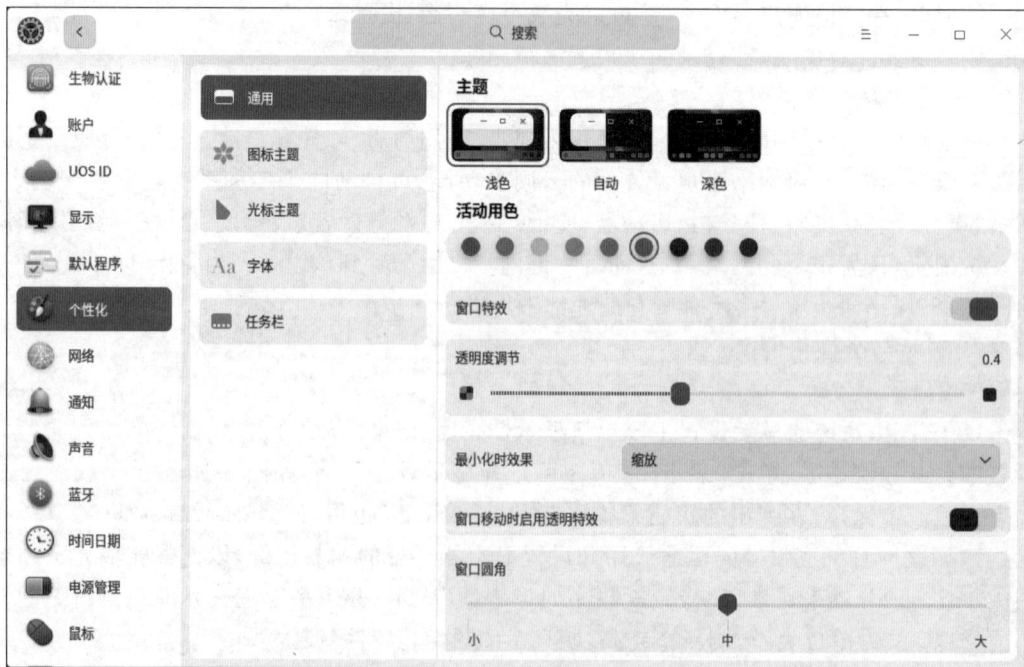

图 3-14　个性化设置

用色"用于设置活动窗口的基本配色方案、窗口特效的内容；图标主题主要使用户可以根据自己的喜好来设置图标主题，更改图标主题后，用户桌面、启动器和任务栏的图标都会发生变化；光标主题主要用来设置鼠标光标在不同状态下的样式；字体可设置操作系统主题字体，具体可更改文字的字体、字号等内容。

3. 时间和日期设置

在控制中心单击"时间日期"选项，可打开其设置界面如图 3-15 所示，用户可以在该界面中修改系统时区时间及时间设置、格式设置等内容。在时间设置中选择"自动同步配置"开关，系统时间就会自动同步网络时间。

图 3-15　时间日期设置

4. 鼠标、键盘和语言设置

鼠标和键盘是计算机最常用的外部设备，通过设置可对其性能进行微调，使用户操作起来更加协调和符合个人的使用习惯。

（1）鼠标设置。

在控制中心单击"鼠标"选项，打开鼠标设置界面，如图 3-16 所示，有通用、鼠标和触控板三个选项。其中，通用选项的"左手模式"可以将鼠标设置为左手模式，方便习惯左手使用鼠标的用户；通用选项的"滚动速度"可以调整鼠标滚轮翻页的速度；通用选项的"双击速度"可以调整鼠标双击间隔时间；通用选项的"双击测试"可以检查确认当前的鼠标双击速度的设置是否符合自己的使用习惯。鼠标选项的"指针速度"可以设置控制鼠标移动时指针移动的速度；鼠标选项的"鼠标加速"开关项开启后，提高了指针精确度，鼠标指针在屏幕上的移动距离会根据移动速度的加快而增加；鼠标选项的"自然滚动"开关项开启后，鼠标滚轮向下滚动内容会向下滚动，鼠标滚轮向上滚动内容会向上滚动；鼠标选项的"插入鼠标时禁用触控板"开关项开启后，则笔记本触摸屏没反应。在"插入时禁用触控板"开关项关闭后可以使用笔记本触摸屏进行操作,这时可以在触控板选项中进行指针速度等的设置。

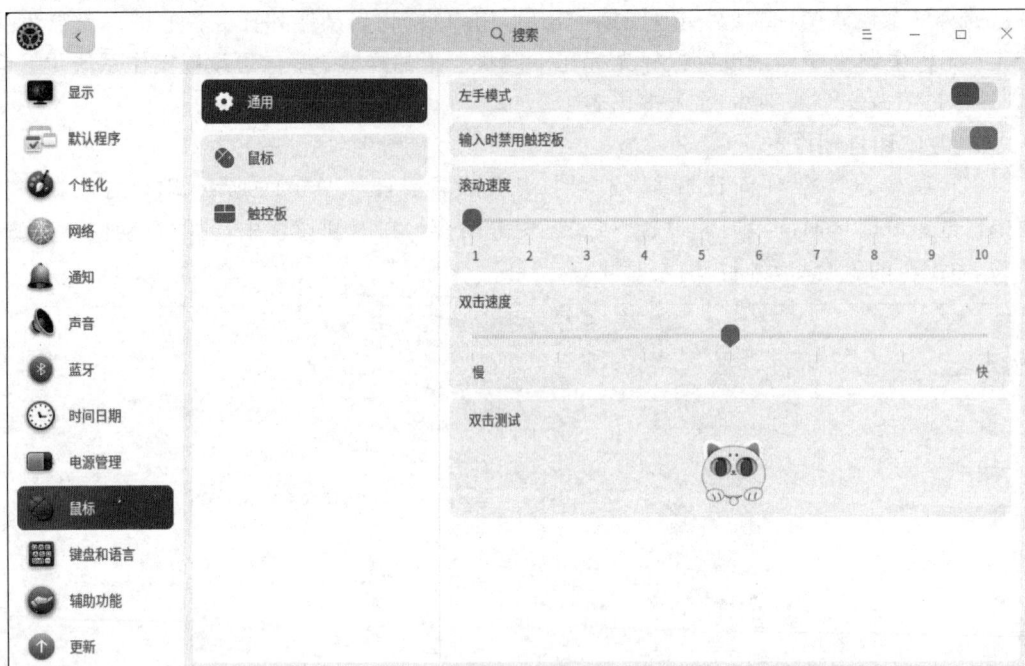

图 3-16　鼠标设置

(2) 键盘和语言设置。

在控制中心单击"键盘和语言"选项,打开键盘和语言设置界面,如图 3-17 所示,有通用、键盘布局、输入法、系统语言和快捷键选项。其中,通用选项的"重复延迟"可以设置按住

图 3-17　键盘和语言设置

一个键时开始重复输入的时间；通用选项的"重复速度"可以设置长时间按住键盘时重复输入的速度；通用选项的"启用数字键盘"开关项开启后，数字小键盘启用；通用选项的"大写锁定提示"开关项开启后，键盘锁定大写时会有提示。键盘布局选项可根据当前的语言设置，选择合适的键盘布局。输入法选项可以进行输入法选择、中文输入法相关设置、轮序切换输入法快捷键设置等。系统语言选项用来设置操作系统的语言类别。快捷键选项中可以查看 UOS 操作系统的全部快捷键，同时用户也可以根据自己的使用习惯修改或自定义快捷键。

5．电源管理设置

在控制中心单击"电源管理"选项，打开电源管理设置界面，如图 3-18 所示，有通用、使用电源和使用电池三个选项。电源管理设置的主要作用是节电和环保，尤其对使用充电电源设备的笔记本计算机，可以通过电源设置来节省电量，延长使用时间。其中，通用选项的"性能模式"可以选择计算机在运行时使用平衡模式或节能模式，处于节能模式时计算机可能会降低运行速度；通用选项的"节能设置"可以调整计算机显示器的亮度，以降低能耗；通用选项的"唤醒设置"可以设置待机恢复或唤醒显示器时是否需要输入账户密码。使用电源选项主要包括关闭显示器于某时、其他进入待机模式的时间设置、自动锁屏时间设置、笔记本合盖时是待机还是关闭显示器等设置选项，用户可以根据自身需求进行个性化设置。使用电池选项和使用电源选项的设置基本类似，不再赘述。

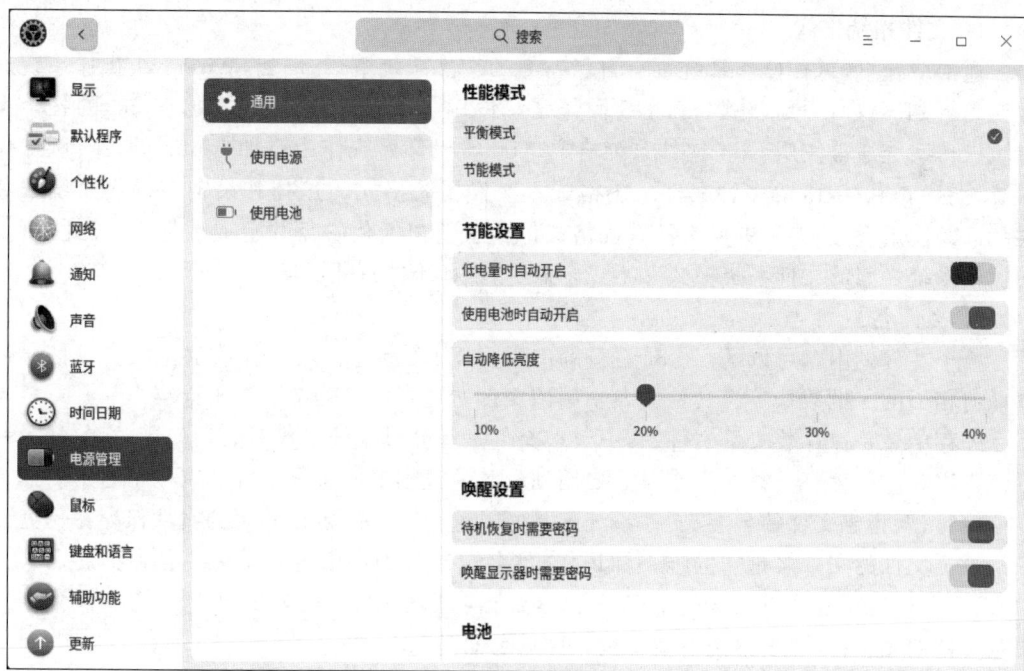

图 3-18　电源管理设置

第4章 文件管理

文件管理是操作系统最基本也是最重要的功能之一，是指从文件系统的角度对文件的存储空间进行组织、分配和回收，以实现文件的存储、检索、共享和保护。用户应用操作系统，可对系统内的文件进行查找、复制、删除、重命名、压缩等具体操作。

4.1 文件系统

文件系统是操作系统在存储设备中组织和管理文件的一种具体数据组织形式。从操作系统的角度看，文件系统对文件存储设备的空间进行组织和分配，负责文件存储并对存入的文件进行保护和检索。具体地说，它负责为用户建立文件，存入、读出、修改、转储文件，当用户不再使用时删除文件，回收存储空间等。

1. 文件系统格式

通常情况下，每种操作系统都有自己特有的文件系统格式，例如，Windows 操作系统通常使用 NTFS 文件系统格式，macOS 操作系统使用 APFS 文件系统格式，Linux 的各个发行版操作系统通常使用 ext4 文件系统格式。UOS 操作系统作为一种 Linux 的发行版操作系统，支持 ext4、ext3 等多种文件系统格式。文件系统格式的选择和设定在操作系统安装时就已经确定，后期如果更换文件系统格式将会重新初始化磁盘并造成数据丢失，此外，不同操作系统之间的文件系统格式并不完全兼容，因此不能混用。

2. 文件名

一个文件的内容可以是一个可运行的应用程序、文章、图形、一段数字化的声音信号或者任何相关的一批数据等。文件的大小用该文件所包含信息的字节数来计算。

外存中总是保存着大量文件，其中很多文件是计算机系统工作时必须使用的，包括各种系统程序和应用程序及程序工作时需要用到的各种数据等。每个文件都有一个名字。用户在使用时，要指定文件的名字，文件系统正是通过这个名字确定要使用的文件保存在何处。

一个文件的文件名是它的唯一标识，文件名可以分为两部分：主文件名和扩展名。一般来说，文件名应该是有意义的字符组合，在命名时尽量做到"见名知意"；扩展名经常用来表示文件的类型，一般由系统自动给出，可"见名知类"。

在统信 UOS 发布的 1060 版桌面操作系统中，增加了长文件名模式，最长支持 255 个中文或英文字符，这样对于在 Windows 上使用长文件名的文件，在迁移到国产操作系统上时，避免了文件命名失败、文件丢失等诸多问题，方便了用户从 Windows 系统迁移文件到统信 UOS 桌面操作系统。

3. 文件类别

在 UOS 操作系统中，文件可以分为 5 种不同的类型：普通文件、目录文件、链接文件、设备文件和管道文件。

普通文件通常指用户所接触到的文件,如文本文件、图形文件、声音文件等。在 UOS 操作系统中,目录本质上是一种特殊的文件,它是内核组织文件系统的基本节点。目录文件是用于存放文件名及其相关信息的文件,目录文件可以包含下一级文件目录或普通文件。链接文件是指为文件在另一个位置建立的链接,类似于 Windows 系统中的快捷方式,链接文件可细分为硬链接文件和符号链接文件。设备文件是指与系统 I/O 设备相关的特殊文件,用户可以通过它像访问普通文件一样访问外部设备。管道文件主要用于不同进程的信息传递,当两个进程需要进行数据或信息传递时,可以使用管道文件。

4. 文件目录

文件的目录在很多操作系统下也称为文件夹,Windows、UNIX、Linux 等操作系统采用的是多级目录结构,也称为树状结构。例如,在 Windows 操作系统的多级目录结构中,每一个磁盘都有一个根目录,在根目录中可以包含若干子目录和文件,在子目录中也可以包含若干子目录和文件,这样类推下去就构成了多级目录结构。采用多级目录结构的优点是用户可以将不同类型和不同功能的文件分类存储,既方便文件管理和查找,还可以在不同目录中存储文件名相同的文件。

统信 UOS 文件目录包含根目录和常用目录。/根目录是安装系统的那个硬盘,是整个系统的最高目录,通常只有 root 权限用户才有权操作这个目录,只有 root 用户具有该目录下的写权限。根目录和/root 目录不同,/root 目录是 root 用户的主目录。表 4-1 中简要描述了 UOS 操作系统的常用目录及其功能。

表 4-1　UOS 操作系统的常用目录及其功能

目　　录	功　　能
/bin	用户二进制文件目录,系统的所有用户使用的命令都设在这里,例如,ps、ls、ping、grep、cp 等
/sbin	系统二进制文件目录,通常由系统管理员使用,对系统进行维护。例如,iptables、reboot、fdisk、ifconfig、swapon 命令
/boot	引导加载程序文件目录,包含引导加载程序相关的文件。内核的 initrd、vmlinux、grub 文件位于/boot 下
/etc	配置文件目录,包含所有程序所需的配置文件,也包含用于启动/停止单个程序的启动和关闭 shell 脚本
/dev	设备文件目录,包含设备文件,包括终端设备、USB 或连接到系统的任何设备
/proc	进程信息目录,这是一个虚拟的文件系统,包含有关正在运行的进程的信息
/tmp	临时文件目录,包含系统和用户创建的临时文件
/usr	用户程序文件目录,包含二进制文件、库文件、文档和二级程序的源代码
/home	所有用户用 home 目录来存储他们的个人档案
/run	系统运行目录,存放一些只有运行的时候才会存在的信息,这个目录重启的时候一定会被重新创建

路径是指文件在文件系统内的存储地址,通常文件路径是按照目录的形式表示文件的存放位置的,即文件路径在形式上由一串目录名拼接而成,各目录名之间用"/"符号分隔。文件路径分为绝对路径和相对路径两种:绝对路径是从根目录"/"开始表示文件位置的,依次到该文件之前的名称,如"/home/xxxygf/abc.txt"就表示一个绝对路径。相对路径是从当前目录开始到某个文件之前的名称,通常用点"."表示当前目录,用两个点".."表示上一

级目录。如果当前目录为"/home/xxxygf",则 abc.txt 文件的相对路径就是"./abc.txt"。

5. 文件管理常用命令

UOS 操作系统内置了一套完整的文件管理命令,当进行远程操作系统维护和管理时,用户可以选择使用命令行进行文件管理。进入命令行的方式是:按快捷键 Ctrl＋Alt＋T 打开命令行窗口;或在目标窗口的空白处右击鼠标,在弹出的快捷菜单中选择"在终端中打开",也可打开命令行窗口。使用命令行管理文件的主要方法如下。

语法格式:

[命令][参数 1][参数 2]…

其中,命令和参数之间使用空格,如当前录入切换命令 cd。

使用方法为 cd 目标目录,即 cd /home/xxxy/,表示将当前目录切换至/home/xxxy/目录下。

常用的文件管理命令如表 4-2 所示。

表 4-2　文件管理常用命令

命　　令	含　　义	使 用 方 法
pwd	查看当前目录路径	pwd
ls	查看目录下的文件列表	ls[目录]
cd	改变当前路径	cd[目录]
cp	复制文件	cp[源文件][目标文件]
rm	删除文件或目录	rm[文件]
mv	移动文件或目录	mv[源文件][目标文件]
mkdir	新建目录	mkdir[目录]
rmdir	删除目录	rmdir[目录]
chown	修改所属用户与组	chown[文件/目录]
chmod	修改用户的权限	chmod[文件/目录]

4.2　文件管理应用

UOS 操作系统中的文件管理可通过文件管理器实现,文件管理器以图形化的形式标识了 UOS 操作系统内的所有文件,并支持所有文件管理操作,其使用方法和 Windows 系统内的文件资源管理器类似。

在任务栏上单击"文件管理器"图标█,或双击桌面上的"计算机"图标,打开如图 4-1 所示的文件管理器窗口。

4.2.1　浏览和搜索文件

1. 浏览文件

在文件管理器窗口中,双击"我的目录"下的文件夹或单击左侧的文件目录,可以直接打开对应的文件夹并查看文件。单击文件管理器的██和▤图标来切换图标视图和列表视图,以便用户更方便地浏览文件。图标视图是以平铺方式显示文件的名称、图标或缩略图,如图 4-2 所示;列表视图是以列表方式显示文件的图标、缩略图、名称、修改时间、大小或类型等信息。

图 4-1 文件管理器窗口

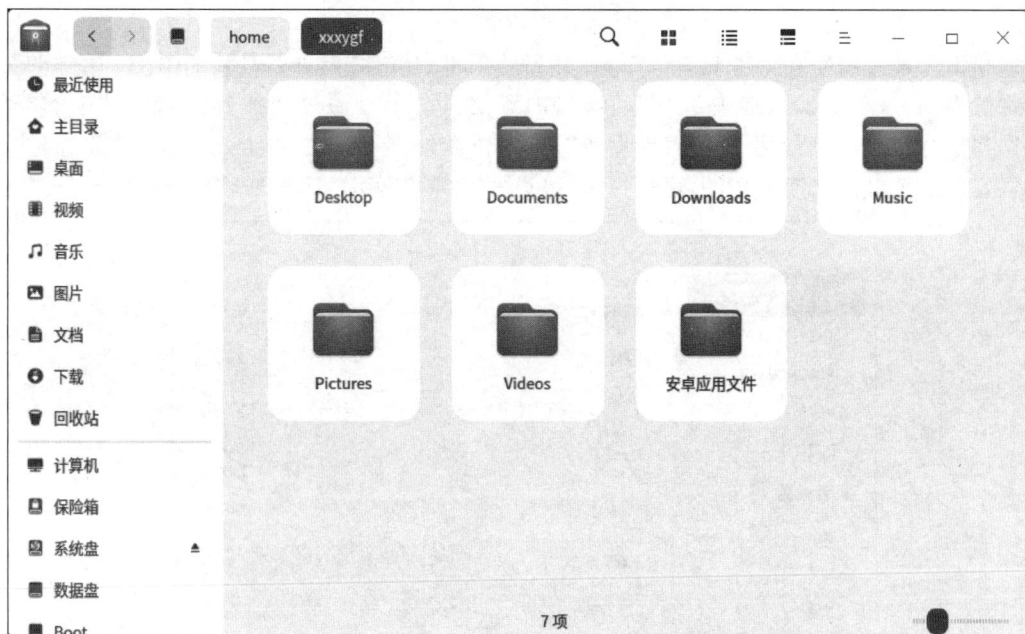

图 4-2 图标视图

2. 搜索文件

在文件管理器中单击"搜索"按钮 🔍，或使用快捷键 Ctrl＋F，进入视图搜索状态，在地址栏中输入关键词后按 Enter 键，即可搜索相关文件。当需要在指定目录搜索时，需要先进入该目录，然后再进行搜索。如果想快速搜索，可以使用高级搜索功能。搜索状态下单击搜索框右侧的"高级搜索"按钮 ▽ ，进入高级搜索界面，选择搜索范围、文件大小、文件类型、修改时间、访问时间和创建时间，即可以进行更精准的搜索，快速地找到目标文件。高级搜索界面如图 4-3 所示。

图 4-3　高级搜索界面

单击文件管理器右上角的 ≡ 图标，在弹出的菜单中选择"设置"，打开如图 4-4 所示的基础设置界面，该菜单默认选中了"自动索引内置磁盘"，可以通过选择"高级设置"中的"索引"，勾选"连接电脑后索引外部存储设备"，来加快在外部设备中的搜索速度。若想通过文件内容中的关键词来搜索文件，可选择"高级设置"中的"索引"，勾选"全文搜索"。

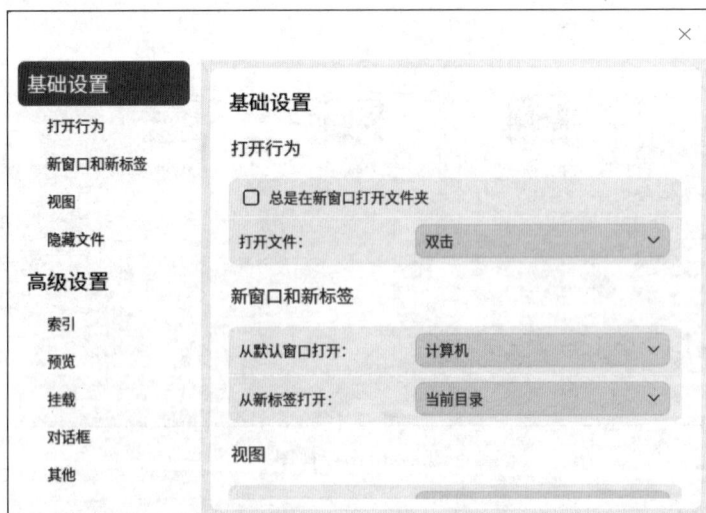

图 4-4　基础设置

4.2.2 文件与文件夹的基本操作

1. 新建文件或文件夹

在文件管理器中可以新建 4 种类型的文档，即办公文档、电子表格、演示文档及文本文档。在文件管理器中右击鼠标，在弹出的快捷菜单中选择"新建文档"，在其级联菜单中选择相应命令新建文档，然后设置新建文档的名称。

在文件管理器中右击鼠标，在弹出的快捷菜单中选择"新建文件夹"命令，输入新建文件夹的名称，即可新建一个文件夹。

2. 选择文件或文件夹

（1）选择一个文件或文件夹。

单击该文件或文件夹。

（2）选择连续多个文件或文件夹。

在"文件管理器"中选择多个连续排列的文件或文件夹，方法有以下两种。

第一种：按住 Shift 键选择多个连续文件。

单击第一个要选择的文件或文件夹图标，使其处于高亮选中状态，按住 Shift 键，单击最后一个要选择的文件或文件夹，即可将多个连续的文件或文件夹一起选中。松开 Shift 键，即可对所选文件或文件夹进行操作。

第二种：使用鼠标框选多个连续的文件。

在第一个或最后一个要选择的文件或文件夹外侧按住鼠标左键，然后拖动出一个矩形框将所要选择的文件或文件夹框住，松开鼠标，文件或文件夹将被高亮选中。

（3）选择多个不连续文件或文件夹。

按住 Ctrl 键，依次单击要选择的其他文件或文件夹。将需要选择的文件全部选中后，松开 Ctrl 键即可进行操作。

3. 删除文件或文件夹

无用的一些文件或文件夹应该及时删除，以腾出足够的磁盘空间供其他工作使用。删除文件或文件夹的方法相同，都有很多种。

（1）使用键盘删除文件或文件夹。

选定要删除的文件或文件夹，按 Delete 键即可删除。

（2）直接拖入"回收站"。

选定要删除的文件或文件夹，在回收站图标可见的情况下，拖动待删除的文件或文件夹到"回收站"即可。

（3）使用快捷菜单删除文件或文件夹。

选定要删除的文件或文件夹，在其上右击鼠标，在弹出的快捷菜单中选择"删除"命令即可。

（4）彻底删除文件或文件夹。

以上删除方式都是将被删除的对象放入回收站，需要时还可以还原。而彻底删除是将被删除的对象直接删除而不放入回收站，因此无法还原。其方法是：选中将要删除的文件或文件夹，按快捷键 Shift＋Delete，显示如图 4-5 所示提示信息，单击"删除"按钮，即可将

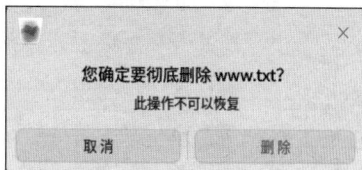

您确定要彻底删除 www.txt?

此操作不可以恢复

取消　　　删除

图 4-5　彻底删除提示信息

所选文件或文件夹彻底删除。

4. 移动文件或文件夹

为了更好地管理计算机中的文件,经常需要调整一些文件或文件夹的位置,将其从一个磁盘(或文件夹)移动到另一个磁盘(或文件夹)。移动文件或文件夹的方法相同。

选中需要移动的文件或文件夹,在其上右击鼠标,在弹出的快捷菜单中选择"剪切"命令,将选中的文件或文件夹剪切到剪贴板上。然后将目标文件夹打开,在其中右击鼠标,在弹出的快捷菜单中选择"粘贴"命令,即可将所剪切的文件或文件夹移动到打开的文件夹中。该方法还可以通过快捷键 Ctrl＋X(剪切)和 Ctrl＋V(粘贴)来实现。

5. 复制文件或文件夹

对于一些重要的文件有时为了避免其数据丢失,要将一个文件从一个磁盘(或文件夹)复制到另一个磁盘(或文件夹)中,以作为备份。同移动文件一样,复制文件或文件夹的方法相同。

选中需要复制的文件或文件夹,在其上右击鼠标,在弹出的快捷菜单中选择"复制"命令,将选中的文件或文件夹复制到剪贴板上。然后将目标文件夹打开,在其中右击鼠标,在弹出的快捷菜单中选择"粘贴"命令,即可将所选择的文件或文件夹复制到打开的文件夹中。该方法还可以通过快捷键 Ctrl＋C(复制)和 Ctrl＋V(粘贴)来实现,或者直接拖曳所要复制的文件到目标文件夹来实现。

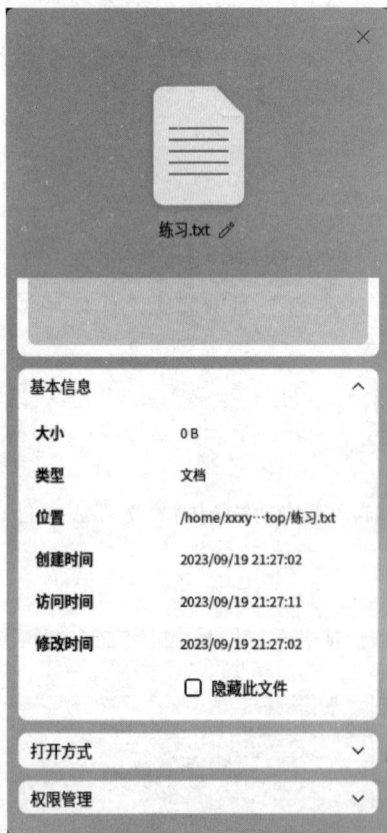

图 4-6 "属性"对话框

6. 重命名文件或文件夹

在对文件或文件夹的管理中,常常遇到需要对文件或文件夹进行重命名。对文件或文件夹进行重命名可以有以下方法。

(1) 使用快捷菜单重命名。

在需要重命名的文件或文件夹上右击鼠标,在弹出的快捷菜单中选择"重命名"命令,此时所选文件或文件夹的名字将在一个文本框中被高亮选中,输入新名称,然后按 Enter 键即可。

(2) 两次单击鼠标重命名。

单击需要重命名的文件或文件夹,然后再次单击此文件或文件夹的名称,此时所选文件或文件夹的名字将在一个文本框中被高亮选中,输入新名称,然后按 Enter 键即可。

7. 更改文件或文件夹的属性

在某一文件或文件夹上右击鼠标,在弹出的快捷菜单中选择"属性",弹出如图 4-6 所示的该对象的属性对话框。该对话框提供了该对象的有关信息,如文件类型、位置、大小、创建时间、打开方式、权限管理等。

勾选"隐藏此文件"复选框,可将该文件设置为隐藏属性,设置为隐藏属性的文件或文件夹不能在文件管理器窗口中显示。对隐藏属性的文件，如果不知道文件名，就不能删除该文件，也无法调用该文件。如果希望能够在"文件管理器"窗口中看到隐藏文件，可以在图 4-4 中选择"基础设置"中的"隐藏文件"，勾选"显示隐藏文件"，这时被隐藏的文件会显示出来。

UOS 操作系统为了更好地维护用户的数据安全，提供了设置文件访问权限的功能。由于系统文件对整个系统的正常、安全运行非常重要，所以也需要通过设置访问权限进行控制。如图 4-7 所示，当前用户的权限可以通过文件夹图标下的标识表示，如第一排第一个文件夹的左下角图标表示当前用户不可写，只可读；第一排第二个文件夹左下角图标表示不可读，该文件夹右下角还有一个不可写的图标，表示当前用户既不可读又不可写。在 UOS 操作系统中，访问权限可以根据访问者的不同做不同的设置，展开图 4-6 下面的"权限管理"，可以设置不同访问者的权限。其中，不同访问者的"所有者"是指针对文件的所有者设置访问权限；"群组"是对文件所属的群组设置访问权限；"其他"是为除文件所有者和群组之外的其他用户设置访问权限。

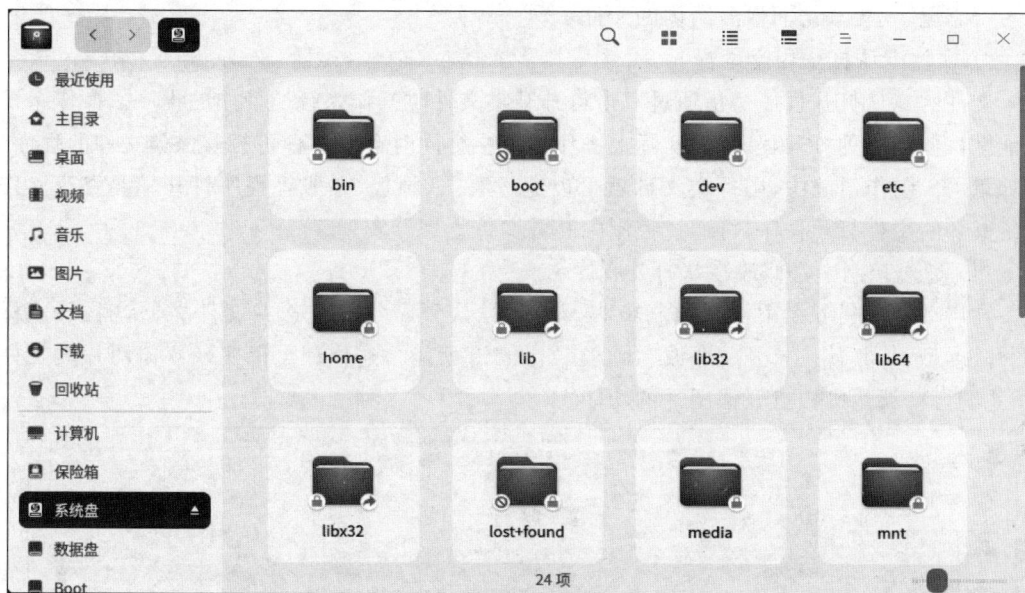

图 4-7　在文件管理器中查看文件访问权限

8. 加密存储用户文件

UOS 操作系统为了保护用户的数据安全，提供了文件加密保护功能。通过文件管理器的保险箱设置就可以获取一个文件的安全存储空间。在文件管理器的文件夹列表中单击"保险箱"，弹出如图 4-8 所示的对话框，单击"开启"按钮后，操作系统会自动提示用户设置访问密码，用户需要记住自己设置的访问密码，当访问加密文件时需要使用所设置的访问密码才能存取加密后的文件。

设置完成访问密码后，系统还会提供一个恢复密钥，恢复密钥是在用户忘记访问密码的情况下使用的，用户应妥善保存此密钥。设置完成后，用户可以将个人隐私文件保存到保险箱内，该保险箱的基本使用方法和其他文件夹相同。在"我的保险箱"上右击鼠标，在弹出快捷菜单中，用户可以选择"立即上锁"或"自动上锁"方式锁定保险箱。立即上锁是立即锁定保险箱，自动上锁是可以设置指定时间自动锁定保险箱。保险箱锁定后，再次访问时必须输

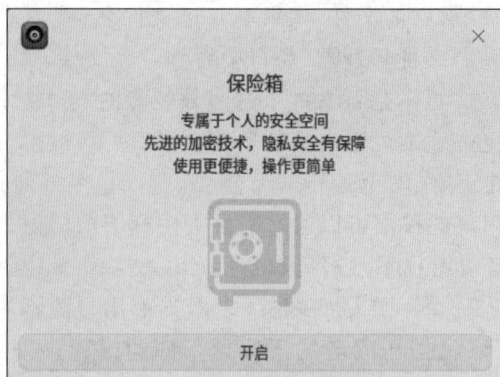

图 4-8　"开启"保险箱对话框

入访问密码,如果忘记了访问密码则需要恢复密钥,用户需要记住访问密码和恢复密钥,若两者都忘记,就无法访问保险箱内的文件了。

9. 文件默认打开程序设置

文件的默认打开程序是指通过双击打开某类文件时操作系统所使用的程序。操作系统只能默认使用一种打开程序,但实际上操作系统中会同时存在多种可打开该类文件的程序。例如,UOS 操作系统中,图片类文件就可以通过看图、画板、相册等程序打开。要修改操作系统默认的文件打开程序,可通过控制中心或文件管理器实现。

(1)通过控制中心修改默认打开程序。

在启动器或任务栏中打开控制中心,单击"默认程序"选项,选择文件类型,例如,选择"图片"类型,将其默认打开程序改为画板,如图 4-9 所示。这样就可以实现双击图片类文件时,系统自动调用画板打开该图片的功能。

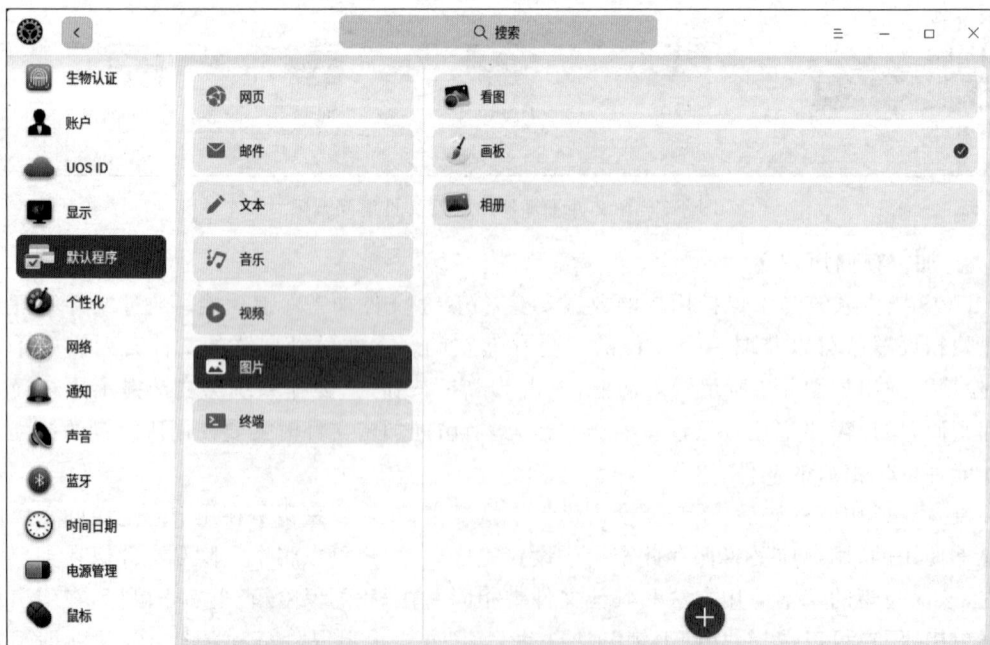

图 4-9　在控制中心修改默认打开程序

（2）在文件管理器中修改默认打开程序。

在文件管理器中选择目标文件，在其上右击鼠标，在弹出的快捷菜单中选择"打开方式"选项，在其级联菜单中选择打开文件的程序。若级联菜单中没有想要的文件打开程序，可单击"选择默认程序"选项，弹出如图4-10所示的"打开方式"对话框，用户可在该对话框中继续查找需要的文件打开程序，并将其设置为默认打开程序。

图4-10 "打开方式"对话框

4.2.3 文件的压缩与解压缩

为了节省磁盘空间，用户可以对一些文件或文件夹进行压缩，压缩文件占据的存储空间较少，而且压缩后可以更快速地传输到其他的计算机上，以实现不同用户之间的共享。解压缩文件或文件夹就是从压缩文件中提取文件或文件夹。

1. 使用归档管理器

（1）使用归档管理器压缩文件。

选择要压缩的文件或文件夹，在其上右击鼠标，在弹出的快捷菜单中选择"压缩"命令，打开如图4-11所示的压缩设置窗口，可设置压缩文件的文件名、存储路径、压缩方式，设置完成后单击"压缩"按钮。压缩成功后会弹出压缩成功提示界面，单击"查看文件"，可跳转到压缩文件所在的文件夹去查看压缩结果。

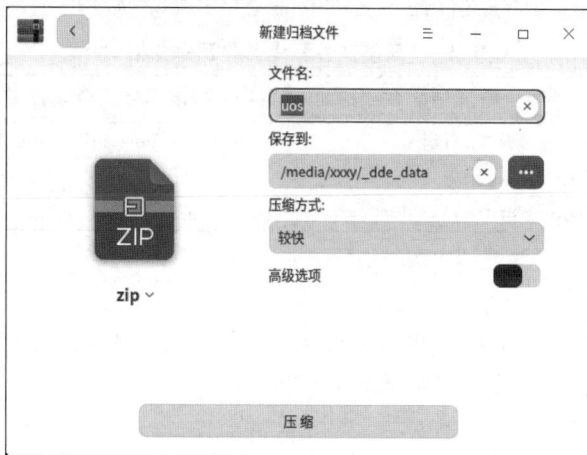

图4-11 压缩设置

（2）使用归档管理器解压缩文件。

选择需要解压缩的文件，在其上右击鼠标，在弹出的如图 4-12 所示的快捷菜单中选择

解压
解压到当前文件夹
解压到uos
打开方式 　　　　>

相应选项。其中，"解压"命令可设置解压缩后文件的存储路径，若不设置则默认解压到当前文件夹；"解压到当前文件夹"命令使解压后的文件自动存放到当前文件夹中。

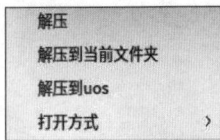

图 4-12　解压缩快捷菜单

2. 使用命令行

除了可以使用 UOS 的归档管理器进行压缩和解压缩，还可以使用命令行进行压缩和解压缩，UOS 支持多种压缩命令，如 tar 命令、zip 命令、bzip2 命令以及 gzip 命令。此处以 uos 和 uos1 文件夹为例，介绍使用 tar 命令进行压缩和解压缩。

（1）使用命令行压缩文件。

在文件管理器中找到 uos 文件夹，在界面空白处右击鼠标，在弹出的快捷菜单中选择"在终端中打开"命令，打开命令行窗口。在命令行窗口中输入命令 tar -cvf uos.tar uos 后按 Enter 键，结果如图 4-13 所示，若没有提示错误，则表示文件压缩成功。这时在文件夹所在的目录中就可以查看到压缩文件 uos.tar 了。

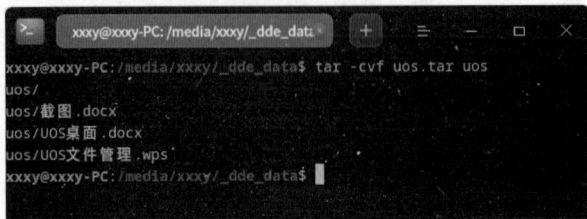

图 4-13　压缩文件

（2）使用命令行解压缩文件。

在 uos 文件夹所在的文件夹中创建文件夹 uos1，用于存放解压缩的文件。在命令行窗口中输入命令 tar -xvf uos.tar -C uos1 后按 Enter 键，若没有提示错误，则表示文件解压缩成功。打开 uos1 文件夹可以查看到被解压的 uos 文件夹。

类似地，还可以使用 zip 命令、bzip2 命令以及 gzip 命令来压缩文件，具体步骤与使用 tar 命令压缩文件类似。压缩文件命令名称及命令格式如表 4-3 所示。

表 4-3　压缩文件命令名称及命令格式

命令名称	对 uos 文件夹进行压缩的命令格式	将 uos.zip 压缩文件解压缩到 uos1 文件夹的命令
zip	zip -r uos.zip uos	unzip uos.zip -d uos1
bzip2	bzip2 uos	bunzip2 uos.bz2 或 bzip2 -d uos.bz2
gzip	gzip uos	gunzip uos.gz 或 gzip -d uos.gz

4.2.4　文件共享

设置文件共享后，"我的共享"将会出现在文件管理器左侧的导航栏中，当所有共享文件都取消共享后，"我的共享"则会自动从导航栏中移除。

1. 共享本地文件

通过共享本地文件，可以将文件共享给局域网中的其他用户。具体操作方法是：在文

件管理器中，选择需要共享的文件夹，在其上右击鼠标，在弹出的快捷菜单中选择"共享文件夹"命令，打开如图 4-14 所示的共享文件夹对话框。在该对话框中勾选"共享此文件夹"复选框，然后根据需要设置共享名、权限以及是否允许匿名访问，设置好后关闭对话框。在文件管理器界面上，单击"主菜单"按钮 ≡，选择"设置共享密码"，在弹出的窗口中输入共享密码，单击"确定"按钮，即可完成文件共享的设置。

2. 访问共享文件

局域网中其他用户共享的文件一般都可以在网络邻居中找到，可以通过信息服务块访问共享文件。具体操作方法是：打开文件管理器，在地址栏中输入局域网用户的共享地址，一般为 IP 地址，按 Enter 键进行访问，访问方式可以选择"注册用户"访问或"匿名"访问。对于未加密的网络文件可以匿名访问，不需要输入用户名和密码；但是加密的网络文件会弹出登录框，输入用户名和密码之后才能访问，用户名是安装操作系统时创建的用户名，即登录操作系统的用户名，密码是共享文件时设置的共享密码。如果在用户名和密码提示框中勾选"记住密码"复选框，则访问成功后再次访问时不再需要输入密码。设置好后，单击"连接"按钮，连接成功后即可访问共享文件。

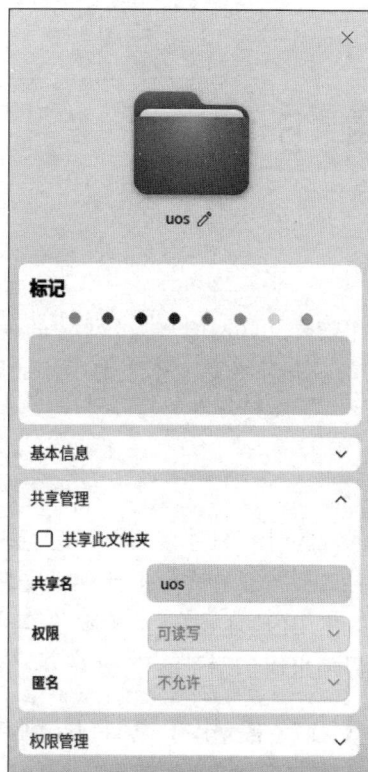

图 4-14　共享文件夹对话框

第5章 网络应用基础

随着互联网的普及,网络的使用已经成为大多数人生活和工作中不可或缺的部分,UOS 操作系统集成了当前主流的网络应用软件和工具,能够满足人们对网络使用的需求。

5.1 网 络 设 置

在为计算机连接网络和进行网络设置时,需要综合考虑网络硬件和软件两方面内容。硬件方面需要首先保证计算机安装了网络适配器,软件方面需要通过控制中心设置计算机的基本 IP 地址、域名解析服务等。UOS 操作系统支持硬件的即插即用,同时软件方面的设置界面也简洁明了。

5.1.1 使用有线连接网络

有线网络的特点是安全、快捷、稳定,是较常见的网络连接方式。连接有线网络的具体操作方法是:将网线一端插入计算机的网络插口,将网线的另一端插入路由器或网络端口。在控制中心首页单击“网络”按钮,在弹出的网络设置窗口中单击“有线网络”,进入有线网络设置界面,打开“有线网卡”开关,开启有线网络连接功能。当网络连接成功后,桌面上方将弹出“已连接有线连接”的提示信息。

在有线网络设置界面,还可以编辑或新建有线网络设置,具体操作方法是:在控制中心的网络设置界面,单击“有线网络”,在有线网络设置界面,单击“添加网络设置”按钮 ➕ ,在弹出的如图 5-1 所示窗口中设置通用、安全、IPv4 或 IPv6 等信息,设置好后单击“保存”按

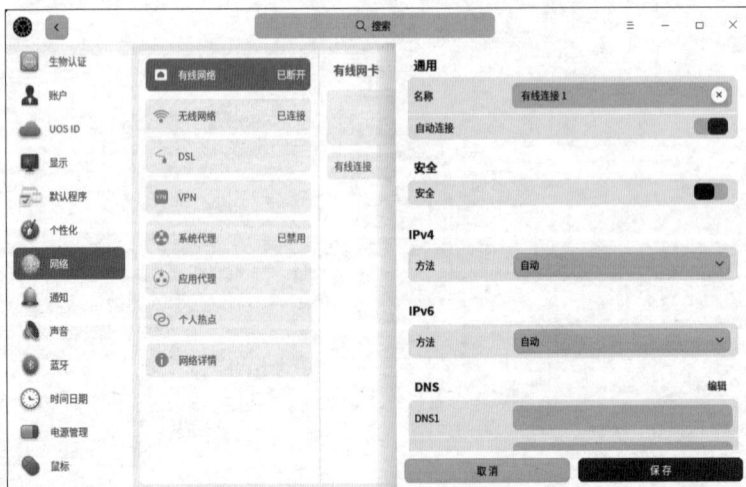

图 5-1 有线网络设置

钮，系统将自动创建有线连接并尝试连接。

在网络设置中，IP 地址通常有两种设置方式，一种是手动设置 IP 地址，另一种是自动获取 IP 地址。手动设置 IP 地址是一种静态 IP 地址分配方式，静态 IP 地址是子网分配给一台计算机长期使用的 IP 地址。一般来说，静态 IP 地址是连接网络时由网络管理人员明确划分的一个固定的 IP 地址。自动获取 IP 地址也称为 DHCP 分配形式，是指由服务器控制一段 IP 地址范围，客户机登录服务器时就可以自动获得服务器分配的 IP 地址和子网掩码。

5.1.2 使用无线连接网络

与有线网络相比，无线网络摆脱了线缆的束缚，上网形式更加灵活。

1. 连接无线网络

连接无线网络的具体操作方法是：在网络设置界面，单击"无线网络"，在无线网络设置界面，单击打开"无线网卡"开关，开启无线网络连接功能，计算机会自动搜索并显示附近可用的无线网络，如图 5-2 所示。单击某个无线网络后的 > 图标，将弹出无线网络设置对话框，打开"自动连接"开关，单击"保存"按钮，下次再打开"无线网卡"开关后，单击将自动连接该无线网络。选择需要连接的无线网络时，如果该网络是开放的，计算机将自动连接到网络；如果该网络是加密的，则需要根据提示输入正确密码，单击"连接"按钮后，自动完成连接。

图 5-2 无线网络设置

2. 连接隐藏网络

为了防止他人扫描到个人的 Wi-Fi，进而破解 Wi-Fi 密码连接到网络，可以在路由器的设置界面隐藏无线网络,并通过控制中心的"连接到隐藏网络"功能连接到隐藏的无线网络。在路由器中设置隐藏无线网络的具体操作方法是:接通路由器电源后,在浏览器地址栏中输入路由器背面标签上的网址或 IP 地址,并输入密码等,进入路由器设置界面。选择"无线设置",在无线设置界面的"基本设置"中,单击"信息隐藏"按钮。

在路由器中完成无线网络设置后,用户需要手动连接到隐藏网络才能上网,具体操作方法是:在无线网络设置界面,单击"连接到隐藏网络",在弹出的对话框中,输入网络名称和其他必填选项,单击"保存"按钮即可。

3. 个人热点

个人热点是指由个人设备临时提供的一种无线局域网(Wi-Fi)接入服务。随着智能终端、移动互联网业务的快速发展,越来越多的人使用 4G/5G 移动网络,因此可以通过自己的小型移动设备临时组建一个无线局域网。热点相当于一个连接有线网和无线网的桥梁,其主要作用是将各个无线网络客户端连接到一起,然后将无线网络接入 Internet。

开启个人热点的具体操作方法是:在网络设置界面,单击"个人热点",如果还没设置热点,则需要在个人热点设置界面打开"热点"开关,在弹出的如图 5-3 所示的个人热点设置界面中设置热点信息,单击"保存"按钮,即可添加热点。如果未添加热点,可单击"添加热点"按钮 ⊕,弹出"添加热点"窗口进行添加。

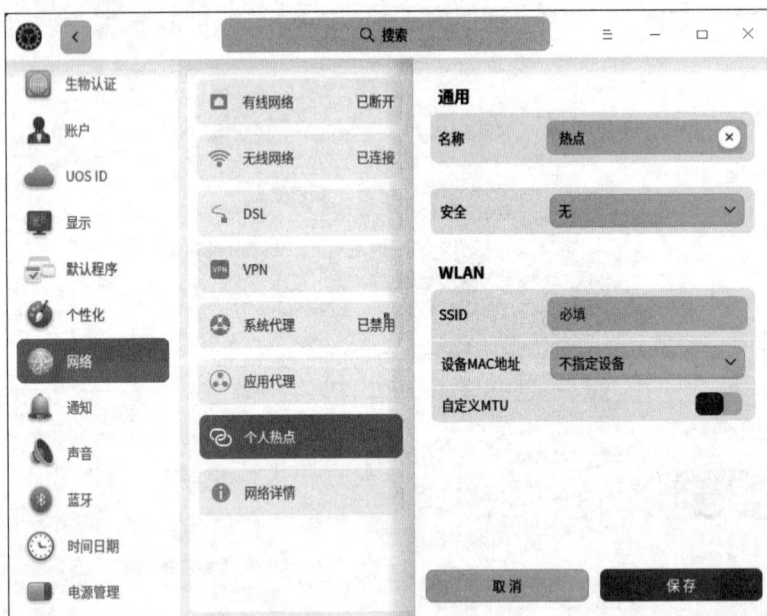

图 5-3　个人热点设置

5.1.3　使用 VPN 连接网络

VPN 是一种虚拟专用网络,主要功能是在公用网络上建立专用网络进行加密通信。VPN 的主要应用场景是一些重点考虑网络信息安全的环境,因为考虑安全因素,某些内部网络不能够直接连接到外部互联网,这种情况下,连接外部互联网的主机如果需要使用该内部网络的信息资源,使用普通的网络连接方法是无法直接连接到内部网络的。

对于这个问题,VPN 的基本解决方法就是在内部网络中下设一台 VPN 服务器,连接外部互联网的主机可以连接 VPN 服务器,然后通过 VPN 服务器进入内部网络。VPN 服务器就相当于一个中转站点,可以在内部网络和外部网络之间起到连接和屏蔽的作用,能够更好地维护内部网络的数据安全。VPN 服务和客户机之间的通信数据都进行了加密处理,这样就可以认为数据在一条专用的数据链路上进行安全传输,因此,VPN 被称为虚拟专用网络,其实质上就是利用加密技术在互联网中封装出一个数据通信隧道。

UOS 操作系统支持用户连接使用 VPN,具体操作方法是:在控制中心的网络设置界面,单击 VPN,在 VPN 设置界面单击"添加 VPN"按钮 ➕,在弹出的如图 5-4 所示的新建 VPN 窗口中选择 VPN 协议类型,输入名称、网关、用户名、密码等信息;或单击"导入 VPN"按钮 ➕,在弹出的文件管理器对话框中选择导入的 VPN,系统会自动填充信息。单击"保存"按钮,系统将自动尝试连接 VPN 网络。在添加 VPN 窗口中单击"导出"按钮,可以将 VPN 设置导出备用或共享给其他用户。

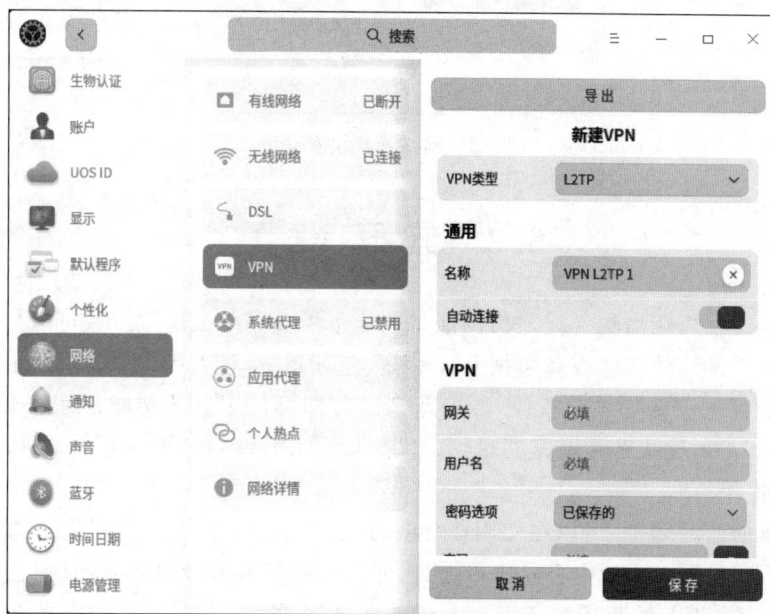

图 5-4 新建 VPN 界面

在新建 VPN 窗口中打开"仅适用于相对应的网络上的资源"开关,可以不将 VPN 设置为默认网络,使之只针对特定的网络资源生效。

5.1.4 网络连接状态查询

网络连接设置完成后,用户可以查询网络连接状态。具体操作方法是:在控制中心的网络设置界面,单击"网络详情",打开如图 5-5 所示的网络连接状态查询窗口,其中显示了当前的网络设置,如使用的协议、当前主机的网络地址、网关、DNS 及网卡的 MAC 信息等。

第5章

网络应用基础

图 5-5　网络连接状态查询

5.2　蓝牙设置

　　蓝牙能够实现短距离的无线通信。通过蓝牙不需要网络或连接线就可以与附近的其他蓝牙设备连接。常见的蓝牙设备包括蓝牙键盘、蓝牙鼠标、蓝牙耳机、蓝牙音箱等。笔记本计算机大多数都配置蓝牙设置模块,开启蓝牙开关即可使用蓝牙功能;而台式计算机如果没有配置蓝牙,需要购买蓝牙适配器,插入计算机的 USB 端口才能使用蓝牙功能。

　　1. 修改蓝牙名称

　　修改本机的蓝牙名称,可以在使用蓝牙时方便在其他设备中进行识别。修改蓝牙名称的具体操作方法是:在控制中心界面单击"蓝牙"选项,打开蓝牙设置界面,单击蓝牙名称旁的　按钮,输入本机新的蓝牙名称即可。修改蓝牙名称后,将自动对外广播蓝牙设备的新名字,需要其他设备重新进行搜索。

　　2. 连接蓝牙设备

　　使用蓝牙功能可以与其他蓝牙设备进行连接,具体操作方法是:在控制中心界面单击"蓝牙"选项,打开蓝牙设置界面,打开"蓝牙"开关,系统将自动扫描附近的蓝牙设备,并显示在"其他设备"列表中。在蓝牙设置界面单击想连接的蓝牙设备,在对应的设备上输入蓝牙配对码(若需要),配对成功后计算机将和设备自动连接。在该列表中单击某设备可以选择断开连接或忽略此设备,还可以修改设备的备注名称。连接成功后,蓝牙设备会添加到蓝牙设置界面中的"我的设备"列表中,如图 5-6 所示。在该设备列表中,可以选择"断开连接""忽略此设备"或"发送文件",还可以修改设备的备注名称,如图 5-6 所示。

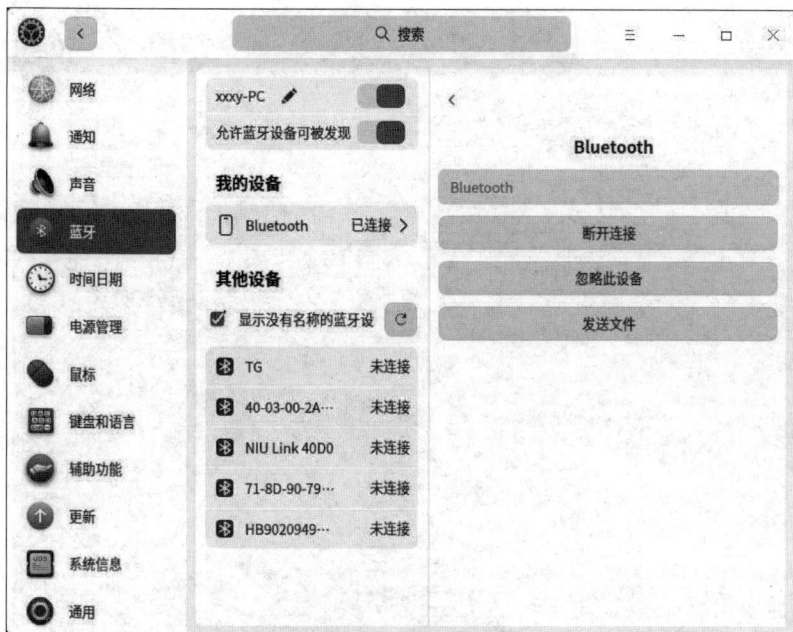

图 5-6　蓝牙设置

5.3　网络设置常用命令

UOS 操作系统控制中心的"网络"选项中,基本覆盖了网络设置的所有设置选项,用户可以在此设置、查询网络状态,此外,用户也可以在 UOS 操作系统的命令行界面通过相关命令进行网络的设置和调试。

网络设置的基本命令包括 ifconfig、ping、nslookup 等。熟练掌握常用的网络设置命令对 UOS 操作系统的网络管理和维护非常重要。下面简要介绍这些常用命令。

1. ifconfig 命令

ifconfig 命令可以设置网络设备的状态,或显示当前的网络设置状态。如使用 ifconfig 命令设置网卡 IP 地址的语法为

```
ifconfig eth0 192.168.0.1 netmask 255.255.255.0
```

其中,eth0 表示当前网络适配器的设备编码,192.168.0.1 表示设置的 IP 地址,255.255.255.0 表示子网掩码。若不添加参数,ifconfig 命令就会查询当前的网络设置状态,如图 5-7 所示。

2. ping 命令

ping 命令用于测试网络的连接状态。ping 命令向指定主机发送 ICMP(互联网控制报文协议)请求,测试该主机是否可达,以及了解其有关状态。ping 命令可以根据返回的信息推断 TCP/IP 参数是否设置正确、运行是否正常、网络是否畅通等信息。

要注意的是,ping 命令成功执行并不一定就代表 TCP/IP 参数设置正确,有可能还要执行大量的本地主机与远程主机的数据包交换,才能确定 TCP/IP 参数设置正确。如果执行 ping 命令但网络仍无法使用,那么问题很可能出在网络系统的软件配置方面,ping 命令的成功执行,只保证当前主机与远程主机间存在一条连通的物理路径。

网络应用基础

图 5-7 ifconfig 命令

　　如图 5-8 所示的 ping 命令分别连接 www.bwu.edu.cn 和 192.168.1.1 两个站点。第一条 ping 命令共发送 5 个数据包,收到 5 个数据包,丢包率(packet loss)为 0,因此,当前主机和站点之间能够正常连接。第二条 ping 命令发送到 192.168.1.1 站点 9 个数据包,收到 0 个数据包,丢包率为 100%,因此可以判定当前主机和站点之间无法连接。

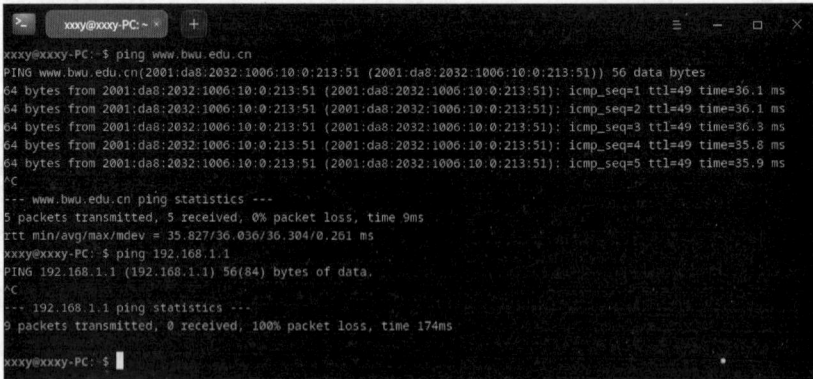

图 5-8 ping 命令

3. nslookup 命令

　　nslookup 是查询域名信息的常用命令。用户可以输入域名,通过 nslookup 命令连接到系统设定的 DNS 服务器,并查询域名对应的 IP 地址。如图 5-9 所示,输入 nslookup 命令后,系统会自动连接 DNS 服务器,等待用户输入域名后开始查询,当前 DNS 服务器使用的是 192.168.5.1,并反馈查询到的该域名的对应 IP 地址。nslookup 命令的主要功能包括查询 DNS 服务器的记录,查询域名解析是否正常,在网络故障时用来诊断网络问题等。

图 5-9　nslookup 命令

5.4　浏览器的使用

浏览器是一种用于检索并展示网络信息资源的应用程序,用于检索并展示文字、图像以及其他信息,方便用户快速查找与使用。

5.4.1　认识 UOS 浏览器

1. 浏览器介绍

浏览器是统信 UOS 预装的一款高效、稳定的网页浏览器,有着简单的交互界面,界面包括地址栏、菜单栏、多标签浏览、下载管理等。UOS 浏览器的图标默认锁定在桌面的任务栏上,用户可以单击任务栏上的浏览器图标打开浏览器,也可以在启动器中查找浏览器将其打开,如图 5-10 所示。

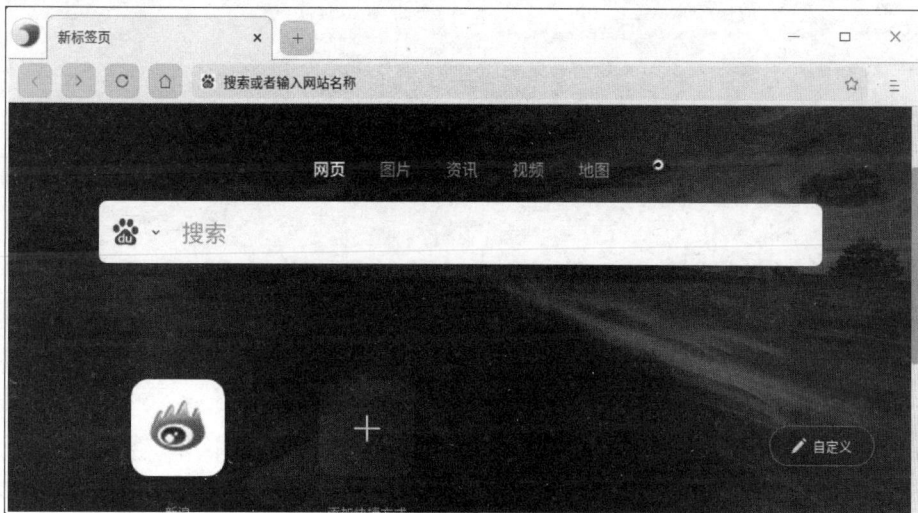

图 5-10　浏览器界面

网络应用基础

浏览器主窗口中显示访问网页的内容,默认情况下会有一些精选的网络内容显示在页面中,可以直接单击图片进入对应的网页。也可以单击"添加快捷方式"按钮▨,添加网页的快捷方式到浏览器主窗口中。地址栏用于输入网站的地址。浏览器通过识别地址栏中的信息,正确连接用户要访问的内容。地址栏的前方附带了常用命令的快捷按钮,包括后退、前进、刷新和返回主页等。菜单栏包含控制浏览器工作的相关选项,这些选项包含浏览器的所有操作与设置功能。多标签浏览可以使用多标签浏览的方式,以新标签打开网站的页面。

2. 常规设置

在浏览器主界面的右上方单击"自定义及浏览控制器"按钮 ☰,在弹出的快捷菜单中选择"设置"命令,打开如图 5-11 所示的浏览器常规设置界面。UOS 浏览器的常规设置包括自动填充、显示、搜索引擎、启动时等。其中,自动填充是指用户在浏览网站时输入的数据会自动保存,用户再次访问该网站时,浏览器会自动填充之前输入的数据。在显示中打开"显示书签栏"选项后面的开关,会在浏览器中显示用户的收藏夹,单击收藏夹中的收藏对象能够快速进入收藏的网站;打开"显示主页按钮"选项后面的开关,可以在地址栏中显示返回主页按钮;"字号""字体"用来设置网页中文字的大小和所使用的字体。搜索引擎用来设置地址栏中的搜索引擎,当用户在地址栏中输入非 URL 地址时,浏览器会自动连接搜索引擎,并将用户输入的地址作为关键字进行检索。启动时是用来设置浏览器启动时会自动加载此处设置的站点。

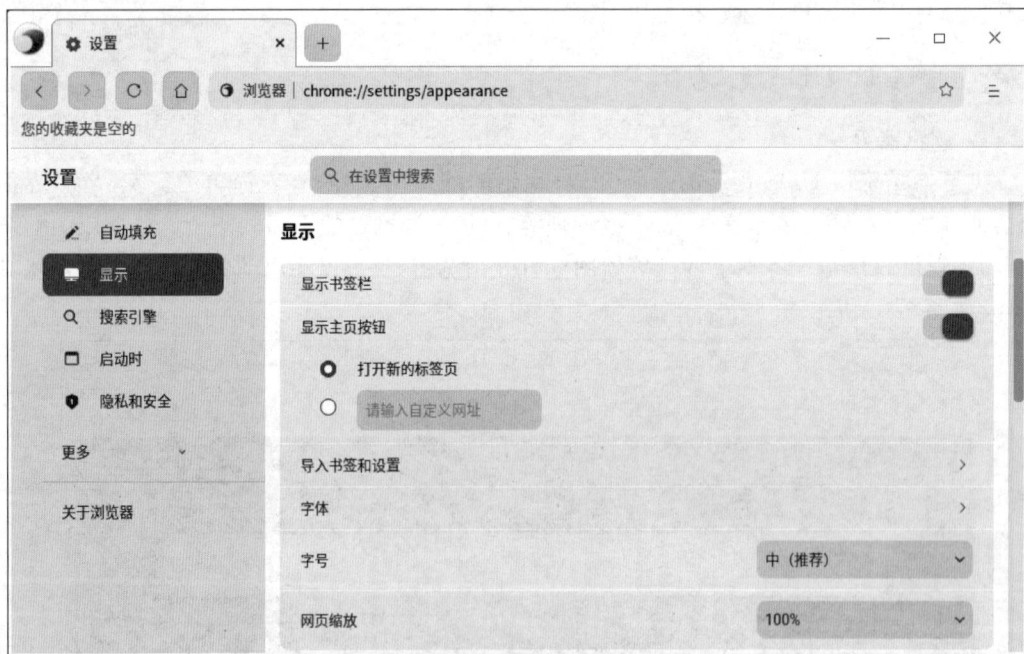

图 5-11　浏览器常规设置界面

3. 隐私和安全设置

为了保障用户的信息安全,浏览器中还有对应的安全设置,便于用户进行自定义设置,更好地维护个人数据安全,在浏览器的设置界面中单击"隐私和安全"选项就可以进行隐私和安全设置，如图 5-12 所示。

图 5-12　隐私和安全设置界面

单击图 5-12 中"网站设置"后面的进入按钮，进入网站设置界面，在该界面中单击"Cookie 和网站数据"后面的进入按钮，打开如图 5-13 所示的 Cookie 和网站数据设置界面。Cookie 是当用户浏览某网站时，由 Web 服务器置于硬盘上的一个非常小的文本文件，它可以记录用户 ID、密码、浏览过的网页、停留的时间等信息。通过 Cookie 设置，用户可以防止地址跟踪、Cookie 跟踪等行为。

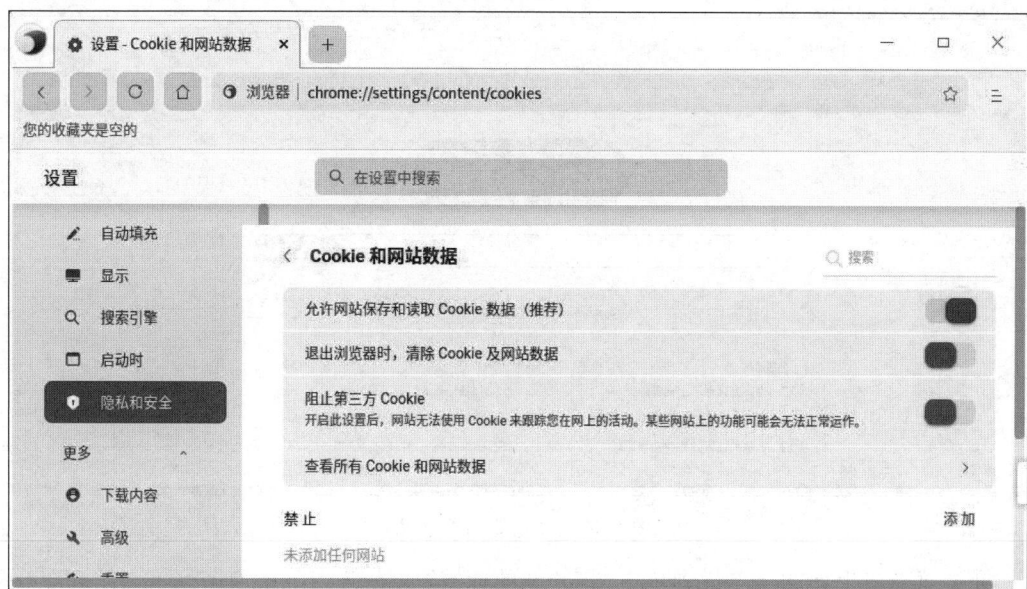

图 5-13　Cookie 和网站数据设置界面

单击图 5-12 中"清除浏览数据"后面的进入按钮，打开如图 5-14 所示的清除设置界面，可以进行是否在指定时间内清除浏览记录、Cookie 及其他网站数据、缓存的图片和文件的设置。

此外，单击图 5-12 中"网站设置"后面的进入按钮，进入网站设置界面，在该界面还可以

网络应用基础

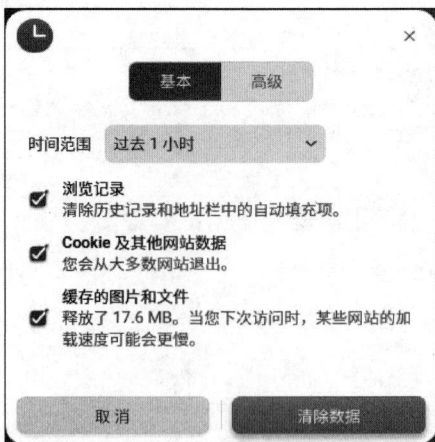

图 5-14　清除设置界面

进行位置信息、摄像头、麦克风、JavaScript、自动下载项等的设置,可以进一步保护用户的个人数据和本地主机的信息安全,例如,保护麦克风、摄像头等硬件设备不被网站随便启用。

5.4.2　浏览器的使用

在浏览器的地址栏中输入要访问的网站地址,按 Enter 键,即可访问该网站,如图 5-15 所示为打开的网页窗口。

图 5-15　浏览器浏览网站

在浏览器最上面的菜单栏中单击"打开新的标签页"按钮 可添加多标签网站,开启网站的页面多标签浏览,如图 5-16 所示。

单击 按钮,可为此标签页添加书签,如图 5-17 所示。添加书签是指在浏览器中保存某个网页的链接,以便在以后访问该网页时可以更快捷地找到它。添加书签可以帮助快速地访问感兴趣的网页,同时也可以避免每次都需要重新搜索或输入网址的麻烦。

图 5-16　网站页面多标签浏览

图 5-17　添加书签

5.4.3　下载文件

UOS浏览器支持HTTP形式下载各种数据,例如,音频、视频、各类办公文档、软件安装包等,可以通过下载器和命令行窗口来下载文件。

1. 下载器

下载器是统信 UOS 预装的下载工具,可以快速地从网站上下载各种信息资源,并对下载的各种信息资源进行管理。

(1) 添加下载任务。

单击"启动器"按钮,进入启动器界面,找到"下载器"图标 ,单击打开下载器。在下载器界面单击"新建任务"按钮 ,打开如图 5-18 所示的"新建下载任务"对话框,在该对话框的地址栏中输入下载链接,选择下载路径,单击"确定"按钮,即可创建下载任务。如果需要同时添加多个链接,需确保每行只有一个链接。

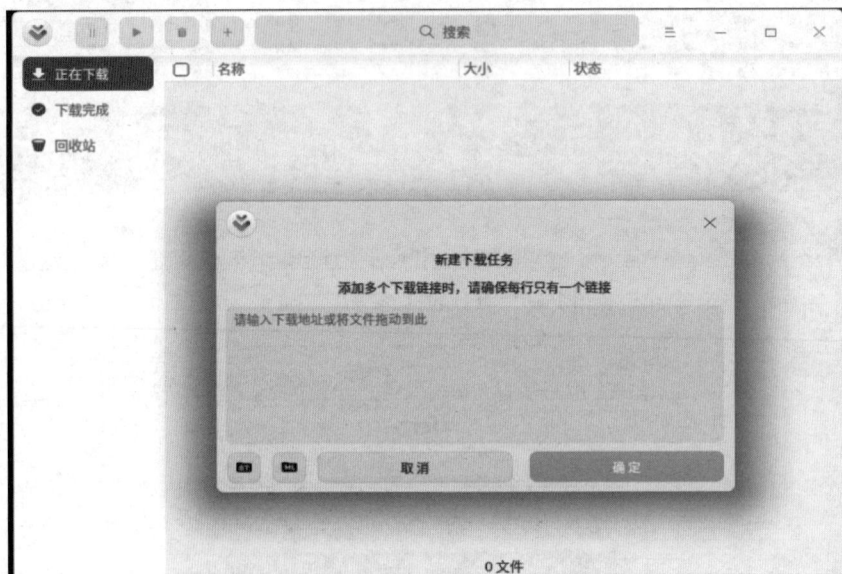

图 5-18　通过链接添加下载任务

(2) 任务管理。

下载器界面的左侧是任务管理列表,包括正在下载、下载完成以及回收站三个分类,单击即可显示对应的任务列表。

其中,包括正在下载或下载失败的任务,可查看下载进度。下载完成后的任务会自动移到下载完成分类中。正在下载和下载完成中删除的任务都会被放到回收站,以防止用户误删除导致无法找回下载任务。在回收站中删除文件时,会提醒是否同时删除本地文件。

(3) 下载设置。

在下载器主菜单中单击"设置"按钮 ,打开设置菜单,选择"设置"命令,进入如图 5-19所示的下载设置对话框。在该对话框中可以对文件下载的默认目录、下载设置、接管设置、通知提醒以及下载磁盘缓存等进行设置。

除了使用统信 UOS 预装的下载器下载资源外,统信 UOS 还支持使用迅雷、百度网盘等软件来下载文件。

2. 在命令行窗口下载文件

Wget 是统信 UOS 中常用的下载工具,它支持从网站上下载软件或从远程服务器恢复/备份数据到本地服务器,支持 HTTP、HTTPS 以及 FTP 三种协议,还可以使用 HTTP

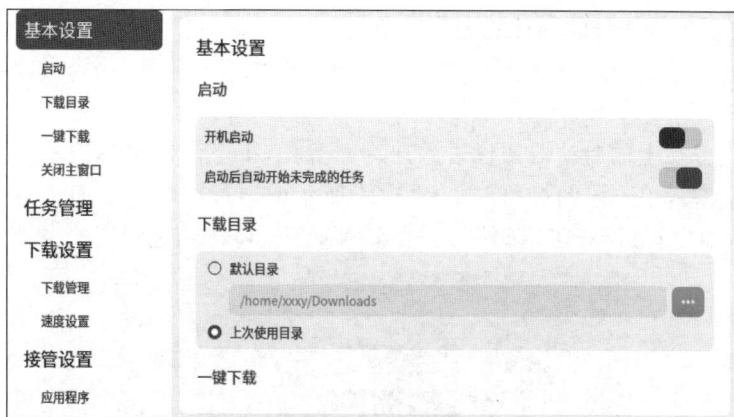

图 5-19　下载设置

代理。在启动器中通过浏览或搜索查找到终端 ，或者使用快捷键 Ctrl＋Alt＋T 打开命令行窗口。在命令行窗口中输入下载命令 wget -c https://finance.sina.com.cn/tech/roll/2023-09-22/doc-imznqnym2302747.shtml，按 Enter 键后，即可进行下载，如图 5-20 所示。下载完成后可在当前目录中查看下载的文件。

图 5-20　Wget 命令下载

Wget 命令常用的参数和说明如表 5-1 所示。

表 5-1　Wget 命令常用的参数和说明

参　　数	说　　明
-b	后台下载，Wget 命令默认把文件下载到当前目录
-O	将文件下载到指定的目录中
-P	保存文件之前先创建指定名称的目录
-t	尝试连接次数，设置当 Wget 无法与服务器建立连接时，尝试连接多少次
-c	断点续传，如果下载中断，那么连接恢复时会从上次的断点开始下载
-r	使用递归下载

5.5　邮箱的使用

收发邮件是日常办公中必不可少的一部分，UOS 预装的邮箱客户端是一款易于使用的、多功能的邮件收发及管理的电子邮件客户端，用户可以在该客户端登录任意第三方邮箱,并实现多电子邮件账号的邮件统一管理功能。

5.5.1 登录邮箱

(1)单击任务栏上的启动器图标进入启动器界面,上下滚动鼠标滚轮浏览或通过搜索找到"邮箱"图标 ,单击该图标打开如图 5-21 所示的选择邮箱的界面。用户可以选择任意第三方邮箱,如 126 邮箱、QQ 邮箱等。本案例使用 QQ 邮箱进行配置登录。

图 5-21　选择邮箱

(2)选择"QQ 邮箱",单击"继续"按钮,打开如图 5-22 所示的 QQ 邮箱登录界面,输入已注册的 QQ 邮箱地址及对应的授权码,单击"登录"按钮即可。

图 5-22　登录 QQ 邮箱

（3）关于各邮箱的客户端授权码，以 QQ 邮箱为例，需登录 QQ 邮箱网页版应用，单击"设置"，选择"账户"，找到如图 5-23 所示"POP3/IMAP/SMTP/Exchange/CardDAV/CalDAV 服务"界面，单击"继续获取授权码"。

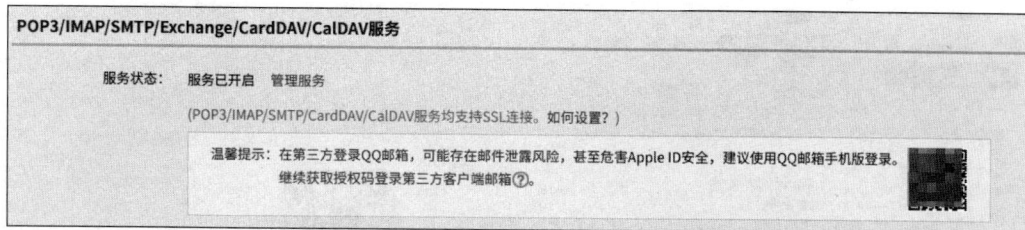

图 5-23　QQ 邮箱 POP3/IMAP/SMTP/Exchange/CardDAV/CalDAV 服务

（4）通过上一步身份验证后，QQ 邮箱会生成如图 5-24 所示授权码页面，返回 UOS 邮箱应用，在密码框中输入对应授权码，单击"登录"按钮即可。

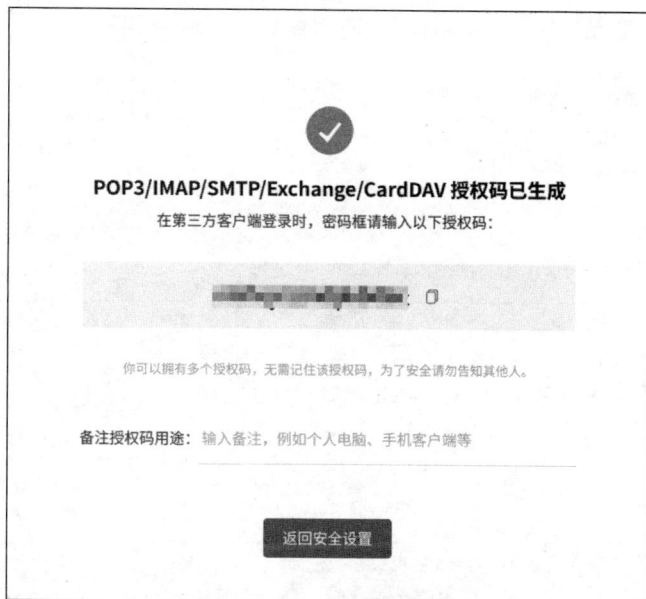

图 5-24　第三方客户端授权码

5.5.2　邮箱设置

如图 5-25 所示，单击"主菜单"按钮 ☰ ，选择"设置"，打开邮箱设置界面。在邮箱设置界面，可进行账号设置、基本设置、反垃圾设置、网络设置及高级设置。

如图 5-26 所示，账号设置功能可以对邮件客户端登录账号进行设置，包括增删登录账号，修改邮箱头像、别名、服务器协议，添加邮件签名，修改邮件过滤规则等。

如图 5-27 所示，基本设置包括常规设置、邮件设置、关闭主窗口设置及快捷键设置。

反垃圾设置可以添加黑名单账号，用户将不再接收由黑名单账号发送的邮件。网络设置可以设置邮件客户端所使用的网络代理。高级设置可对客户端数据与安全功能进行优化，设置自动锁定功能等。

网络应用基础

图 5-25　邮件客户端首页

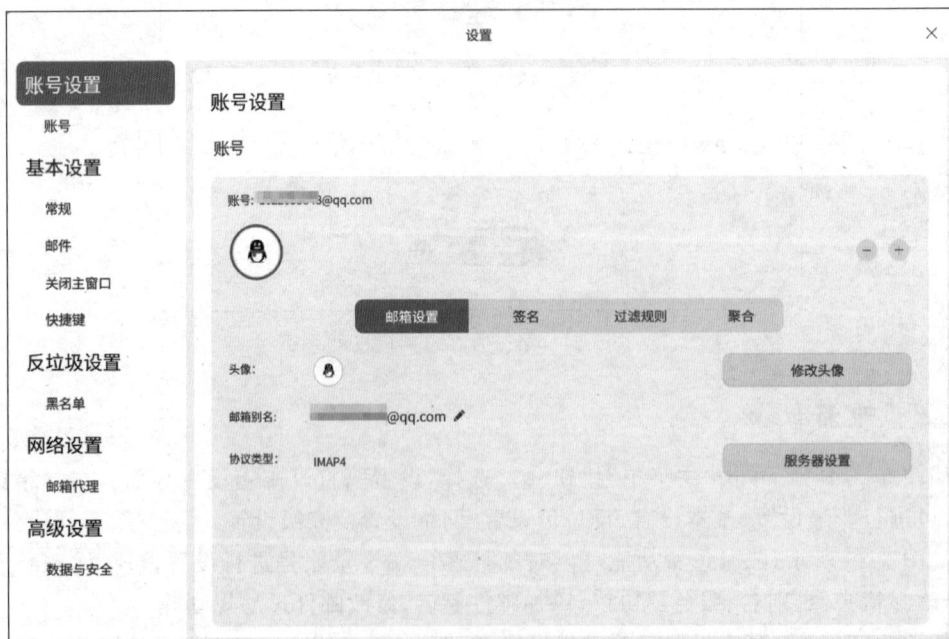

图 5-26　客户端账号设置界面

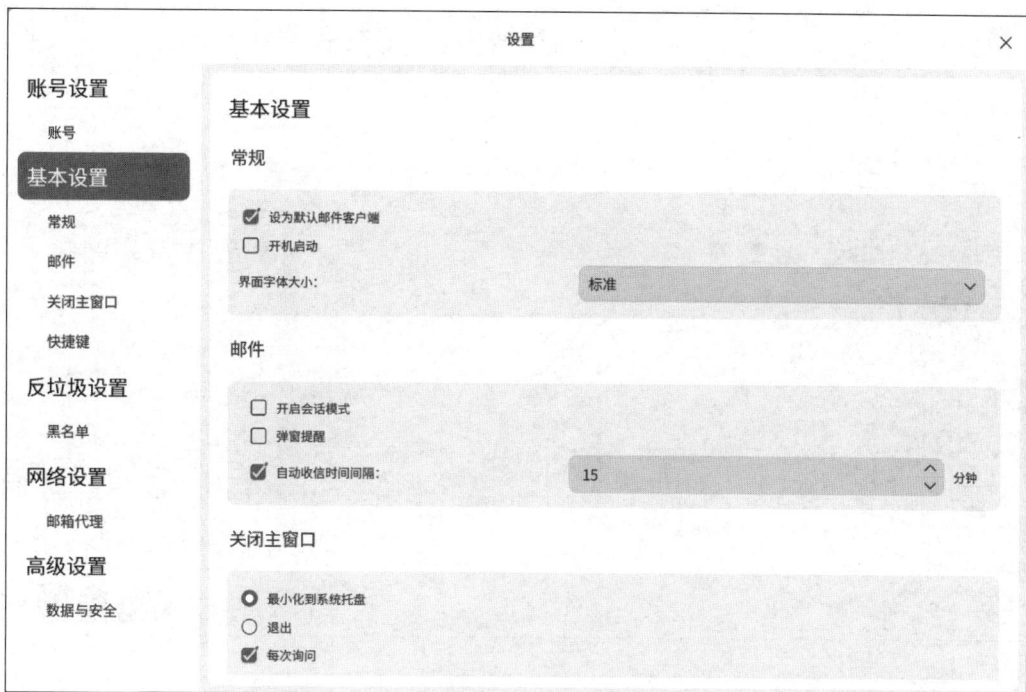

图 5-27　客户端基本设置界面

5.5.3　收发邮件

邮箱最基本的功能就是收发邮件,下面介绍如何在邮件客户端收发邮件。

1. 收邮件

登录邮件客户端,会自动同步该账户收件箱,在邮箱设置中,可以调整自动收信时间间隔,默认时间为 15 分钟/次。

此外,有以下两种主动收取邮件的方式。

（1）右击邮箱账户,选择"收取邮件",如图 5-28 所示。

（2）单击 按钮或按 F5 键收取邮件。

2. 发邮件

在如图 5-25 所示邮件客户端首页,单击 按钮,打开如图 5-29 所示写邮件界面。在此界面下,输入收件人邮箱地址,添加正文内容,单击"发送"按钮,即可发送邮件至指定地址邮箱。邮件支持文本编辑,支持文字大小、颜色等格式编辑,支持图片、超链接插入,支持添加附件、签名,支持定时发送、抄送、密送等功能。

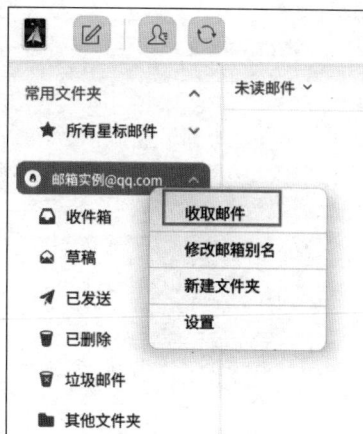

图 5-28　收取邮件

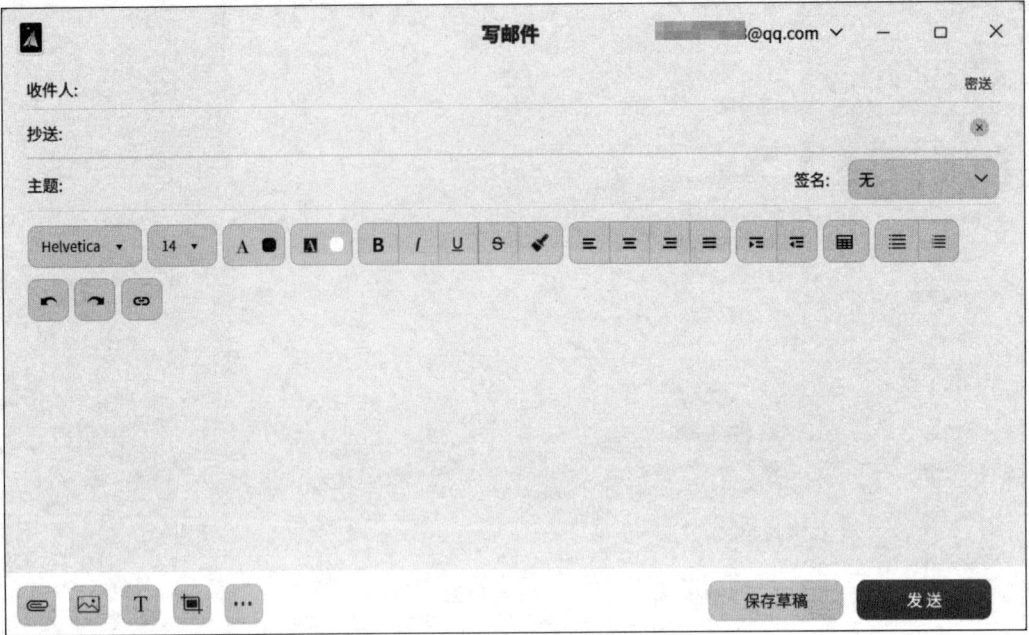

图 5-29　写邮件

第6章　软件管理

应用软件是为满足用户在不同场景下的特定需求而设计的软件,在操作系统中运行,并由操作系统管理、维护和调度。

6.1　应用商店

统信 UOS 预装的应用商店是一款集应用展示、下载、安装、卸载、评论、评分、推荐于一体的应用程序,应用商店精心筛选和收录不同类别的应用,每款应用都经过人工安装和验证。在应用商店中可以搜索热门应用,一键下载并自动安装。

6.1.1　打开应用商店

单击任务栏上的"启动器"图标进入启动器界面,上下滚动鼠标滚轮浏览或通过搜索找到"应用商店"图标，单击该图标打开应用商店界面,如图 6-1 所示,该界面左侧导航栏中显示不同栏目,右侧显示对应栏目的具体内容。

应用商店支持网络账户登录。在应用商店界面,单击左上角的头像,打开如图 6-2 所示的登录界面,用户可选择微信扫码登录、手机号免密登录、邮箱免密登录和账密登录 4 种不同的登录方式。

图 6-1　应用商店界面

图 6-2　登录应用商店

6.1.2　搜索应用

　　应用商店中自带搜索功能。在应用商店界面的"搜索"按钮 🔍 左侧的搜索框中输入搜索关键字,如"输入法",然后单击"搜索"按钮,则搜索框下方将自动显示包含该关键字的所有应用软件,如图 6-3 所示。

图 6-3　应用商店搜索界面

6.1.3　安装与更新应用

1. 安装应用软件

应用商店提供一键式的应用软件下载和安装,无须手动处理。6.1.2 节中,案例搜索了输入法应用,以"搜狗输入法 UOS 版"为例,单击右侧"安装"按钮,即可进行下载安装。下载和安装应用软件的过程中,单击 ⬇ 图标,可以打开下载管理界面,如图 6-4 所示,在下载管理界面可以进行暂停、清除等操作,还可以查看当前应用软件下载和安装的进度。

图 6-4　下载管理界面

2. 更新应用软件

在应用商店左侧栏找到并单击"应用更新",即可打开应用更新界面,单击应用右侧"更新"按钮,即可对应用进行版本更新。

6.1.4　卸载应用

如图 6-5 所示,在应用商店左侧栏找到并单击"应用管理",即可打开应用管理界面,单击应用右侧"卸载"按钮,即可卸载应用。

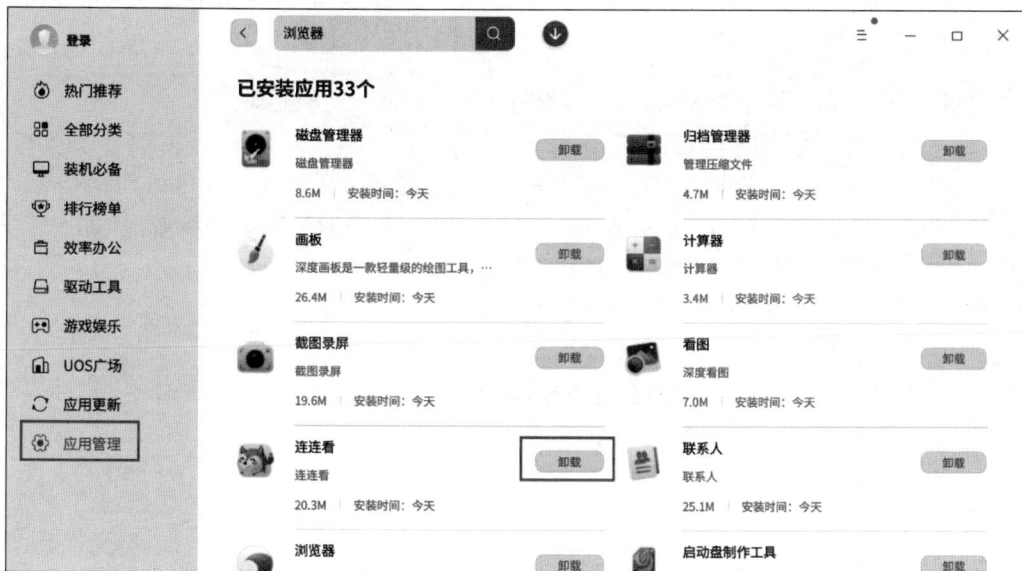

图 6-5　应用管理界面

6.2 基于命令行的包管理器

6.1 节介绍的应用商店是可视化、图形化、窗口化的应用管理工具,而基于命令行的应用管理工具则被称为包管理器。

6.2.1 包管理器介绍

在基于 Linux 发行版的操作系统如 Debian、Ubuntu 中,几乎每个发行版都有自己的包管理器,包管理器是 Linux 操作系统保持生命力的关键。常见的包管理器包括管理软件包的 dpkg(Debian Packager)以及它的前端 apt(Advanced Package Tool),统信 UOS 操作系统以 Debian 操作系统为基础进行开发,默认封装了 apt 包管理器,用户可以通过命令行进行应用的安装、更新和卸载工作。

6.2.2 包管理器常用命令

包管理器的常用命令如表 6-1 所示。

表 6-1　包管理器常用命令

命　　令	说　　明
apt-get install ＜ package ＞	安装软件包
apt-get remove ＜ package ＞	卸载软件包
apt-get remove ＜ package ＞ - purge	卸载软件包及其配置文件
apt-get update	更新软件源
apt-get upgrade	更新已安装的软件包

UOS 操作系统安装完成后,会配置默认的软件源,配置文件路径为/etc/apt/sources.list。用户可以根据实际情况对软件源进行手动配置,本案例将使用默认软件源。

6.2.3 包管理器应用

使用 UOS 操作系统包管理器功能,需要进入开发者模式,方式如下。

(1) 单击任务栏 图标,打开设置界面。

(2) 下滑界面,找到"通用"设置,单击"进入",打开通用设置界面,如图 6-6 所示。

(3) 单击"开发者模式"→"进入开发者模式",选择"在线激活"或"离线激活"进入开发者模式。注意:进入开发者模式后不能撤销或退出。

(4) 激活后即可使用 UOS 操作系统包管理器功能。

1. 更新软件源

如图 6-7 所示,打开 UOS 操作系统终端,输入 apt-get update 命令并按 Enter 键。若显示权限不够,可使用 sudo apt-get update 命令。

2. 安装软件包

使用 apt-get install python 命令,安装 Python 开发环境,如图 6-8 所示。

3. 卸载软件包

使用 apt-get remove python 命令,卸载 Python 环境,如图 6-9 所示。

图 6-6　进入开发者模式

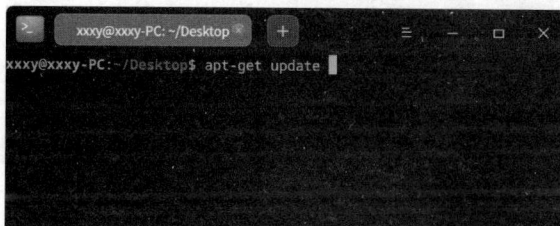

图 6-7　更新软件源

图 6-8　使用包管理器安装 Python 环境

图 6-9　使用包管理器卸载 Python 环境

6.3　自动启动管理

对于指定应用程序,UOS 操作系统支持对其是否开机自动启动进行管理,本案例中以 WPS 2019 专业版为例,打开启动器,找到并右击 WPS 2019,打开附加菜单栏,如图 6-10 所示,单击"开机自动启动",即可将 WPS 2019 应用设置为开机自动启动。

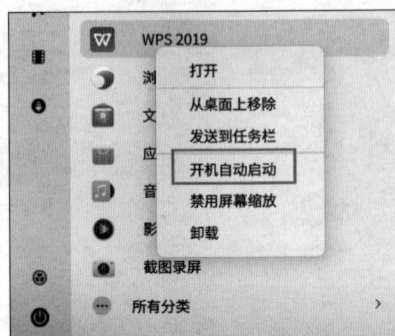

图 6-10　自动启动管理

第 7 章　实用工具软件

UOS 操作系统集成了一套多媒体软件和辅助系统工具,主要包括截图录屏软件、音频播放软件、图形图像处理软件以及其他辅助系统工具。这些软件和工具功能强大,操作简单,基本上能够满足普通用户的需求。

7.1　多媒体工具软件

多媒体工具软件主要包括截图录屏软件、音频播放软件、图形图像处理软件,为多媒体制作提供了方便的工具。

7.1.1　截图录屏软件

截图录屏软件是一款集截图和录屏功能于一体的软件。在 UOS 操作系统中,用户除了通过截图录屏软件截图,还可以通过其他方式快速截图,如按 Print Screen 键可以截取整个屏幕,并保存为图像。截图录屏软件的功能更加丰富,支持自定义截取静态图像和录制动态屏幕两种功能。在使用截图录屏软件进行截图或录屏时,既可以自动选定窗口,也可以手动选择区域。

1. 截图功能

截图功能不仅可以截取屏幕上的可视图像,还提供了图片编辑功能,如模糊和马赛克等,从而保证图片上的隐私信息在传播过程中不外泄。

(1) 选择截图区域。

使用快捷键 Ctrl+Alt+A 打开截图录屏软件或单击任务栏上的"启动器"图标进入启动器界面,上下滚动鼠标滚轮浏览或通过搜索找到 ▣ 图标,单击该图标进入截图状态,此时光标变为十字形。如果桌面上未开启任何应用,截图录屏将自动识别全屏;若开启了某个应用,则将光标移动到该应用后截图录屏软件将自动识别该应用。打开截图录屏软件后单击即可进入编辑状态,如图 7-1 所示。如果想要自定义选择截图区域,可在光标变为十字形的截图状态下按住鼠标左键,拖动鼠标选择截图区域,释放鼠标左键选中自定义截图范围,在其左上角将显示当前截图区域的尺寸大小。

选定截图区域后,将光标置于截图区域的蓝色边框上,当光标变为双向箭头时,按住鼠标左键,可拖动鼠标来放大或缩小截图区域。确定截图区域大小后,将光标置于截图区域上,当光标变为手形状时,按住鼠标左键,可拖动鼠标来移动截图区域的位置。

(2) 编辑截图。

选中截图区域后,可在截图范围内添加矩形、椭圆、文字、马赛克等元素来辅助理解与简单处理。

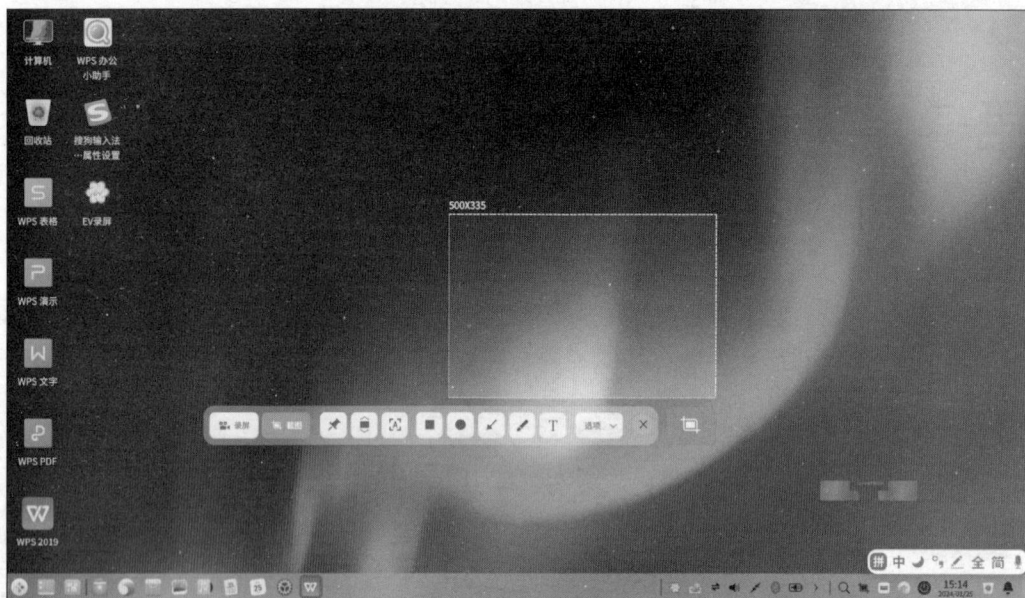

图 7-1　截图界面

2. 录屏功能

在如图 7-1 所示的界面下,单击"录屏",即可将截图录屏工具调整至录屏功能,如图 7-2 所示。在此界面下,可以选择录屏区域、录屏音轨、视频格式与录屏帧率等功能,单击 ▦ 按钮,即可开始录制,再次打开截屏录屏软件即可停止录制。

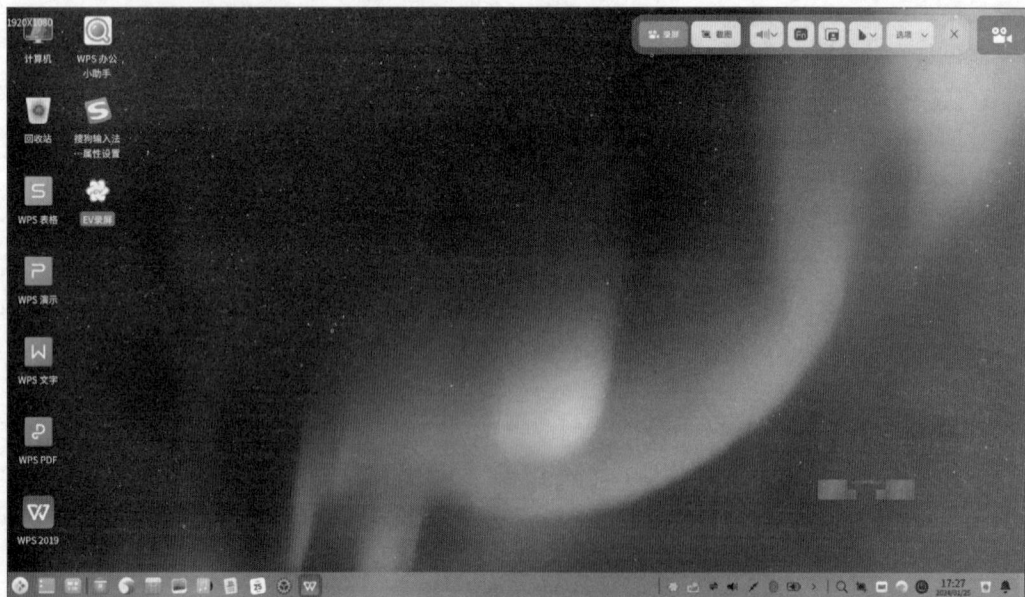

图 7-2　录屏界面

7.1.2　音频处理

UOS 操作系统内置了音乐应用和语音记事本应用作为音频处理软件。

1. 音乐

音乐是 UOS 操作系统集成的音乐播放应用，支持歌曲播放、音乐库管理、歌曲增删与排序等功能。音乐的使用方式如下：在任务栏或启动器中找到并单击 按钮，打开音乐界面，如图 7-3 所示。

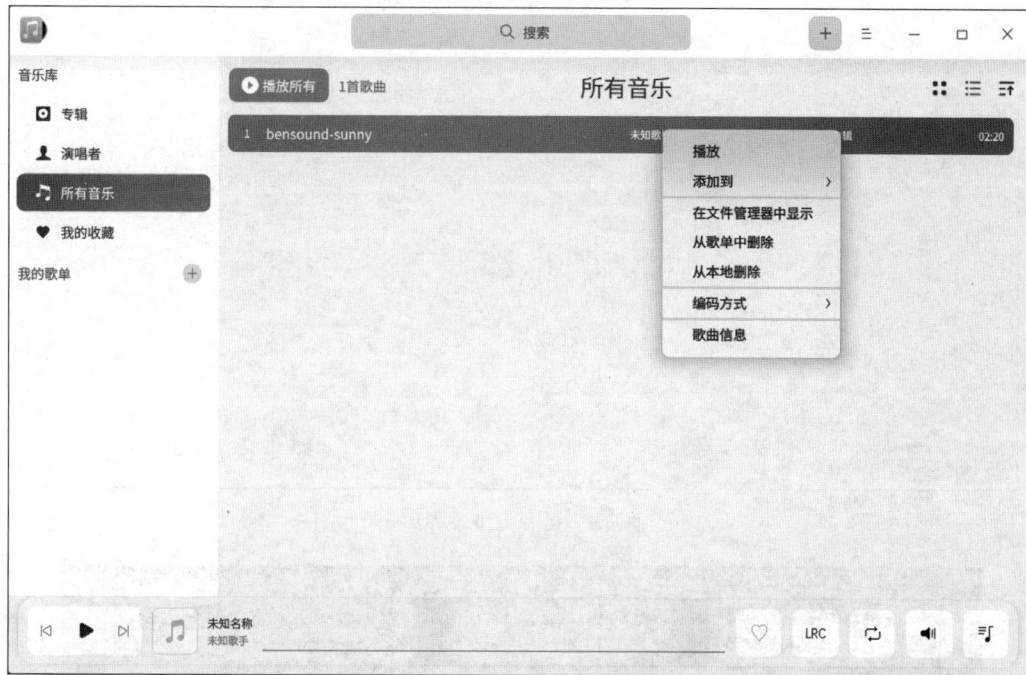

图 7-3　音乐界面

在此界面下，用户可以通过单击 按钮或菜单栏导入音频文件，单击"播放所有""播放"按钮或者右击指定文件后单击"播放"，播放音频文件。还可以进行调整音量、收藏歌曲、管理播放列表、显示（隐藏）歌词、修改播放模式、显示歌曲信息等操作。

2. 语音记事本

语音记事本是 UOS 操作系统集成的录音应用，支持单次 60 分钟内的录音功能、音频播放功能以及语音转文字等功能。语音记事本的使用方式如下：打开启动器，找到并单击 按钮，单击"新建记事本"按钮，如图 7-4 所示。

在此界面下，用户可以通过单击 按钮进行录音，单击"＋"按钮添加文本，单击"新建记事本"按钮添加记事本项目，全部项目均支持复制、剪切、粘贴等管理功能。录音完成后，右击打开附加菜单，单击"保存为 MP3"即可将录音文件保存为 .mp3 格式的音频文件。

7.1.3　图像处理

UOS 操作系统内置了相册、看图、画板等系列工具辅助图像处理工作。

1. 相册

相册是 UOS 操作系统集成的图片管理应用，支持查看与管理包括 .ddf、.png、.jpeg、.jpg 和 .bmp 在内的多种格式图片文件，支持图片文件的批量管理。相册的使用方式如下：打开启动器，找到并单击 按钮，打开相册界面，如图 7-5 所示。

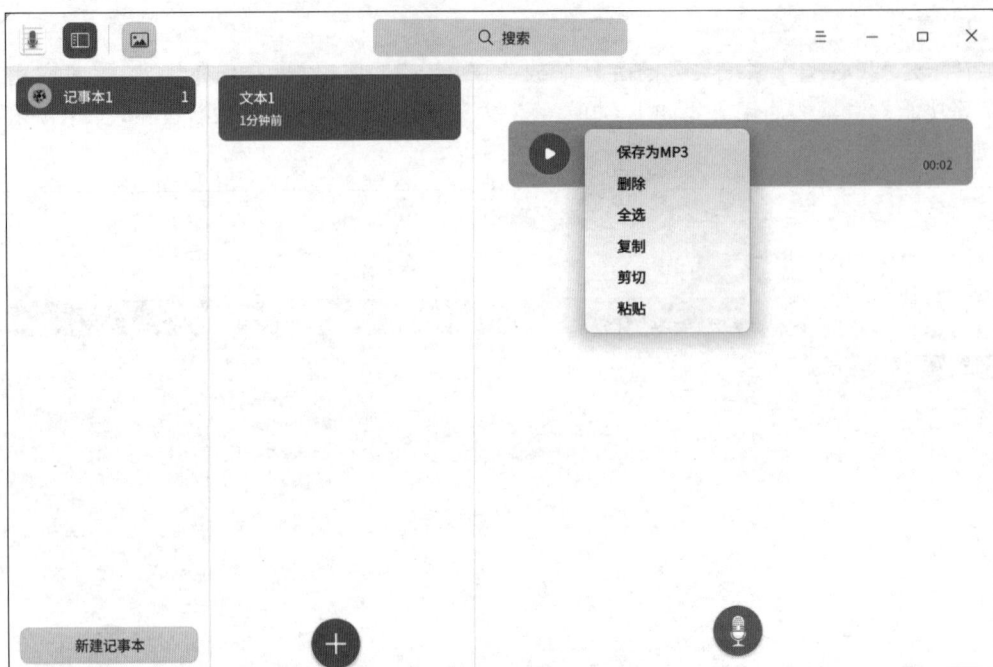

图 7-4　语音记事本界面

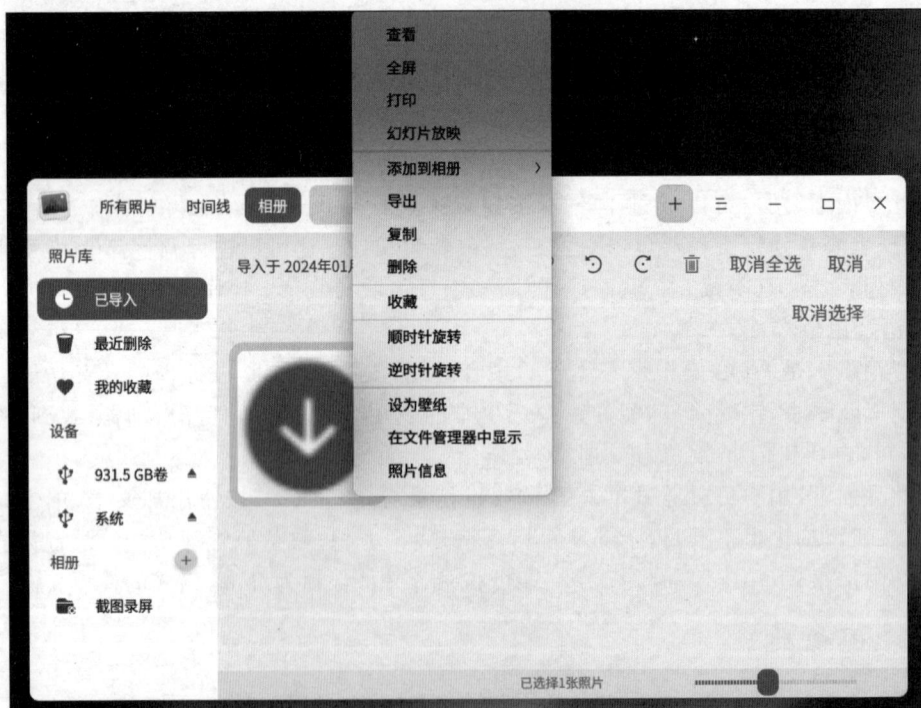

图 7-5　相册界面

　　用户可以单击 ➕ 按钮批量导入图片文件。在如图 7-5 所示的相册界面下,可以查看图片缩略图,对图片进行查看、打印、幻灯片放映、导出等操作,也可以创建新相册,对图片进行批量操作。通过时间线工具,可以查看图片存储时间,如图 7-6 所示。

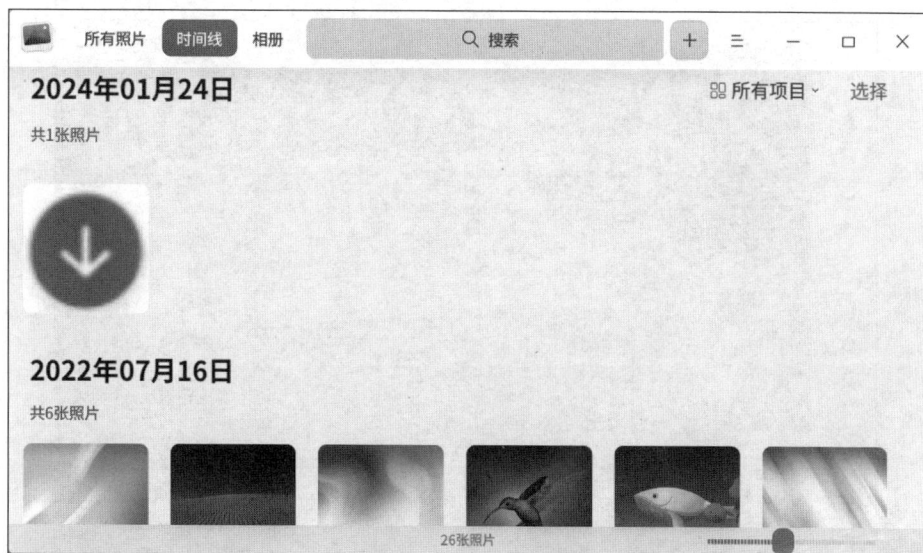

图 7-6　相册时间线工具

2. 看图

看图是 UOS 操作系统集成的图片查看应用,不支持图片的修改和复杂管理,仅支持缩略图、浏览、打印与删除等基本功能。用户可以通过打开图片文件默认打开看图应用,也可以在启动器中找到 按钮单击打开。看图界面如图 7-7 所示。

图 7-7　看图界面

3. 画板

画板是 UOS 操作系统集成的绘图工具,支持对图片内容的简单处理,包括裁剪、模糊、添加图形、添加形状等操作。打开方式如下:打开启动器,找到并单击 按钮,打开画板界面,通过单击 按钮或菜单栏导入需要编辑的图片,如图 7-8 所示。

在此界面下,用户可以对图片内容进行编辑,包括添加基础图形、绘制线条、添加文字、擦除、模糊、裁剪等,通过菜单栏或快捷键 Ctrl+S 对修改内容进行保存。

图 7-8　画板界面

7.1.4　视频处理

　　UOS 操作系统内置了影院应用播放多种格式的视频文件,支持播放视频、倍速播放、字幕设置等功能,使用方法如下:打开.amv、.f4v、.flv、.m4v 、.mkv、.mp4 等格式视频文件默认打开影院应用或者打开启动器,找到并单击 ⊙ 按钮,打开影院界面,如图 7-9 所示。

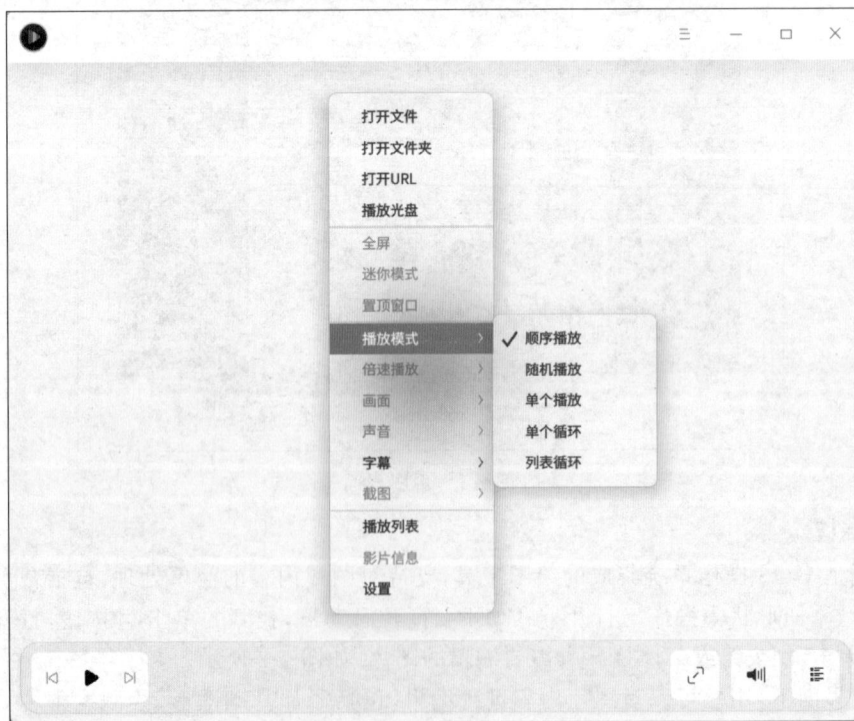

图 7-9　影院界面

在此界面,右击空白位置,可以打开附加菜单,导入视频文件或对正在播放的视频进行播放管理,如图 7-9 所示。单击"设置",可以打开影院的设置界面,如图 7-10 所示,在此界面下,用户可以对影院应用的播放、快捷键、字幕等功能进行设置。

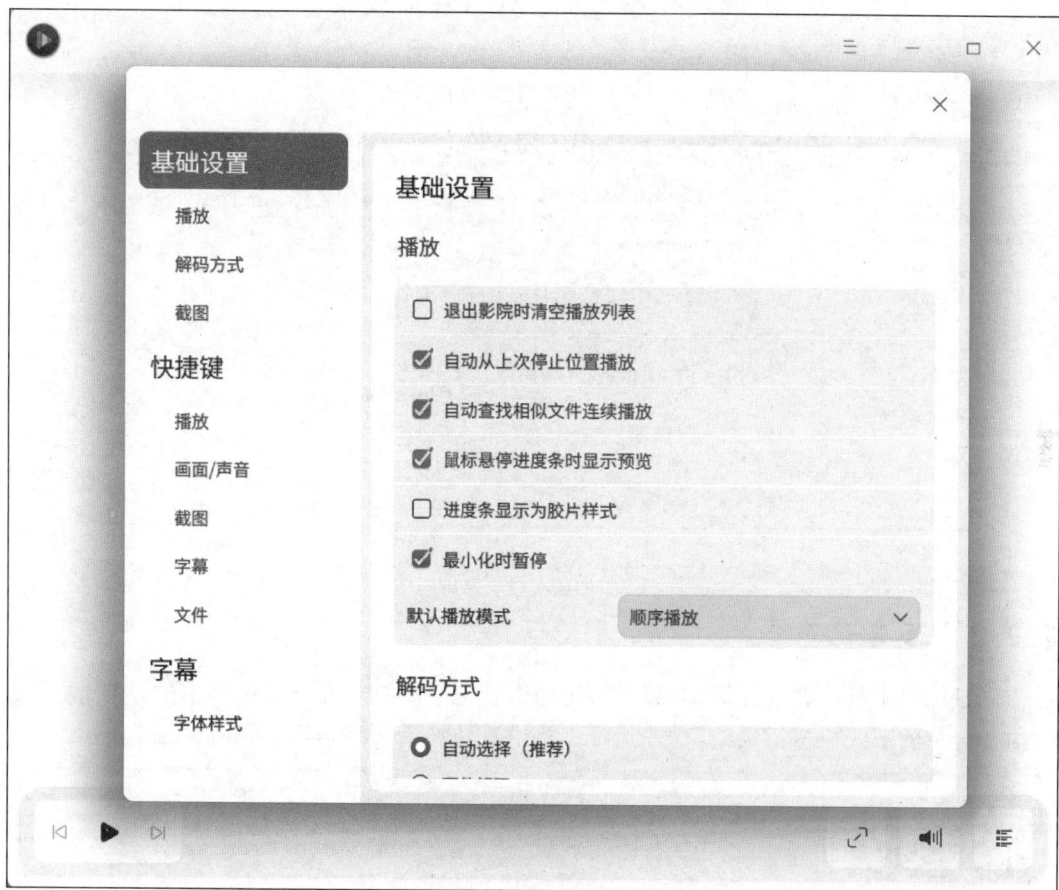

图 7-10 影院设置界面

7.2 其他工具软件

其他工具软件主要包括字体管理器、语音记事本、归档管理器、磁盘管理器等,为特定工作内容提供了工具。

7.2.1 字体管理器

字体管理器是 UOS 操作系统集成的字体管理应用,提供了字体的搜索、添加、禁用、删除等功能。使用方式如下:打开启动器,找到并单击 ▣ 按钮,打开字体管理器界面,如图 7-11 所示。

在此界面下,用户可以通过单击 ⊞ 按钮导入想要安装的字体,也可以在"所有字体"下,查看 UOS 操作系统默认安装的字体。在"用户字体"下,用户可以查看本地已安装的字体,可以对字体进行禁用、删除与导出等操作。

图 7-11　字体管理器界面

7.2.2　语音记事本

语音记事本是一款设计简洁、美观易用的语音记事工具。在语音记事本中,用户可以通过语音记录的形式快速记录信息,并且可以将语音转换为文字,其界面如图 7-12 所示。

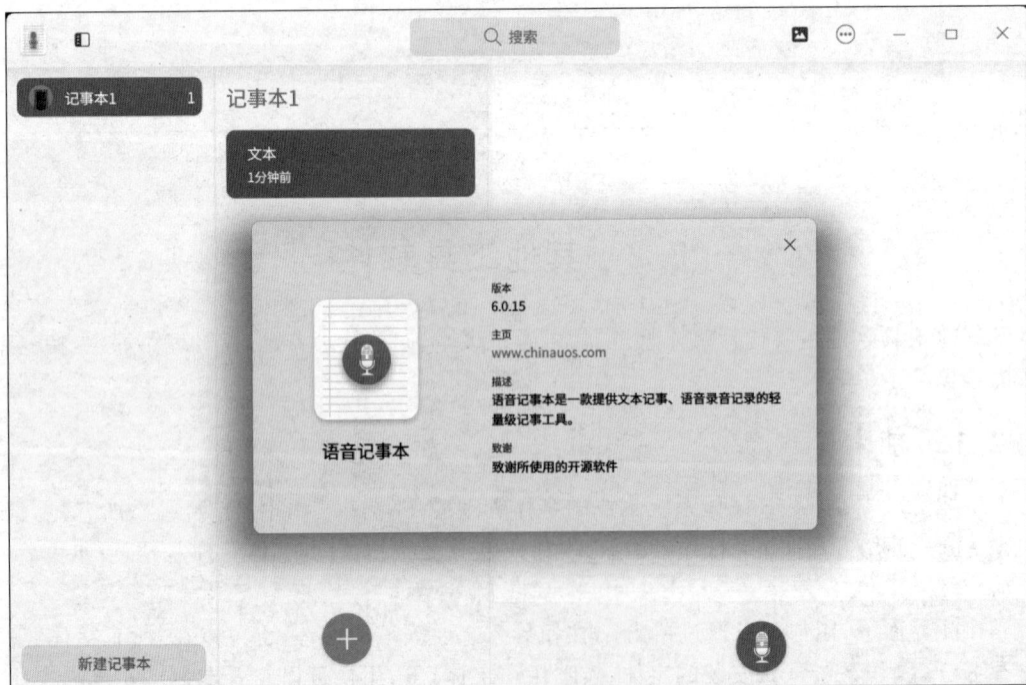

图 7-12　语音记事本

语音记事本的主要功能如下。

(1) 复制音频：录音时长为 60 分钟内。

(2) 回放音频：语音录制完成后会以列表形式显示，用户可以回放录音。

(3) 成为 MP3：将录音导出为 MP3 格式的文件单独保存。

(4) 语音转换文字：可将录制的语音转换成文本。

此外，语音记事本还支持删除、全选、复制、剪切、粘贴等其他基本管理功能。

7.2.3 归档管理器

归档管理器是 UOS 操作系统集成的压缩文件处理应用，支持 .7z、.jar、.tar、.zip 等格式压缩文件的压缩与解压操作，并支持对压缩文件进行加密。归档管理器使用方式如下：选中需要压缩的文件或文件夹，右击打开附加菜单，单击"压缩"，即可打开如图 7-13 所示归档管理器界面；或者打开启动器，找到并单击 ▓ 按钮打开归档管理器界面。

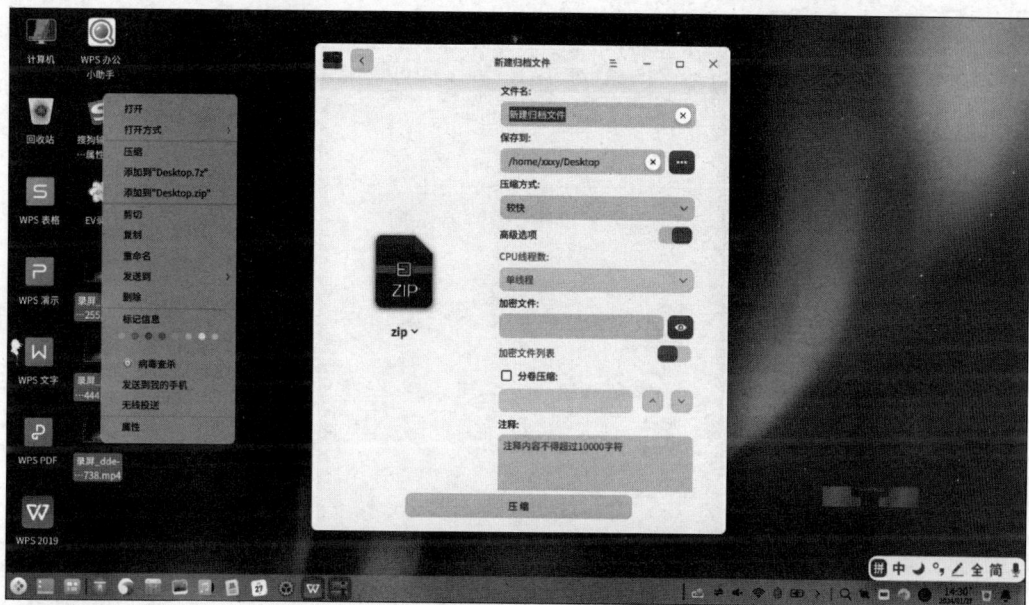

图 7-13　归档管理器界面

在此界面下，用户可以单击 zip 选择压缩文件的文件类型，可以修改压缩文件名称，可以修改压缩文件存储位置，可以添加压缩文件密码等。

7.2.4 磁盘管理器

磁盘管理器是 UOS 操作系统集成的磁盘管理应用，提供了可视化的磁盘信息查看功能，支持磁盘的新建分区、调整分区大小、格式化磁盘、挂载或卸载磁盘等功能。磁盘管理器的使用方式如下：打开启动器，找到并单击 ▓ 按钮，在弹出的认证界面中输入用户密码，单击"确定"按钮进入如图 7-14 所示磁盘管理器界面。

在此界面下，用户可以查看计算机挂载的各个磁盘的基本信息，包括挂载点、磁盘介质、磁盘总容量、可用空间、已用空间等。单击选中磁盘，右击打开快捷菜单，可以对磁盘进行健康管理、查看磁盘信息、新建分区表等操作。单击选中磁盘下的分区，单击 ▓ 按钮进行卸

实用工具软件

载,卸载后可以进行删除分区操作。

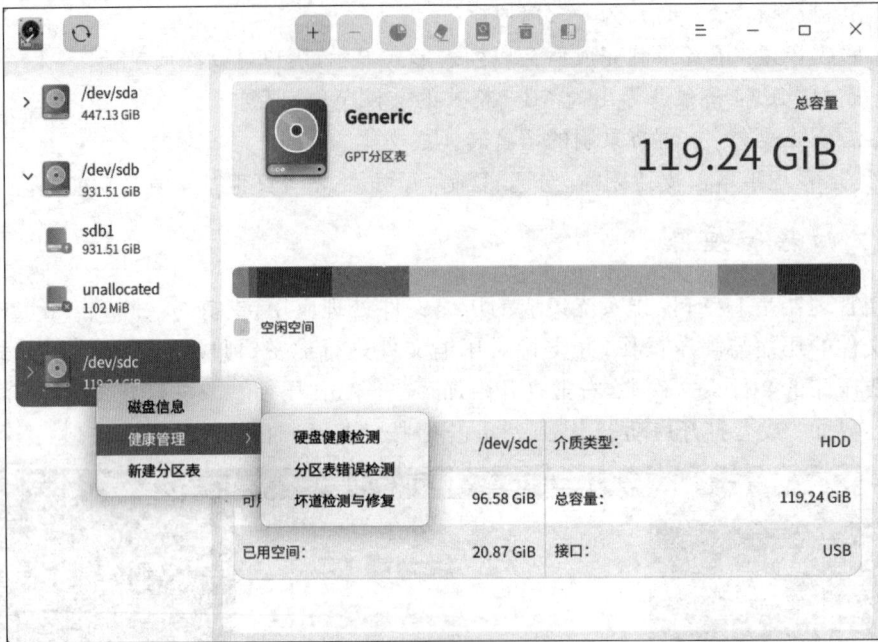

图 7-14　磁盘管理器界面

第8章 系 统 维 护

系统维护是指管理员用户定期对操作系统软件、硬件进行检查与更新,以确保操作系统稳定性与可靠性的系列操作。UOS 操作系统集成了包括系统监视器在内的多种应用辅助用户进行系统维护。

8.1 查看系统硬件信息

计算机硬件的品牌和型号众多,统信 UOS 中预装了设备管理器应用,可以非常方便地查看和管理硬件设备,针对运行在操作系统上的硬件设备,可进行参数状态查看、数据信息导出等操作,还可以禁用或启动部分硬件驱动。

1. 运行设备管理器

单击任务栏上的"启动器"图标,进入启动器界面。上下滚动鼠标滚轮浏览或通过搜索找到设备管理器,并单击运行,打开设备管理器界面,如图 8-1 所示。设备管理器界面默认显示概况信息,用户可以查看计算机的处理器、主板等硬件信息概况,以及对应的品牌、名称、型号等信息。

图 8-1　设备管理器界面

2. 查看并管理硬件信息

单击左侧导航栏中的处理器、主板、内存、网络适配器等选项,可查看对应的设备信息及设备详情。例如,查看处理器信息,操作过程如下。

(1) 在设备管理器界面左侧导航栏,单击"处理器"选项,打开如图 8-2 所示的处理器界面。

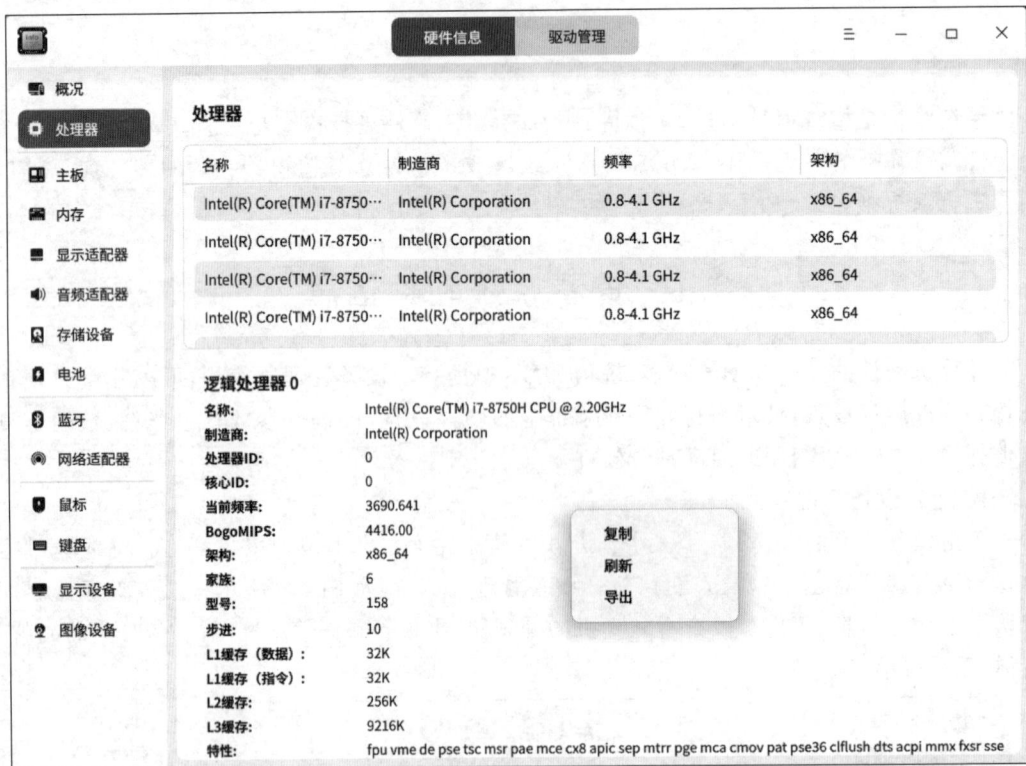

图 8-2　处理器界面

(2) 界面显示处理器列表,以及所有处理器的详细信息,如计算机处理器的名称、制造商、频率、架构等详细信息。

(3) 鼠标右击内存详细信息界面,通过快捷菜单,可以复制、刷新、导出相关信息。选择快捷菜单中的"复制"命令,可复制光标选中的内容;选择快捷菜单中的"刷新"命令,将重新加载操作系统当前所有设备的信息,快捷键为 F5;选择快捷菜单中的"导出"命令,将设备信息导出到指定的文件夹,支持导出 .txt、.docx、.xlsx 和 .html 格式的文件。

单击左侧导航栏中的其他选项可查看对应的设备信息,这里不再一一赘述,其他设备的详细内容如表 8-1 所示。

表 8-1　硬件设备详情

硬 件 设 备	详 细 信 息
处理器	处理器的名称、制造商、频率、架构等信息
主板	主板的制造商、版本、芯片组、BIOS 信息等信息
内存	内存的名称、制造商、类型、速度、大小等信息
显示适配器	显示适配器的名称、制造商、型号等信息

硬 件 设 备	详 细 信 息
音频适配器	音频适配器的名称、制造商、型号、版本等信息
存储设备	存储设备的型号、制造商、介质类型、大小等信息
电池	电池的名称、容量、电压、状态等信息
蓝牙	蓝牙的名称、制造商、版本、型号、蓝牙设备地址等信息
网络适配器	网络适配器的名称、制造商、类型、功能等信息
鼠标	鼠标的名称、制造商、型号、接口等信息
键盘	键盘的名称、制造商、型号、接口等信息

在如图 8-1 所示的设备管理器界面中,单击"驱动管理"标签,可以打开驱动管理界面,在此界面下,用户可以查看与更新计算机硬件设备的驱动程序。

8.2 使用系统监视器监视系统功能

系统监视器是 UOS 操作系统集成的系统维护与管理应用,是一个对硬件负载、程序运行及系统服务进行监测和管理的系统工具。系统监视器可以实时监控处理器状态、内存占有率、网络上传/下载速度等,还可以管理程序进程和系统服务。

8.2.1 硬件监控

单击任务栏上的"启动器"图标,打开启动器界面,找到系统监视器并单击运行,打开如图 8-3 所示的系统监视器界面。系统监视器可以实时监控计算机的处理器、内存及网络等

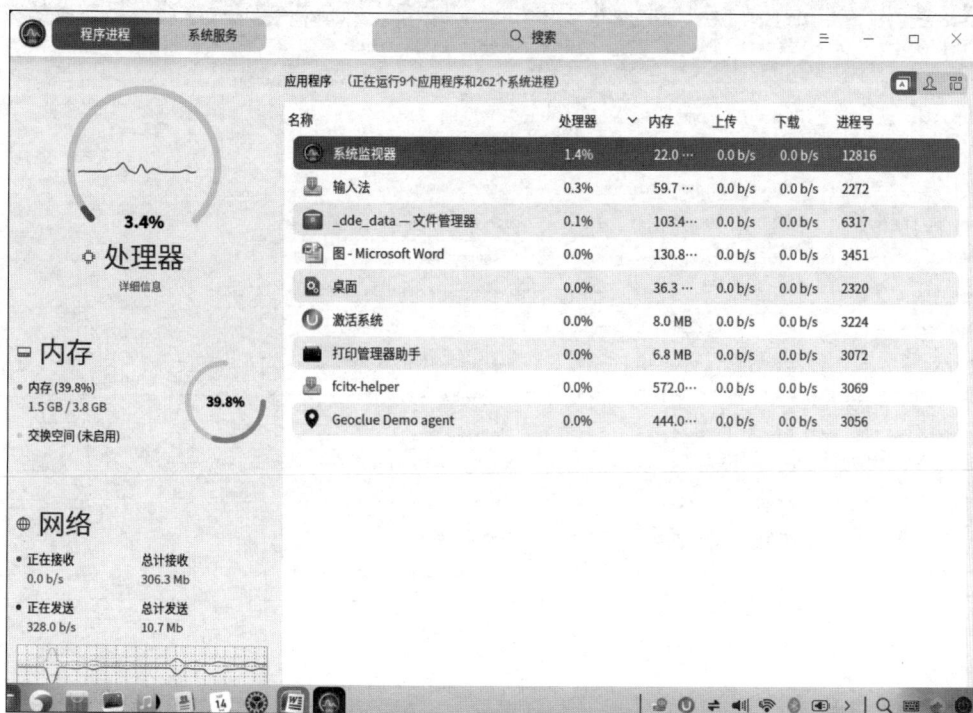

图 8-3 系统监视器

的状态。系统监视器主界面的处理器监控区域使用数值和图形实时显示处理器的占有率，通过圆环或波形显示最近一段时间处理器的占有趋势。单击右上角的 ≡ 按钮，在弹出的菜单中选择"视图"中的"舒展"或"紧凑"方式可以以不同的视图方式显示。

内存监控区域使用数字和图形实时显示内存占有率，此外，还显示内存总量和当前占有量、交换分区内存总量和当前占有量。网络监控区域可以实时显示当前网络的上传/下载速度，还可以通过波形显示最近一段时间上传/下载速度的趋势。磁盘监控区域可以实时显示当前磁盘的读取/写入速度，还可以通过波形显示最近一段时间磁盘读取/写入速度的趋势。

8.2.2　系统服务管理

在如图 8-3 所示的系统监视器界面的左上角单击"系统服务"标签，打开如图 8-4 所示的系统服务界面，可以查看系统服务，并对系统服务进行启动、停止、重新启动及刷新操作。在系统服务界面中选中某个未启动的系统服务，以 acpid 服务为例，在其上单击鼠标右键，在弹出的快捷菜单中选择"启动"命令后，系统弹出如图 8-5 所示的授权认证对话框，需要输入密码，输入密码单击"确定"按钮后，再次右击该系统服务，在快捷菜单中选择"刷新"命令，则活动列的"未启动"改为"已启动"。类似地，还可以在快捷菜单中选择"停止"和"重新启动"命令来停止系统服务和重新启动系统服务。

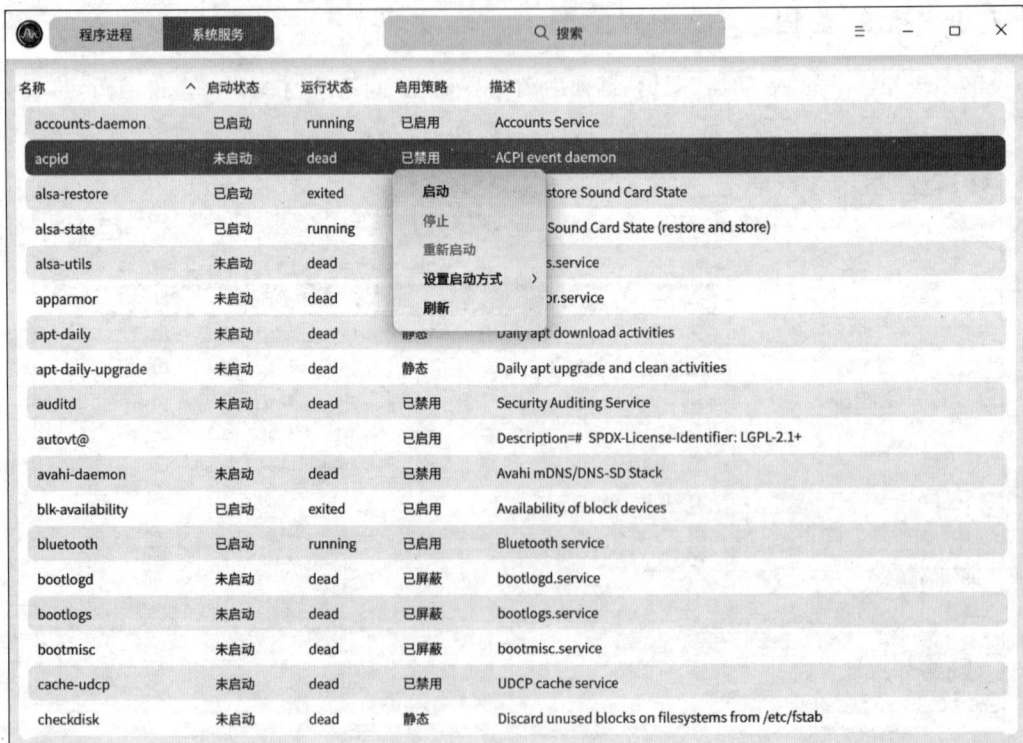

图 8-4　系统服务界面

图 8-5　授权认证对话框

8.2.3　进程搜索

在系统监视器界面中搜索程序进程,有三种分类方式,分别是应用程序、我的进程、所有进程,分别对应图 8-6～图 8-8。

单击![A]按钮,查看应用程序进程,在此分类下,用户可以搜索管理应用程序在系统中运行的进程,如图 8-6 所示;单击![人]按钮,查看我的进程,在此分类下,用户可以搜索管理登录计算机的用户所运行的程序进程,如图 8-7 所示;单击![所有]按钮,查看所有进程,在此分类下,用户可以搜索管理操作系统运行时启动的所有程序进程,如图 8-8 所示。

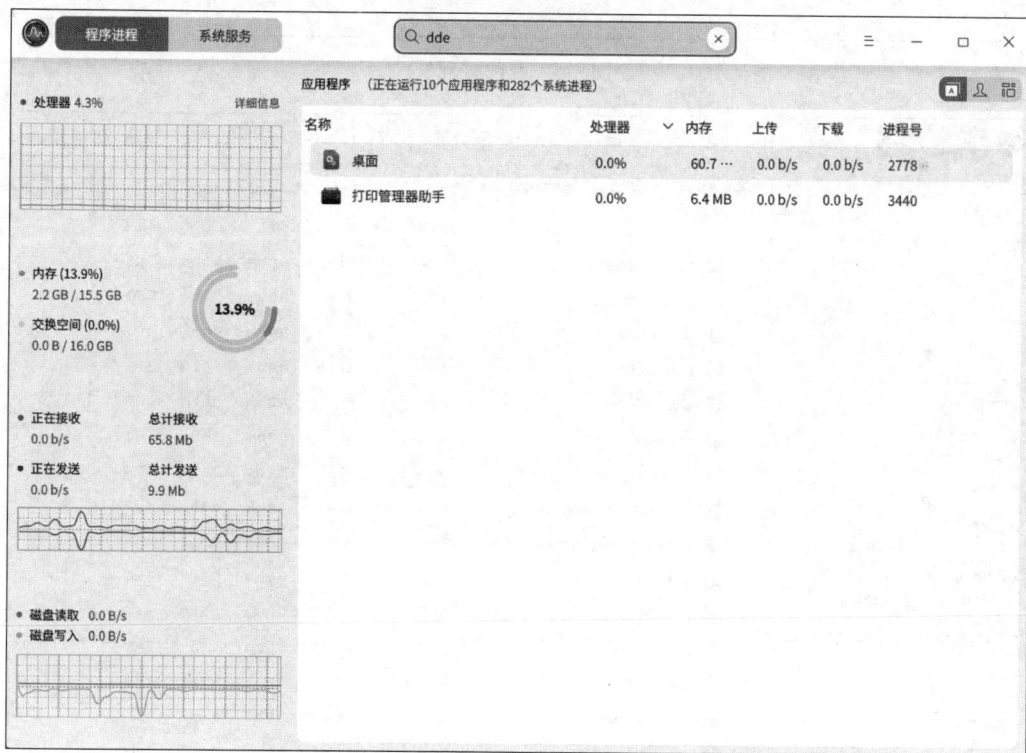

图 8-6　应用程序进程

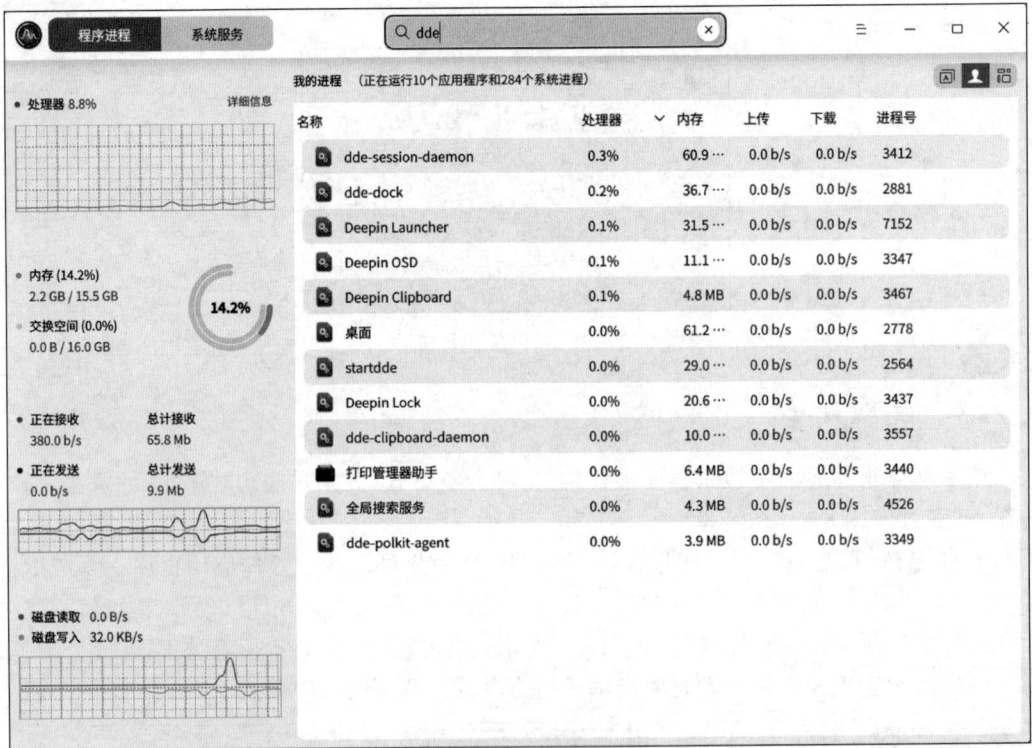

图 8-7　我的进程

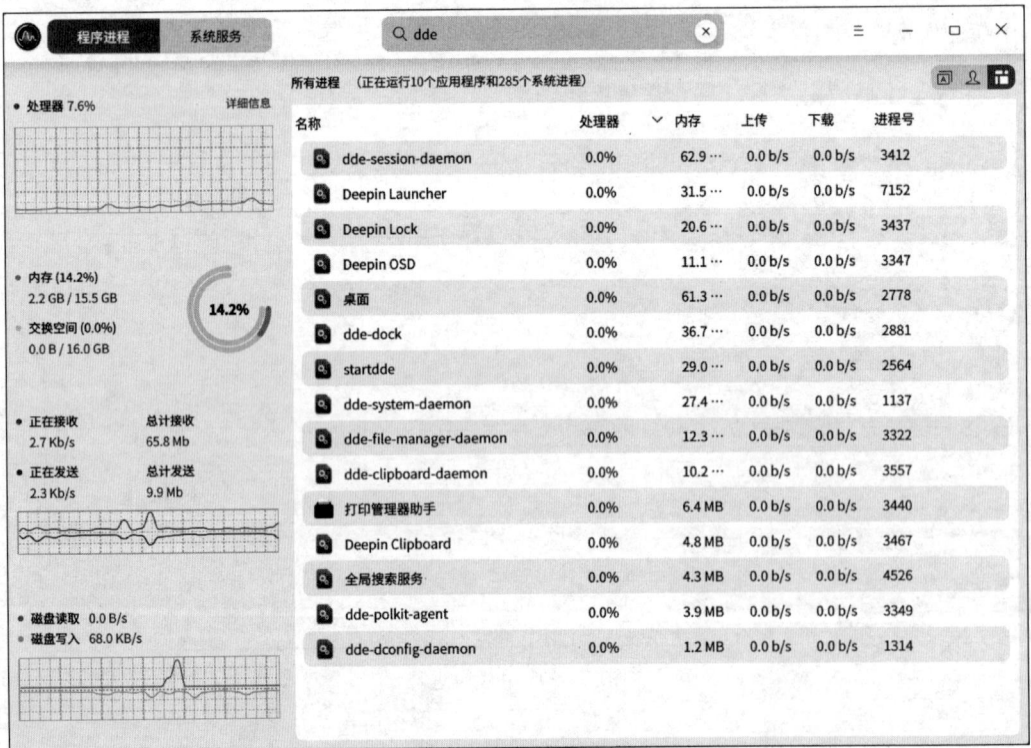

图 8-8　所有进程

8.2.4 程序进程管理

在系统监视器主界面,鼠标右击进程列表顶部的标签栏,即可打开如图 8-9 所示的快捷菜单,在该快捷菜单中取消勾选某个命令项可以隐藏一个队列,再次勾选可以恢复显示,以此调整监视的进程所占资源内容。进程列表可以根据名称、处理器、用户、内存、上传、下载、磁盘读取、磁盘写入、进程号、Nice、优先级等进行排列。在系统监视器主界面中单击进程列表顶部的标签,进程会按照对应的标签排序,双击可以切换升序和降序。

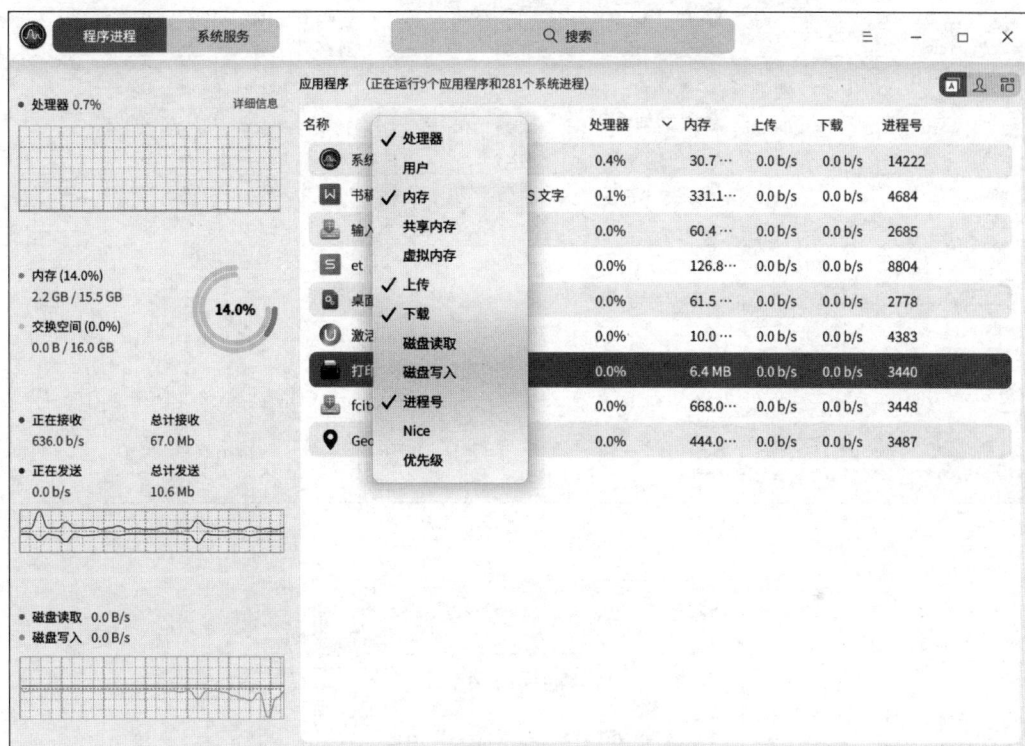

图 8-9　右击标签栏快捷菜单界面

在系统监视器主界面中右击某个进程,打开快捷菜单,如图 8-10 所示,单击"结束进程",在弹出的确认对话框中单击"结束进程",如图 8-11 所示,即可结束指定进程。

在图 8-10 中,单击快捷菜单中的"暂停进程",进程将暂停并标红,如图 8-12 所示,在快捷菜单中单击"继续进程"后可以恢复进程。

在图 8-10 中,单击快捷菜单中的"改变优先级"命令,选择一种优先级,即可改变该进程的优先级。

在图 8-10 中,单击快捷菜单中的"查看命令所在位置"命令,可以在文件管理器中打开该进程所在的目录。

在图 8-10 中,单击快捷菜单中的"属性"命令,打开属性界面,可以查看进程的名称、命令行及启动时间。

在系统监视器中可以结束应用程序,方法是:在系统监视器主界面,单击"主菜单"图标 ☰,弹出如图 8-13 所示的主菜单,选择"强制结束应用程序"选项,在打开的强制结束进程提示

系统维护

对话框中,单击"强制结束"按钮,确认结束该应用程序。

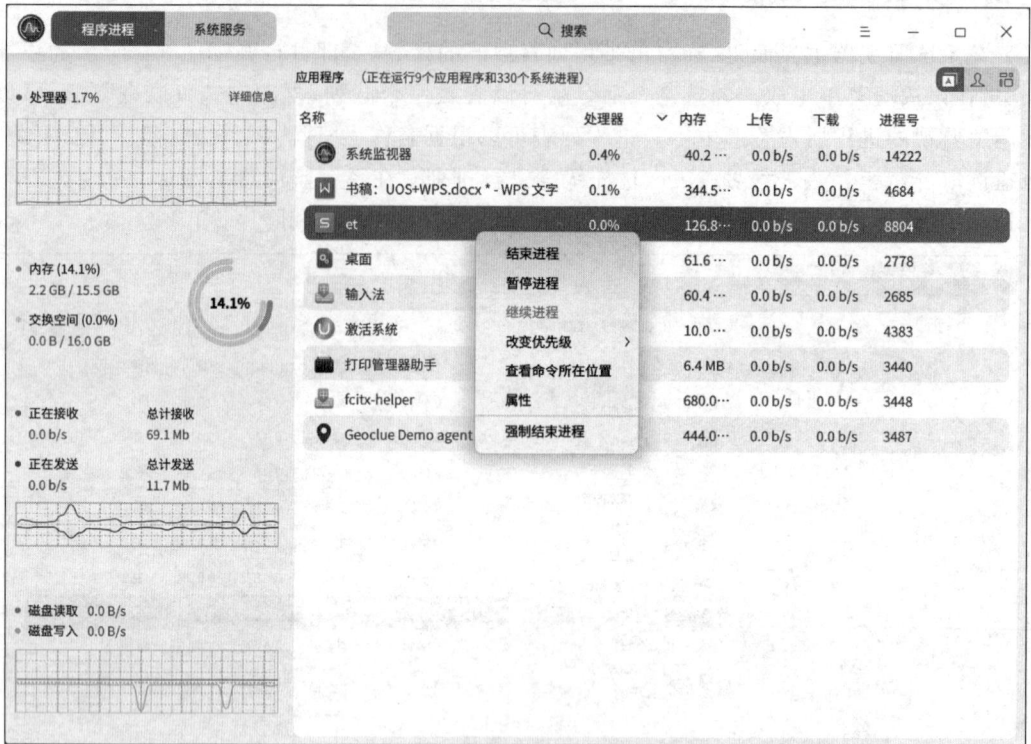

图 8-10　结束进程

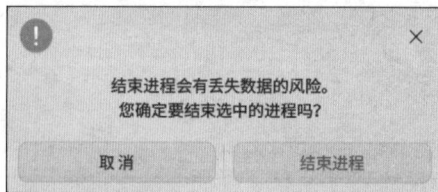

图 8-11　确认结束进程

图 8-12　暂停进程

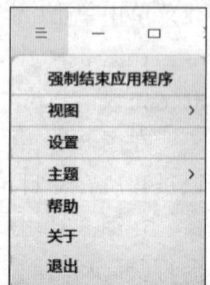

图 8-13　主菜单

8.3 安 全 中 心

安全中心是 UOS 操作系统集成的系统安全维护应用,主要包括系统体检、病毒查杀、防火墙等功能,可以全面提升系统的安全性。

8.3.1 系统体检

单击屏幕左下角的"启动器"图标,进入启动器界面,找到并单击 ⊙ 按钮,打开安全中心界面,默认进入安全中心首页,如图 8-14 所示。在首页单击左侧导航栏的"立即体检"按钮,则开始进行系统体检。

图 8-14 安全中心首页

8.3.2 病毒查杀

在如图 8-14 所示的安全中心首页,单击左侧导航栏中的"病毒查杀"选项,打开病毒查杀工具。病毒查杀方式包括全盘扫描、快速扫描和自定义扫描三种方式,如图 8-15 所示。其中,全盘扫描和快速扫描可以设置为定时扫描。单击右下角的"更新"选项可以更新病毒库。

8.3.3 防火墙

在如图 8-14 所示的安全中心首页,单击左侧导航栏中的"防火墙"选项,打开防火墙工具。打开防火墙需要认证,如图 8-16 所示。防火墙工具开启后默认执行"专用网络"策略,用户可自行设置为公共网络策略或自定义网络策略。公共网络策略是主要为火车站、商场等公共网络环境所设定的网络防护策略,自定义网络策略是主要为办公、家庭所设定的网络防护策略。

图 8-15　病毒查杀界面

图 8-16　防火墙认证

8.3.4　安全工具

安全工具可以对应用自启动行为进行管理,可以设置系统的登录安全等。

1. 自启动管理

在如图 8-14 所示的安全中心首页,单击左侧导航栏中的"安全工具"选项,打开安全工具,如图 8-17 所示。单击"自启动应用"选项,打开自启动应用管理界面,如图 8-18 所示。在此界面下,用户可以查看系统已安装的所有应用的自启动状态,单击"已禁止"可以打开应用自启动行为,单击"已启动"可以禁止应用自启动行为。

图 8-17　安全工具界面

图 8-18　自启动应用管理界面

2. 登录安全

在如图 8-17 所示的安全工具界面,单击"登录安全"选项,打开登录安全界面,如图 8-19 所示,可以对账户密码安全进行设置。

84

图 8-19　登录安全界面

当安全等级选择为"高"或"中"时,在控制中心修改密码或创建新用户设置密码时,若设置的密码不符合级别要求,会保存失败,并提示前往安全中心修改安全等级或重新设置密码。

当安全等级选择为"低"时,在控制中心修改密码或创建新用户设置密码的时候,直接保存新设置的密码。

8.4　系统备份与还原

UOS 操作系统提供了系统备份与系统还原功能以避免因操作失误、自然灾害、网络攻击等意外情况导致的操作系统数据缺失与错误。

8.4.1　系统备份

直接在任务栏找到并单击 ⚙ 按钮,打开控制中心界面,或者打开启动器,找到并单击 ⚙ 按钮打开控制中心界面。单击左侧导航栏中的"系统信息"选项,再单击"备份还原"选项,打开系统备份与还原界面,如图 8-20 所示。

在系统备份与还原界面中,单击选择备份模式与保存方式,单击"开始备份"按钮进行身份认证,输入用户密码,单击"确定"按钮,即可开始备份。系统备份是指对系统数据进行备份的备份方式,全盘备份则是备份全部数据的备份方式。全盘备份无法备份到本机磁盘中,只能备份到其他存储介质。系统增量备份是指将现有系统信息变动存储到已有的系统备份文件中的备份方式。

图 8-20　系统备份与还原界面

8.4.2　系统还原

在如图 8-20 所示的系统备份与还原界面中单击"还原"标签,打开系统还原界面,如图 8-21 所示,选择恢复方式,单击"开始还原"按钮后,在认证对话框中输入用户密码,单击"确定"按钮,开始对系统进行还原操作。系统还原有恢复出厂设置、自定义恢复两种方式。恢复出厂设置时可以选择是否保留个人数据,恢复后,系统将还原至最初安装完成时的状态。自定义恢复可以将操作系统恢复至用户备份时的状态。

图 8-21　系统还原界面

第2篇
WPS应用

第9章 WPS Office 2019 简介

在第 7 章中介绍了 UOS 操作系统集成的对图片、音频、视频等文件进行简单处理的工具软件,但在日常的工作生活中,用户仍需要对文档、表格、演示等多种办公文件进行查看、编辑等管理工作。本书将以 WPS Office 2019 为例,介绍在 UOS 操作系统下,常用办公软件的使用。

9.1 认识 WPS Office 2019

WPS Office 2019 办公软件是一款极具中文本土化优势的办公软件,支持国内外主流软硬件系统,拥有图文混排、数据处理、动画效果设置等功能。WPS Office 2019 for Linux 在文字排版、表格计算、演示动画三大核心功能上做到底层兼容,可以直接创建、读取、编辑、保存如.doc、.xls、.ppt、.pdf 等格式的文档和国际标准 OOXML 文档,如.docx、.xlsx、.pptx、.ppsx 等格式的文档。

与 Windows 版本的 WPS Office 有所不同,在 UOS 操作系统下双击 WPS 图标,默认打开 WPS 文字界面,如图 9-1 所示。此页面展示了 WPS 文字最近编辑的文档,单击选中文档即可打开,关于 WPS 文字的具体功能将在第 10 章中详细介绍,此处不做赘述。

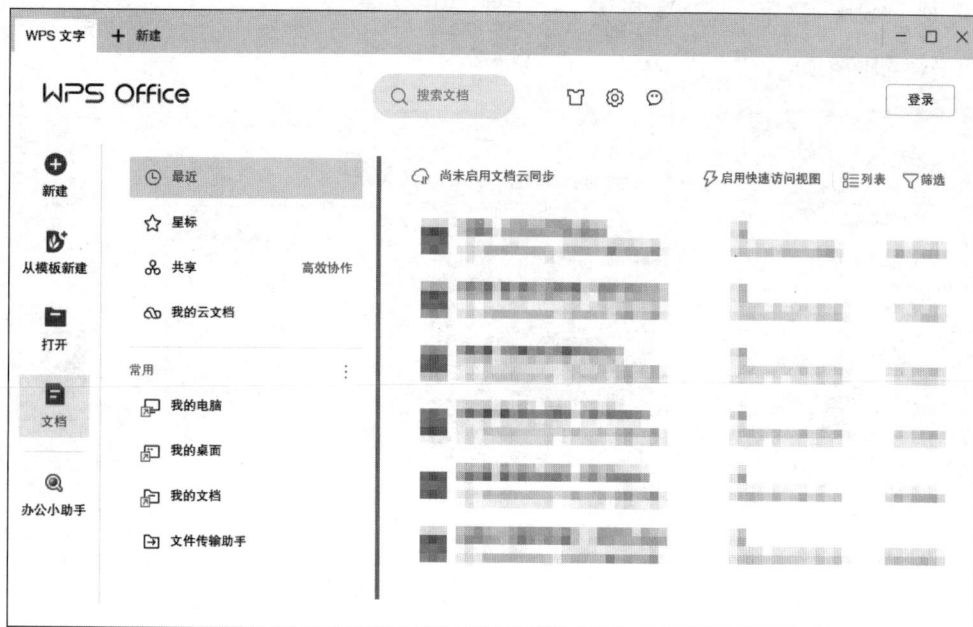

图 9-1 双击打开 WPS 2019

9.2　WPS Office 2019 的新增功能

WPS Office 2019 较之前版本新增了"智能图形""快速填充""PDF 查看器"等诸多功能。

智能图形是一项图形功能,该图形是一种文本和形状相结合的图形,能以可视化的方式直观地表达出各项内容之间的关系。在文档中,智能图形主要用于制作流程图、组织结构图等。在演示中,智能图形使用户可以方便地创建高水平的插图,方便用户使用和操作。"智能图形"功能将在第 10 章、第 12 章中详细介绍。

如果输入有规律的数据,可以考虑使用快速填充功能,它可以方便快捷地输入等差、等比直至预定义的数据填充序列。"快速填充"功能将在第 11 章中详细介绍。

9.3　在 UOS 中安装 WPS

第 6 章介绍了 UOS 操作系统下的软件管理,本节将利用 6.1 节中学到的内容,以 WPS 2019 专业版为例,介绍如何在 UOS 操作系统下,进行 WPS 软件的安装工作。

如第 6 章所介绍,打开软件商店,在搜索框中输入"WPS"进行搜索,单击"WPS 2019 专业版"右侧"安装"按钮,进行安装,如图 9-2 所示。安装完毕后,启动器与桌面会自动添加 WPS 办公组件图标,双击对应图标,即可打开应用程序。

图 9-2　安装 WPS 2019 专业版

第 10 章　WPS 文字应用

　　文字处理软件的主要功能是创建文本或文档文件,同时还具有图文混排的能力。一般而言,文字处理有格式化和非格式化两种形式。非格式化文件使用 ASCII 码及 Unicode 编码,也称为纯文本文件。格式化文件一般称为文档文件,在 WPS 文字中以.wps 为扩展名。文档支持图形、表格及其他类型的数据格式,带有排版信息,如字体、字形、段落、页面设置等。

10.1　文档基本操作

10.1.1　WPS 文字的启动与退出

1. 启动应用程序

WPS 中包含的组件众多,启动方式基本相同,主要有以下几种方法。

(1)启动器菜单启动。

打开启动器,在菜单中可以看到所有已安装的组件,单击需要的组件即可启动相应的程序。

(2)快捷方式启动。

如果桌面上有 WPS 文字的快捷方式图标,那么可以通过双击该图标来启动对应的应用程序。

(3)常用文档启动。

双击一个格式化文档,系统同样可以启动应用程序并打开文档。

WPS 文字的默认打开界面如图 10-1 所示。

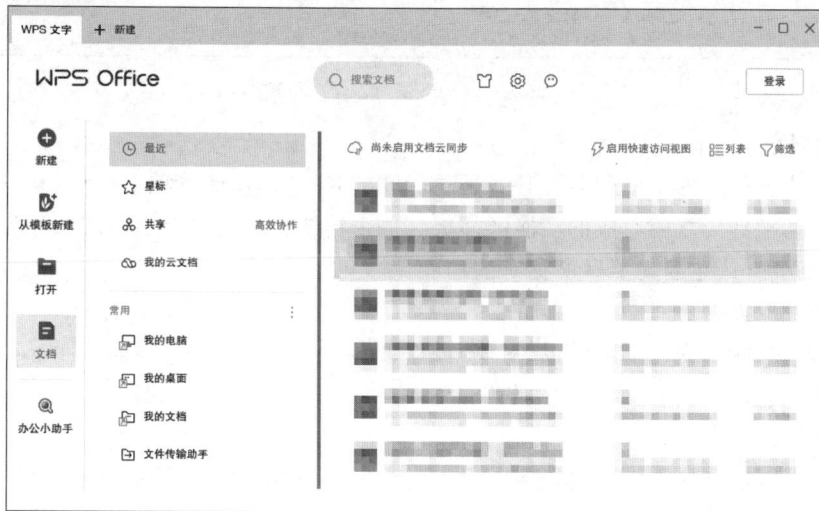

图 10-1　WPS 文字默认界面

2. 退出应用程序

以下几种方法均可退出应用程序。

（1）单击 WPS 文字右上角标题栏上的"关闭"按钮。

（2）在 WPS 文字中单击"文件"，打开菜单，单击"退出"。

（3）使用快捷键 Alt＋F4。

10.1.2 建立新文档

在这里，文档是指格式化的文本文件，制作文档包括文档建立、文本编辑、格式编排、页面设置、打印输出等步骤。

打开 WPS 文字，在如图 10-1 所示的 WPS 文字默认界面，单击左上角的"新建"按钮，即可建立新文档，如图 10-2 所示。

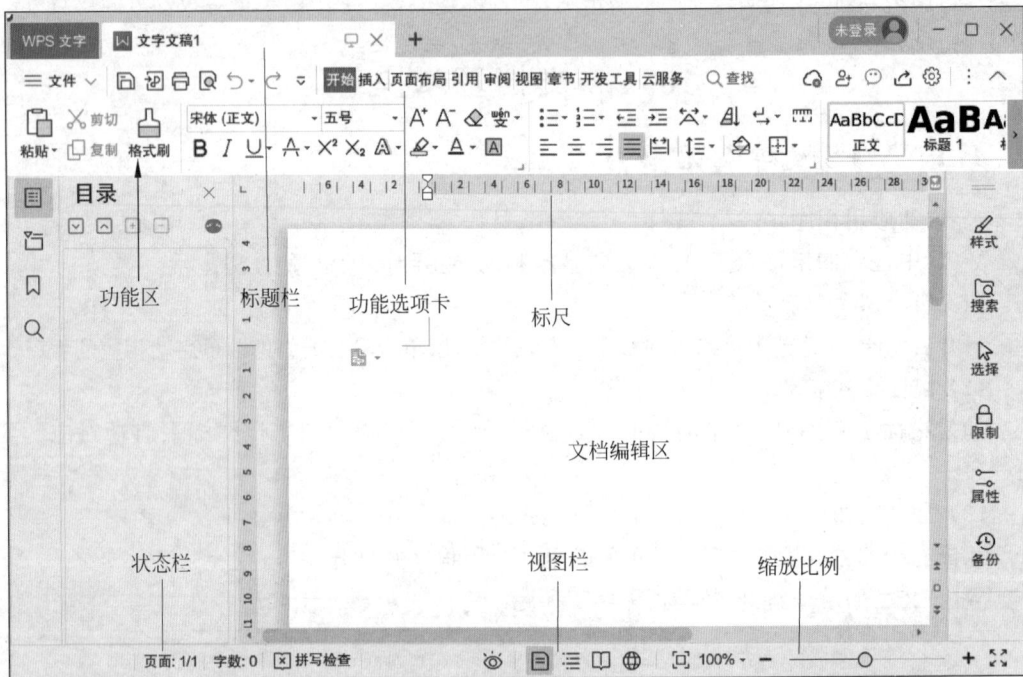

图 10-2　WPS 文字文档窗口

1. 功能区

窗口上方看起来像菜单的名称其实是功能区的名称，即功能选项卡，单击某一功能选项卡标签就会切换到与之相对应的功能区面板。每个功能区根据功能的不同又分为若干个选项组，下面简要介绍主要功能区所拥有的功能。

（1）"开始"功能区。

在"开始"功能区中包括剪贴板、字体、段落、样式和编辑等选项组，该功能区主要用于帮助用户对 WPS 文字文档进行文字编辑和格式设置，是用户最常用的功能区。

（2）"插入"功能区。

"插入"功能区包括页面、表格、插图、批注、页眉和页脚、文本、符号等选项组，主要用于在 WPS 文字文档中插入各种元素。

（3）"页面布局"功能区。

"页面布局"功能区包括主题、页边距、背景、稿纸设置、文字环绕等选项组，用于帮助用户设置 WPS 文字文档的页面布局。

（4）"引用"功能区。

"引用"功能区包括目录、脚注、题注、引文与书目、题注、索引、邮件等选项组，用于实现在 WPS 文字文档中插入目录、邮件合并等比较高级的编辑功能。

（5）"审阅"功能区。

"审阅"功能区包括校对、中文简繁转换、批注、修订等选项组，主要用于对 WPS 文字文档进行校对和修订等操作。

（6）"视图"功能区。

"视图"功能区包括视图、显示、显示比例、窗口和宏等选项组，主要用于帮助用户设置 WPS 文字文档操作窗口的视图类型。

（7）"章节"功能区。

"章节"功能区包括章节导航、封面页和目录页设置、页面设置节设置、页眉页脚等选项组，主要用于对 WPS 文字文档的章节和页面进行设置。

2. 文档编辑区

文档编辑区是 WPS 文字文档中面积最大的区域，是用户的工作区，可用于显示编辑的文档和图形，在这个区域中有以下两个重要的控制符。

（1）插入点：也称光标，它指明了当前文本的输入位置。用鼠标单击文本区的某处，可定位插入点，也可以使用键盘上的光标移动键来定位插入点。

（2）段落标记：标识一个段落的结束。

另外，在文本区还有一些控制标记，如空格等，单击"开始"功能区的"段落"选项组中的"显示/隐藏编辑标记"按钮，就可以显示或隐藏这些标记。

3. 标尺

标尺是位于工具栏下面的包含刻度的栏，常用于调整页边距、文本的缩进、快速调整段落的编排和精确调整表格等。如果打开 WPS 文字文档时没有显示出标尺，可以选择"视图"功能区中"显示"选项组中的"标尺"选择框。

WPS 文字文档的标尺上有 4 个滑块，左上方的是"首行缩进"，左下方的两个分别为"悬挂缩进"和"左缩进"，右侧滑块是"右缩进"滑块。

4. 视图栏

在 WPS 文字文档中提供了多种视图模式供用户选择，这些视图模式包括"页面视图""大纲视图""阅读版式视图""Web 版式视图"4 种。用户可以在"视图"功能区中的"视图"选项组中选择需要的文档视图模式，也可以在 WPS 文字文档窗口的右下方单击视图按钮选择视图模式。

（1）页面视图。

"页面视图"可以显示 WPS 文字文档的打印结果外观，主要包括页眉、页脚、图形对象、分栏设置、页面边距等元素，是最接近打印结果的页面视图。

（2）阅读视图。

"阅读视图"以分栏样式显示 WPS 文字文档，在该模式下，功能区等窗口元素被隐藏起来。在阅读视图中,用户还可以单击工具栏按钮选择各种阅读工具。

(3) Web 版式视图。

"Web 版式视图"以网页的形式显示 WPS 文字文档,Web 版式视图适用于发送电子邮件和创建网页。

(4) 大纲视图。

"大纲视图"主要用于 WPS 文字文档的设置和显示标题的层级结构,并可以方便地折叠和展开各种层级的文档。大纲视图广泛用于 WPS 文字长文档的快速浏览和设置等。

10.1.3　编辑文本

在一篇文档中,最基本的工作就是文字的录入与编辑。在窗口的文本区,插入点总是自动地在左上角的文档开始处闪烁,而鼠标指针可出现在屏幕的任意位置,这就是 WPS 文字中的"即点即输"功能,用户可先设置输入状态,并定位插入点后就可以输入字符了。

1. 使用"撤销"或"恢复"功能

在编辑 WPS 文字文档时,如果所做的操作不合适,而想返回到当前结果前面的状态时,则可以通过"撤销"或"恢复"功能来实现。"撤销"功能可以保留最近执行的操作记录,用户可以按照从后到前的顺序撤销若干步骤,但不能有选择地撤销不连续的操作。用户可以通过快捷键 Ctrl+Z,或者在窗口左上角单击"快速访问工具栏"中的"撤销"按钮执行撤销操作。执行撤销操作后,可以将 WPS 文字文档恢复到最新编辑的状态。当用户执行一次撤销操作后,用户可以单击"快速访问工具栏"中已经变成可用状态的"恢复"按钮。

2. 在文档中插入符号

在 WPS 文字文档窗口中,用户可以通过"符号"对话框插入任意字体的任意字符和特殊符号,操作步骤如下。

(1) 打开 WPS 文字文档窗口,切换到"插入"功能区,在"符号"选项组中单击"符号"按钮。

(2) 在打开的"符号"面板中可以看到一些最常用的符号,单击所需要的符号即可将其插入 WPS 文字文档中。如果"符号"面板中没有所需要的符号,可以单击"其他符号"按钮,打开如图 10-3 所示的"符号"对话框。

图 10-3　"符号"对话框

（3）在该对话框的"符号"选项卡中单击"子集"右侧的下拉三角按钮，在打开的下拉列表中选中合适的子集（如"数学运算符"），然后在符号表格中单击选中需要的符号，并单击"插入"按钮即可。

3. 文本的复制、剪切和粘贴

复制、剪切和粘贴操作是文档编辑时最常见的文本操作，其中，复制操作是在原有文本保持不变的基础上，将所选中文本放入剪贴板；而剪切操作则是在删除原有文本的基础上将所选中文本放入剪贴板；粘贴操作则是将剪贴板中的内容放到目标位置。操作步骤如下。

（1）打开 WPS 文字文档窗口，选中需要剪切或复制的文本。然后在"开始"功能区的"剪贴板"选项组中单击"剪切"或"复制"按钮。

（2）在 WPS 文字文档中将插入点光标定位到目标位置，然后单击"剪贴板"选项组中的"粘贴"按钮即可。

4. 使用"选择性粘贴"

"选择性粘贴"功能可以帮助用户在 WPS 文字文档中有选择地粘贴剪贴板中的内容，例如，可以将剪贴板中的内容以图片的形式粘贴到目标位置，步骤如下。

（1）打开 WPS 文字文档窗口，选中需要复制或剪切的文本或对象，执行复制或剪切操作。

（2）在"开始"功能区的"剪贴板"选项组中单击"粘贴"按钮下方的下拉三角按钮，并单击下拉菜单中的"选择性粘贴"命令。

（3）在打开的如图 10-4 所示的"选择性粘贴"对话框中选中"粘贴"单选按钮，然后在"作为"列表中选中一种粘贴格式，并单击"确定"按钮。

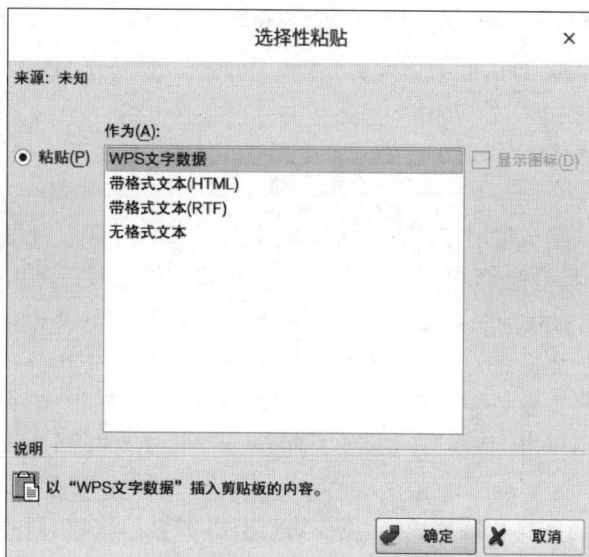

图 10-4　"选择性粘贴"对话框

（4）剪贴板中的内容将以指定的形式被粘贴到目标位置。

5. 查找和替换

若在一篇很长的文档中查找某个字符或用新的字符替换已有字符时，用人工来完成既费力又费时。借助 WPS 文字提供的查找和替换功能,用户可以在文档中快速查找特定的字符,操作步骤如下。

(1) 打开 WPS 文字文档窗口,将插入点光标移动到文档的开始位置。然后在"开始"功能区的"编辑"选项组中找到并单击"查找替换"下拉三角按钮。打开如图 10-5 所示的"查找和替换"对话框。

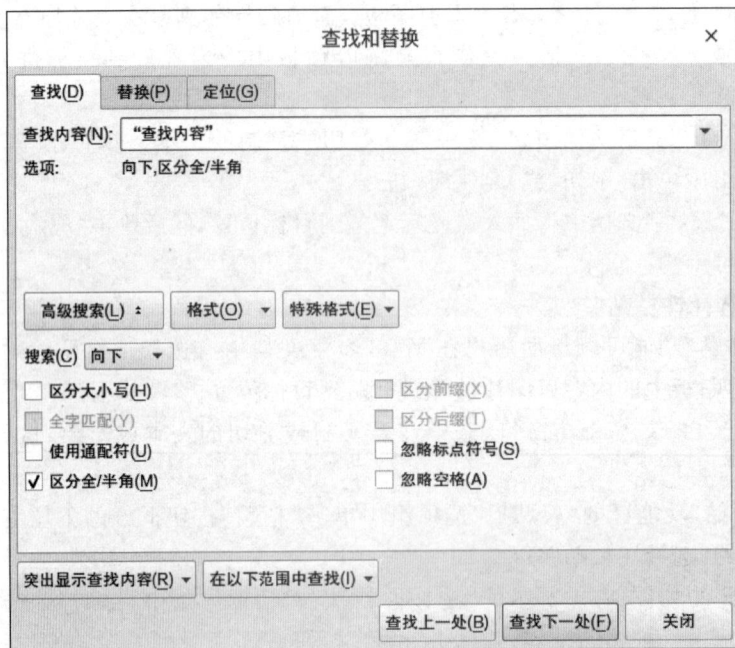

图 10-5 "查找和替换"对话框

(2) 在"查找和替换"对话框中切换到"查找"选项卡,然后在"查找内容"框中输入要查找的字符,并单击"查找下一处"按钮。

(3) 查找到的目标内容将以灰色矩形底色标识,单击"查找下一处"按钮会继续查找下一处符合的内容。

进行查找操作时,默认情况下每次只显示一个查找到的目标。用户也可以通过选择"在以下范围中查找",选择范围后,查找选项将同时显示指定的查找范围内所有查找到的内容。

(4) 一般情况下,查找的目的是替换,因此,当用户在当前的文档中设置了要查找的内容后,还需要指定用于替换它的内容。在"查找和替换"对话框中选择"替换"选项卡,在"查找内容"文本框中输入要被替换的目标文本,在"替换为"文本框中输入用来替换的新文本。如果希望逐个替换,则单击"替换"按钮,如果希望全部替换查找到的内容,则单击"全部替换"按钮。

使用 WPS 文字的查找和替换功能,不仅可以查找和替换字符,还可以查找和替换字符格式(例如,查找或替换字体、字号、字体颜色等格式)。具体操作是:在打开的"查找和替换"对话框中单击"高级搜索"按钮,以显示更多的查找选项,在"查找内容"框中单击鼠标,使光标位于编辑框中。然后单击"查找"区域的"格式"按钮,在打开的格式菜单中单击相应的格式类型,打开查找字体对话框,可以选择要查找的字体、字号、颜色、加粗、倾斜等选项。

6. 将阿拉伯数字转换成人民币大写数字

如果用户需要将 WPS 文字文档中的阿拉伯数字转换成人民币大写数字，则可以借助 WPS 文字提供的编号功能实现，操作步骤如下。

（1）打开 WPS 文字文档窗口，选中需要转换成人民币大写数字的阿拉伯数字。

（2）切换到"插入"功能区，在"符号"选项组中单击"编号"按钮。

（3）打开如图 10-6 所示的"插入编号"对话框，在"数字类型"列表中选中人民币大写样式的编号类型，并单击"确定"按钮。

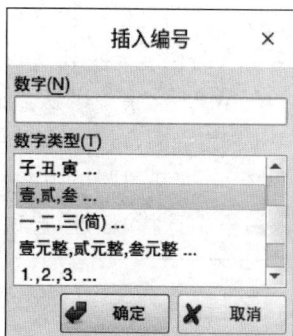

图 10-6　插入编号

7. 使用"字数统计"功能

很多用户在使用 WPS 文字编辑文档时，希望能够知道当前文档的字数。在 WPS 文字中，用户则需要切换到"审阅"功能区，在"校对"选项组中单击"字数统计"按钮，打开"字数统计"对话框，用户可以看到页数、字数、字符数等统计信息。用户还可以在状态栏中实时查看当前 WPS 文字文档的字数，只是无法获取其他统计信息。

8. 在导航窗格中显示文档结构图和缩略图

在浏览较长篇幅的文档时，要查看特定的内容，利用滚动条查找，既不方便，也不精确，WPS 文字中的"导航窗格"可以让用户查看文档结构图和页面缩略图，从而帮助用户快速定位文档位置，实现精确导航。方法如下。

（1）目录导航。

文档目录导航是最简单的导航方式。打开导航窗格后，单击"目录"按钮，将文档导航方式切换到"目录导航"，系统会对文档进行智能分析，并将文档标题在导航窗格中列出，只要单击标题，就会自动定位到相关段落。

提示：该导航的使用条件是长文档必须事先设置标题。如果没有设置标题，就无法用文档标题进行导航，而如果文档事先设置了多级标题，那么导航的效果将会更好，更精确。

（2）章节导航。

用 WPS 文字编辑文档时会自动分页，文档章节导航就是根据 WPS 文字文档的默认分页进行导航的。单击导航窗格上的"章节"按钮，将文档导航方式切换到"文档章节导航"，这时系统会在导航窗格上以缩略图的形式列出文档分页，单击分页缩略图，就能定位到相关页面查阅。

（3）结果导航。

单击导航窗格上的"查找和替换"按钮，将文档导航方式切换到"结果导航"，在文本框中输入关键字（词），导航窗格上就会列出包含关键字（词）的导航链接，单击导航链接，就可以快速定位到文档的相关位置。

10.1.4 文档的打开与保存

1. 打开文档

打开文档是指将保存在磁盘上的文档文件、其他版本的文档或用其他软件创建的其他文档调入内存并显示在窗口中。

在 WPS 文字中默认会显示最近打开或编辑过的文档,显示文件与系统设置有关,可以在 WPS 文字的"设置"中关闭。打开最近使用的文档,操作步骤为:单击功能区最左边的"文件",在打开的菜单中选择"打开"选项,打开如图 10-7 所示的"打开文件"窗口,在该窗口左侧窗格中选择"最近"选项,在右侧列表中单击准备打开的 WPS 文字文档名称即可。

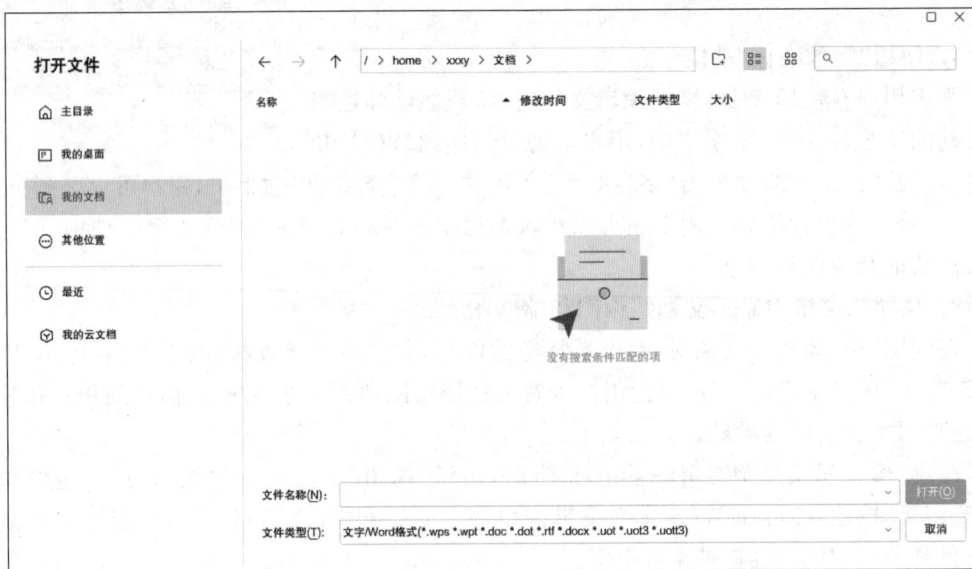

图 10-7 "打开文件"窗口

如果在"最近"列表中没有找到想要打开的 WPS 文字文档,那么可以在图 10-7 中选择其他打开方式选项,根据实际需要打开 WPS 文字文档。

2. 保存文档

在对新文档进行首次保存时,必须要给它命名、确定类型,并要决定其存放路径。默认情况下,使用 WPS 文字编辑的文档会保存为 .wps 格式的文档。使用快捷键 Ctrl＋S 或者单击左上角的按钮保存新文档,如图 10-8 所示。还可以将 WPS 文档保存成 Word 或 PDF 的格式。

(1) 将文档保存为 .docx 文件。

WPS 文字文档是 .wps 格式的文档,与 .docx 格式有所不同,如果需要将 WPS 文字编辑的文档保存格式设置为 .docx 文件,则单击功能区最左边的"文件",在打开的菜单中选择"另存为"选项,打开如图 10-9 所示的"另存文件"窗口。在"另存文件"窗口中单击"文件类型"下拉三角按钮,并在打开的下拉菜单中选择"Microsoft Word 文件(＊.docx)"选项,并单击"保存"按钮,如图 10-9 所示。

(2) 将 WPS 文档直接保存为 PDF 文件。

WPS 具有直接将文档另存为 PDF 文件的功能,具体操作是单击功能区最左边的"文

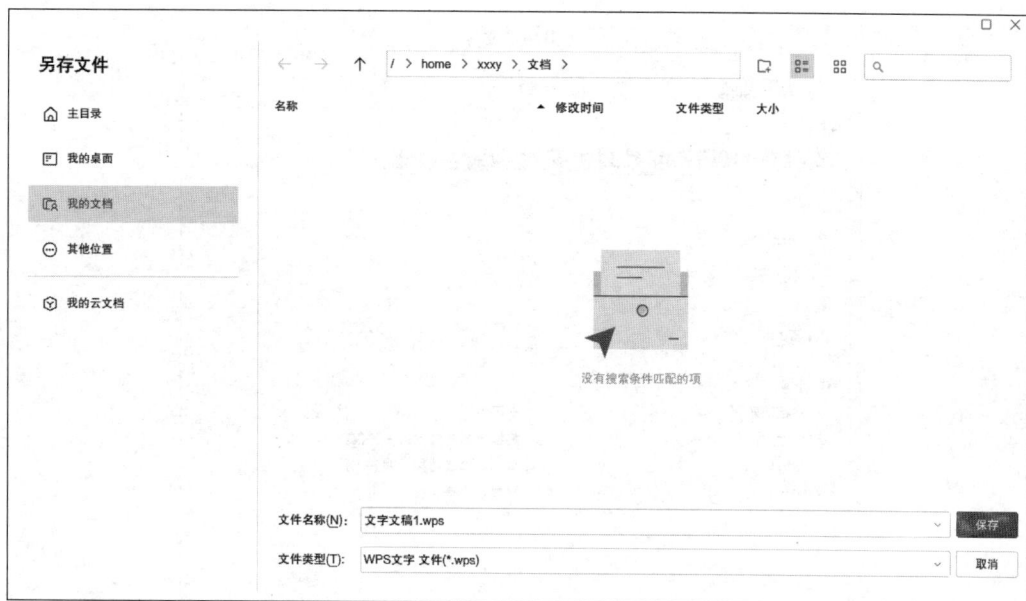

图 10-8　保存新文档

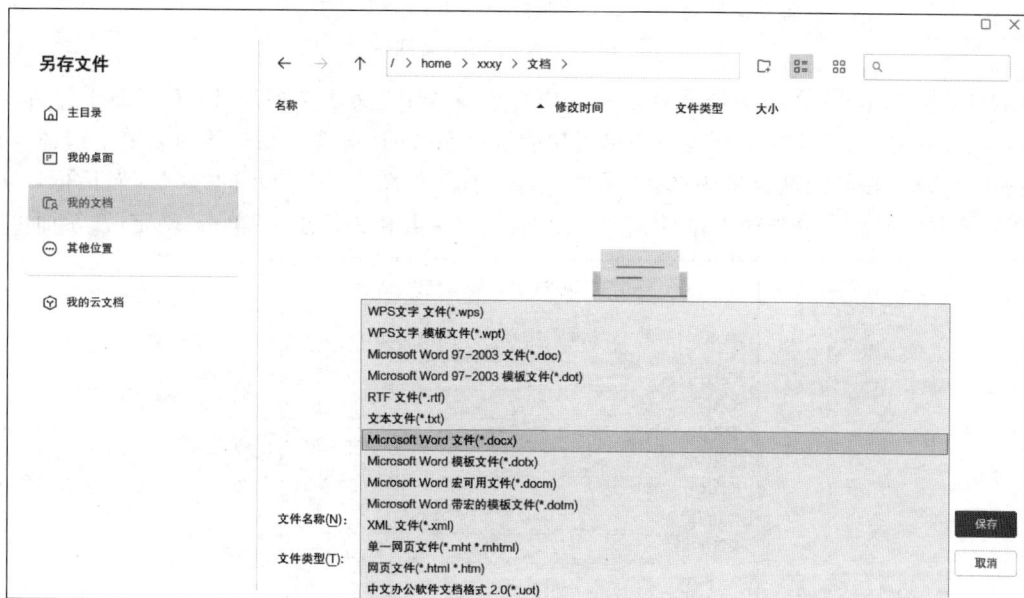

图 10-9　"另存文件"窗口

件",在打开的菜单中选择"输出为 PDF"选项,打开如图 10-10 所示的"输出 PDF 文件"对话框。在该对话框中选择保存成 PDF 文件的文件名称、保存位置、输出选项等,然后单击"确定"按钮,完成 PDF 文件输出。

也可以在如图 10-9 所示的"另存文件"窗口中,单击"文件类型"下拉三角按钮,并在打开的下拉菜单中选择"PDF 文件格式(* . pdf)"选项,并单击"保存"按钮,则保存成 PDF 文件。

(3) 设置 WPS 文字文档属性信息。

WPS 文字文档的属性信息包括作者、标题、主题、关键字、类别、状态和备注等项目,关

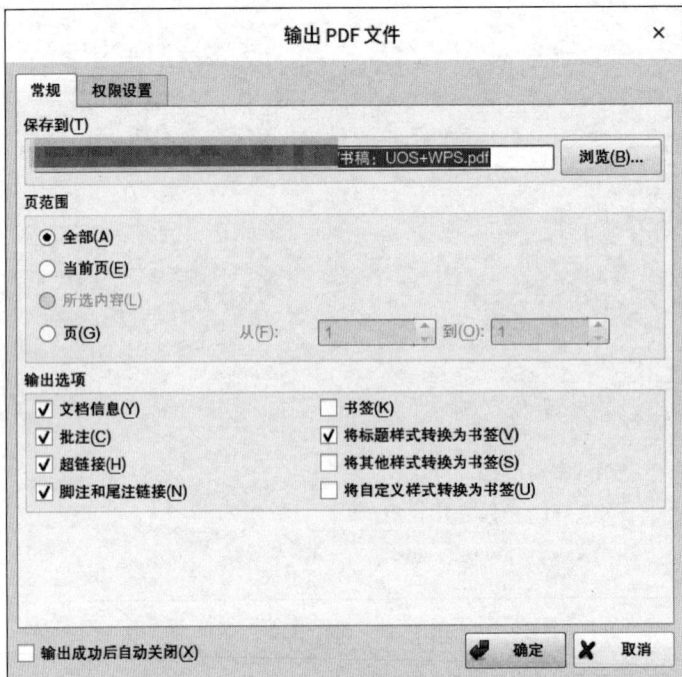

图 10-10　输出 PDF 文件

键字属性属于 WPS 文字文档属性之一。用户设置 WPS 文字文档属性,将有助于管理文档。在打开的 WPS 文字文档窗口中单击功能区最左边的"文件",在打开的菜单中选择"文档加密"选项,在其级联菜单中选择"属性"选项,打开如图 10-11 所示的"属性"对话框。切换到"摘要"选项卡,分别输入作者、单位、类别、关键字等相关信息,并单击"确定"按钮即可。

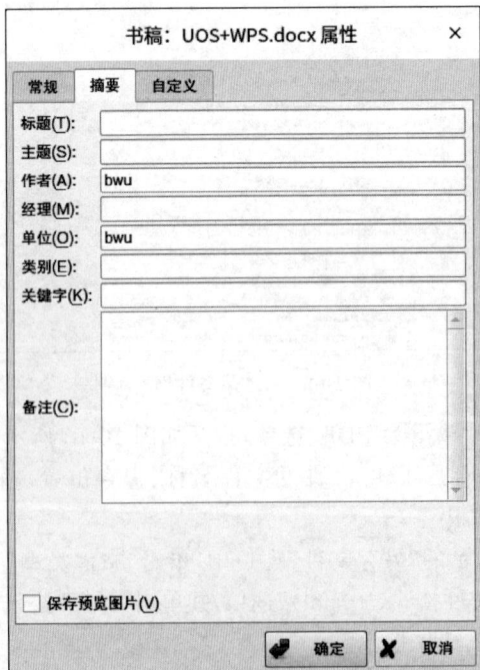

图 10-11　"属性"对话框

（4）设置自动保存时间间隔。

WPS 文字默认情况下实时备份文档文件，用户可根据实际情况设置自动保存时间间隔，操作如下。

在 WPS 文字窗口中，单击功能区最左边的"文件"，在打开的菜单中选择"选项"选项，打开如图 10-12 所示的"选项"对话框。选择左侧窗格中的"备份设置"选项，在"备份模式"中选择"定时备份"单选按钮，并在其后面的编辑框中设置合适的"时间间隔"数值，单击"确定"按钮即可。

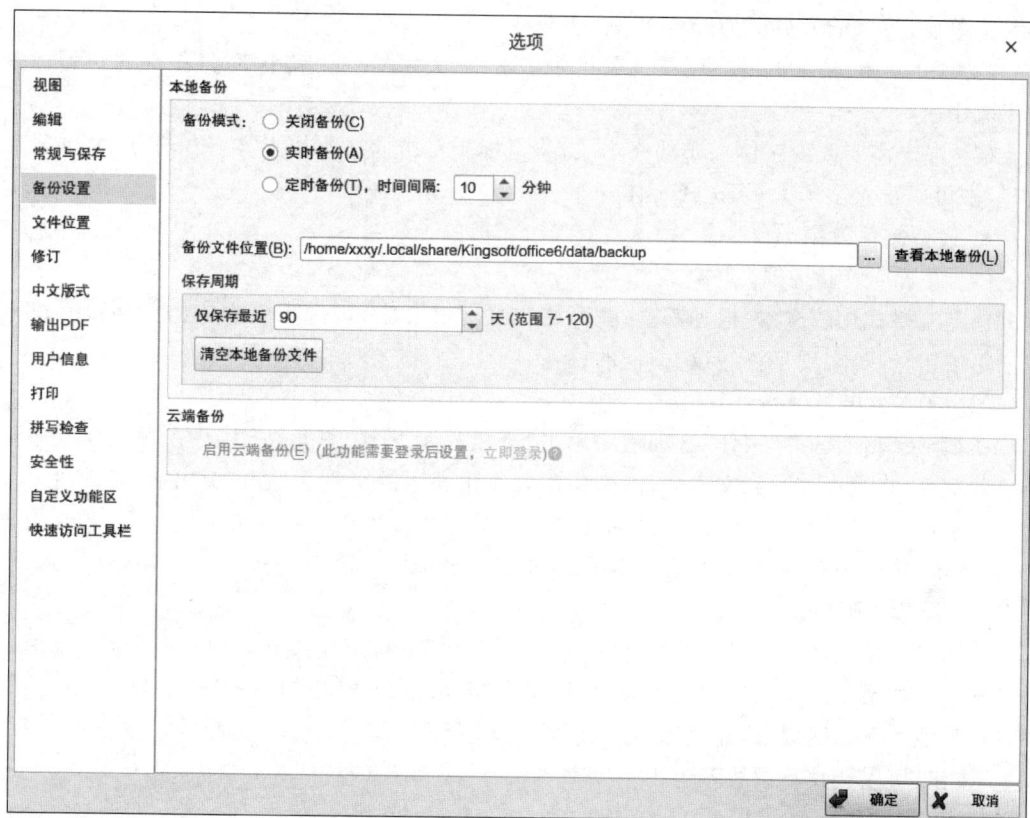

图 10-12 "选项"对话框

10.2 文档格式编排

10.2.1 字符格式设置

字符是指字母、空格、标点符号、数字和符号（如 &、@、♯ 等）及汉字。字符设置主要包括设置不同的字体、字号、字形、修饰、颜色和字符间距等。

1. 设置字体和字号

用户可以在 WPS 文字文档窗口中方便地设置文本、数字等字符的字体，具体操作是在打开的文档窗口中，选中需要设置字体的文本块，在"开始"功能区的"字体"选项组中单击"字体"下拉三角按钮，在打开的"字体"列表中显示出三组字体：主题字体、最近使用的字体和所有字体。将鼠标指针指向目标字体,则选中的文字块将同步显示应用该字体后的效果。确认该字体符合要求后,单击鼠标即可。

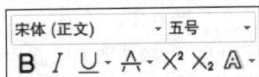

图 10-13　字体和字号

同样,在"开始"功能区的"字体"选项组中单击"字号"下拉三角按钮,如图 10-13 所示。在打开的"字号"列表中显示可供选择的字号。

除上述方法外,也可以使用以下几种方法改变字体大小。

(1) 在"开始"功能区的"字体"选项组中,将字号数值输入"字号"编辑框中。字号以"磅"为单位,可以输入后缀为.5 的小数。

(2) 在"开始"功能区的"字体"选项组中单击"增大字号"或"减小字号"按钮也可以改变文字大小。

(3) 选中需要改变字体大小的文本块,将鼠标指针滑向文本块上方。在打开的"浮动工具栏"中可以设置字体大小、选择字体等。

2. 设置字体效果

(1) 设置底纹和边框。

选定要格式化的文本,根据需要在"开始"功能区的"字体"选项组中单击"字符底纹"下拉三角按钮,即可实现字符底纹、边框的设置。

(2) 文本突出显示颜色。

在"开始"功能区的"字体"选项组中单击"突出显示"下拉三角按钮,并在颜色面板中选择一种颜色,将光标移动到文本内部,选中需要突出显示的文本后单击"突出显示"即可。

提示:如果要取消突出显示的文本颜色,可以选中已经设置突出显示的文本,然后单击"突出显示"下拉三角按钮,在颜色面板中单击"无"按钮。

(3) 设置下画线。

在"开始"功能区的"字体"选项组中单击"下画线"下拉三角按钮,可以在列表中选择一种下画线。如果不满意列表中的内容,可以单击"其他下画线"按钮,在打开的"字体"对话框中设置其他的下画线效果,如删除线、双删除线、上下标、阴影、阳文、空心等。单击"下画线颜色"按钮,可以调整下画线颜色。

3. 设置字体颜色

(1) 设置标准色。

选中需要改变字体颜色的文本块,在"开始"功能区的"字体"选项组中,单击"字体颜色"下拉三角按钮,打开字体颜色面板,其中,"自动"包括黑和白两种颜色,并由背景颜色决定使用哪一种;"主题颜色"中为每一种常用颜色提供了多种渐变色;"标准色"包括 10 种标准颜色。用户可以单击颜色面板中的任意一种颜色来设置字体颜色。

(2) 设置其他颜色。

如果颜色面板中的颜色无法满足用户的需要,可以单击"其他字体颜色"按钮,在打开的颜色对话框中可以选择更加丰富的颜色,其中,在"标准"选项卡中可以选择标准颜色,而在"自定义"选项卡中则可以使用 RGB 颜色标准精确定义某种颜色。设置完成后单击"确定"按钮即可。

4. 其他字体效果

若要想得到更多的字体设置效果,可以在"开始"功能区的"字体"选项组的右下角单击

"字体"按钮（一个指向右下方的小箭头），在打开的如图 10-14 所示的"字体"对话框中可以找到其他字体设置选择，如"效果"区域的上标、下标、阴影、阳文、空心等。还可以设置给选中文本加着重号。在"字符间距"选项卡中可以设置文字的缩放、间距和位置等效果。

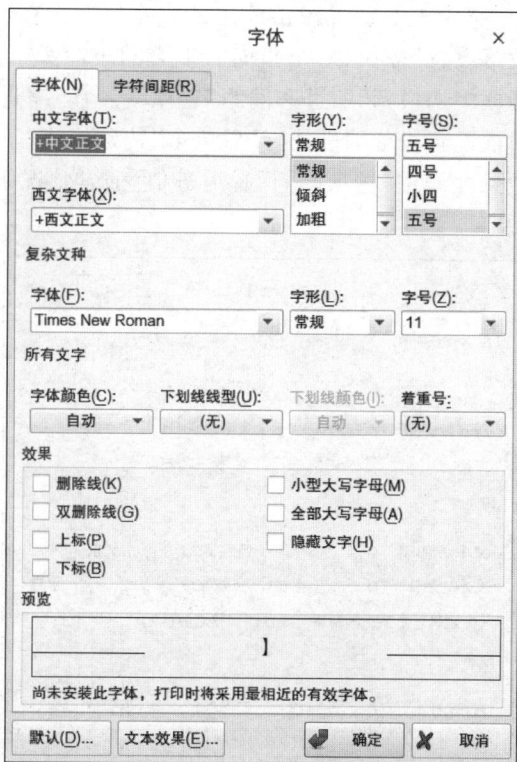

图 10-14　"字体"对话框

5. 使用格式刷工具

WPS 文字中的格式刷工具可以将特定文本的格式复制到其他文本中，当用户需要为不同文本重复设置成相同格式时，可以用格式刷工具来提高工作效率。具体操作是：选中已经设置好格式的文本块，并在"开始"功能区的"剪贴板"选项组中双击"格式刷"按钮，将鼠标指针移动至文档的文本区域，鼠标指针已经变成刷子形状。按住鼠标左键拖选需要设置格式的文本，则使用"格式刷"刷过的文本将被应用被复制的格式。释放鼠标左键，再次拖选其他文本，可实现同一种格式的多次复制。完成格式的复制后，再次单击"格式刷"按钮，即可关闭格式复制功能。

提示：双击"格式刷"按钮可以实现格式的多次复制；单击"格式刷"按钮，则格式刷记录的文本格式只能被复制一次，不利于同一种格式的多次复制。

10.2.2　段落格式设置

段落是指以段落结束标记结束的文字、图形、对象或其项目的集合。段落标记不仅标识了一个段落的结束，而且带有对每个段落所应用的格式编排。如果要改变一个文档的外观，可以从字符的对齐方式、段落缩进、行间距、段落间距、制表位等方面来进行设置。

1．设置段落缩进

通过设置段落缩进，可以调整文档正文内容与页边距之间的距离，有以下几种方法。

（1）通过"段落"对话框设置段落缩进。

打开 WPS 文字窗口，选中需要设置段落缩进的文本段落。在"开始"功能区的"段落"选项组的右下角单击"段落设置"按钮（一个指向右下方的小箭头），打开如图 10-15 所示的"段落"对话框，在该对话框中切换到"缩进和间距"选项卡。在"缩进"区域，可以调整"文本之前"或"文本之后"编辑框设置段落缩进值，然后单击"特殊格式"下拉三角按钮，在下拉列表中选中"首行缩进"或"悬挂缩进"选项，并设置缩进值（通常情况下设置缩进值为 2）。设置完毕单击"确定"按钮。

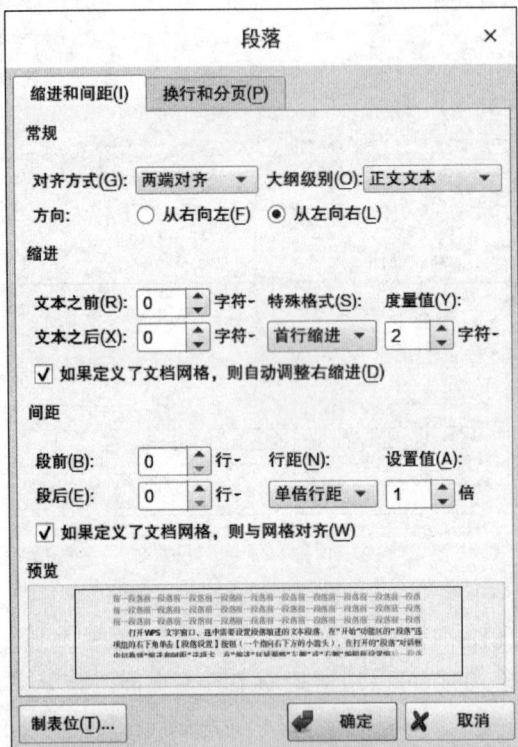

图 10-15　"段落"对话框

（2）增加和减少缩进量。

在 WPS 文字中，用户可以使用"增加缩进量"和"减少缩进量"按钮快速设置文档段落缩进，具体操作是在打开的 WPS 文字窗口中选中需要增加或减少缩进量的段落，在"开始"功能区的"段落"选项组中单击"减少缩进量"或"增加缩进量"按钮设置文档缩进量。

提示：使用"增加缩进量"和"减少缩进量"按钮只能在页边距以内设置缩进，而不能超出页边距之外。

（3）使用标尺设置段落缩进。

借助 WPS 文字窗口中的标尺，用户可以很方便地设置文档段落缩进。具体操作是在打开的 WPS 文字窗口中切换到"视图"功能区。在"显示"分组中选中"标尺"复选框。在标尺上出现 4 个缩进滑块，拖动首行缩进滑块可以调整首行缩进；拖动悬挂缩进滑块设置悬挂缩进的字符；拖动左缩进和右缩进滑块设置左右缩进，如图 10-16 所示。

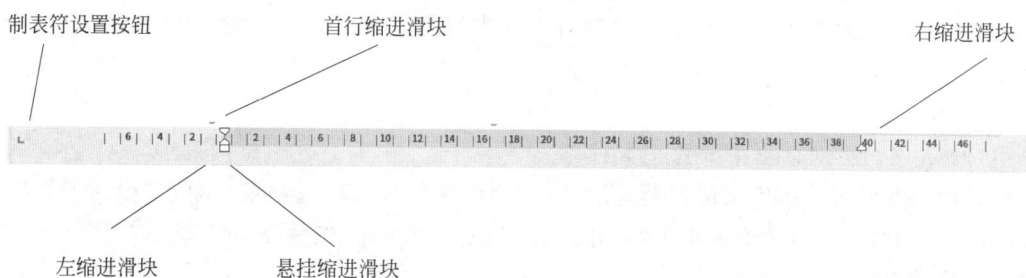

制表符设置按钮　　　　　首行缩进滑块　　　　　　　　　　　　　　　　右缩进滑块

左缩进滑块　　　　悬挂缩进滑块

图 10-16　标尺中的缩进滑块

2. 设置段落间距

段落间距有段前间距和段后间距之分。段前间距指上一段落的最后一行与当前段落的第一行之间的距离；段后间距则指当前段落的最后一行与下一段落的第一行之间的距离。在 WPS 文字中，用户设置段落间距的操作方法如下。

选中需要设置段落间距的段落，在"开始"功能区的"段落"选项组中单击"段落设置"按钮，在打开的"段落"对话框中的"缩进和间距"选项卡中设定段前和段后的数值，以设置段落间距，如图 10-15 所示。

3. 设置行距

行距可以控制正文行之间的距离，设置行距是为了提高段落中文本的清晰度。

设置行距的方法是：选择要更改其行距的段落，在"开始"功能区的"段落"选项组中，单击"行距"按钮，在弹出的下拉列表中，单击选择所需的行距对应的数字，如"1.5"。在如图 10-15 所示的"段落"对话框中，"行距"下拉列表中包含 6 种行距类型，分别具有如下含义。

（1）单倍行距：行与行之间的距离为标准的 1 行。

（2）1.5 倍行距：行与行之间的距离为标准行距的 1.5 倍。

（3）2 倍行距：行与行之间的距离为标准行距的 2 倍。

（4）最小值：行与行之间使用大于或等于单倍行距的最小行距值，如果用户指定的最小值小于单倍行距，则使用单倍行距；如果用户指定的最小值大于单倍行距，则使用指定的最小值。

（5）固定值：行与行之间的距离使用用户指定的值，需要注意该值不能小于字体高度。

（6）多倍行距：行与行之间的距离使用用户指定的单倍行距的倍数值。

提示：如果某个行包含大文本字符、图形或公式，则 WPS 文字会增加该行的间距。若要均匀分布段落中的各行，请使用固定间距，并指定足够大的间距以适应所在行中的最大字符或图形。如果出现内容显示不完整的情况，则应增加间距量。

4. 设置文本对齐

文本有两种对齐方式，一是水平对齐，一是垂直对齐，常规的是水平对齐。水平对齐是指段落中的文字或其他内容相对于左、右页边距的位置，WPS 文字共提供了 5 种水平对齐方式：左对齐、右对齐、居中、两端对齐和分散对齐。默认的水平对齐方式是左对齐。

对齐方式的应用范围为段落，利用"开始"功能区中"段落"选项组的对齐按钮和"段落"对话框中的"对齐方式"选项，均可以设置文本对齐方式。

（1）在"开始"功能区设置文本对齐。

打开 WPS 文字窗口,选中需要设置对齐方式的段落,然后在"开始"功能区的"段落"选项组中分别单击"左对齐"按钮、"居中对齐"按钮、"右对齐"按钮、"两端对齐"按钮和"分散对齐"按钮用来设置不同的对齐方式。

（2）在"段落"对话框中设置文本对齐。

选中需要设置对齐方式的段落,在"开始"功能区的"段落"选项组中单击"段落设置"按钮,在打开的"段落"对话框中单击"对齐方式"下拉三角按钮,然后在"对齐方式"下拉列表中选择合适的对齐方式。

5. 设置段落分页

通过设置文档段落分页选项,可有效控制段落在两页之间的断开方式。具体操作如下。

（1）打开 WPS 文字窗口,选中需要设置分页选项的段落或选中全文。在"开始"功能区中单击"段落"选项组中的"段落设置"按钮。

（2）在打开的"段落"对话框中切换到"换行和分页"选项卡,在"分页"区域含有 4 个与分页有关的选项。用户可根据实际需要选中合适的复选框。

孤行控制：是指当段落被分开在两页中时,如果该段落在上一页的内容只有一行,则该段落将完全放置到下一页；如果该段落在下一页只有一行,则会从上一页再挪下一行到下一页,使下一页有两行。

与下段同页：是指当前选中的段落与下一段落始终保持在同一页中。

段中不分页：是指禁止在段落中间分页,如果当前页无法完全放置该段落,则该段落内容将完全放置到下一页。

段前分页：若设置了段前分页,则该段落内容将完全放置到下一页。

6. 设置段落边框和底纹

为段落设置边框和底纹,可以使相关段落的内容更突出,从而便于读者阅读。

（1）设置段落边框。

设置段落边框可以有以下两种方式。

选择需要设置边框的段落,在"开始"功能区的"段落"选项组中单击"边框"下拉三角按钮,在打开的边框列表中选择合适的边框即可。

在"开始"功能区的"段落"选项组中单击"边框"下拉三角按钮,并在打开的菜单中选择"边框和底纹"选项,在打开的"边框和底纹"对话框中,分别设置边框样式、边框颜色以及边框的宽度。然后单击"应用于"下拉三角按钮,在下拉列表中选择"段落"选项,并单击"选项"按钮,打开"边框和底纹选项"对话框,在"距正文"区域设置边框与正文的边距数值,单击"确定"按钮。返回"边框和底纹"对话框,再单击"确定"按钮即可。

（2）设置段落底纹。

设置段落底纹可以有以下两种方式。

设置纯色底纹：在"开始"功能区的"段落"选项组中单击"文字底纹"可以给选中的段落加上灰色纯色底纹。或者选中需要设置图案底纹的段落,在"开始"功能区的"段落"分组中单击"边框"下拉三角按钮,并在打开的边框下拉列表中选择"边框和底纹"选项,在"边框和底纹"对话框中切换到"底纹"选项卡,在"填充"区域也可设置其他颜色的纯色底纹。

设置图案底纹：在"边框和底纹"对话框的"底纹"选项卡的"图案"区域,分别选择图案样式和图案颜色,并单击"确定"按钮即可。

10.2.3 项目符号与编号设置

在编写文档时要经常使用条目式文本,为使文档的条理清晰,阅读时一目了然,可以为这些项目添加符号或编号。

1. 输入项目符号

项目符号主要用于区分文档中不同类别的文本内容,可使用圆点、星号等符号表示项目符号,并以段落为单位进行标识。具体操作是:在打开的 WPS 文字窗口中选中需要添加项目符号的段落,在"开始"功能区的"段落"选项组中单击"项目符号"下拉三角按钮,在"项目符号"下拉列表中选中合适的项目符号即可。在当前项目符号所在行输入内容,当按 Enter 键时会自动产生另一个项目符号。如果连续按两次 Enter 键则取消项目符号输入状态,恢复到常规输入状态。在"项目符号"下拉列表中选中"自定义项目符号",可以打开"项目符号和编号"对话框,如图 10-17 所示。

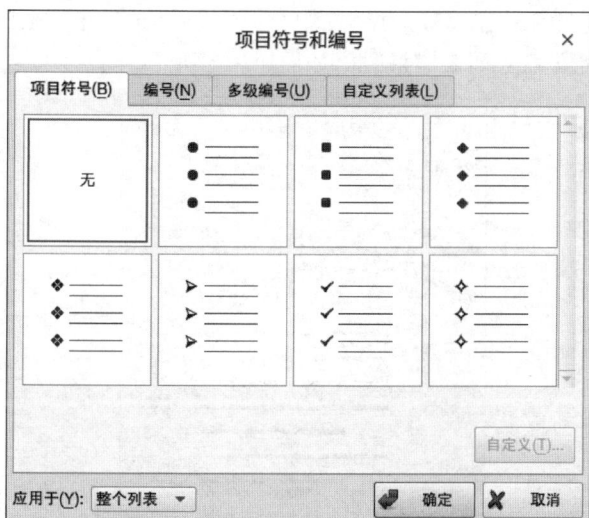

图 10-17 "项目符号和编号"对话框

2. 输入编号

编号主要用于文档中相同类别文本的不同内容,一般具有顺序性。编号一般使用阿拉伯数字、中文数字或英文字母,以段落为单位进行标识。在文档中输入编号的方法有以下两种。

(1) 打开 WPS 文字窗口,在"开始"功能区的"段落"选项组中单击"编号"下拉三角按钮,在下拉列表中选中合适的编号类型即可。在当前编号所在行输入内容,当按 Enter 键时会自动产生下一个编号。如果连续按两次 Enter 键将取消编号输入状态,恢复到常规输入状态。

(2) 打开 WPS 文字窗口,选中准备输入编号的段落,在"开始"功能区的"段落"选项组中单击"编号"下拉三角按钮,在打开的下拉列表中选中合适的编号,即可为所选段落添加相应的编号。

3. 用"输入时自动套用格式"生成编号

借助 WPS 文字中的输入时自动套用格式功能,用户可以在直接输入数字的时候自动生成编号。

在文档中输入任意数字(例如阿拉伯数字 1),然后按 Tab 键,接着输入具体的文本内容,按 Enter 键自动生成编号。连续按两次 Enter 键将取消编号状态,或者在"开始"功能区的"段落"选项组中单击"编号"下拉三角按钮,在打开的"编号"列表中选择"无"选项取消自动编号状态。

4. 定义新编号格式

在 Word 的编号格式库中内置有多种编号,用户还可以根据实际需要定义新的编号格式。步骤如下。

(1) 打开 WPS 文字窗口,在"开始"功能区的"段落"选项组中单击"编号"下拉三角按钮,并在打开的下拉列表中选择"自定义编号"选项,打开如图 10-17 所示的"项目符号和编号"对话框。

(2) 在打开的"项目符号和编号"对话框中打开"编号"选项卡,选中编号类型,单击"自定义"按钮,打开"自定义编号列表"对话框,如图 10-18 所示。

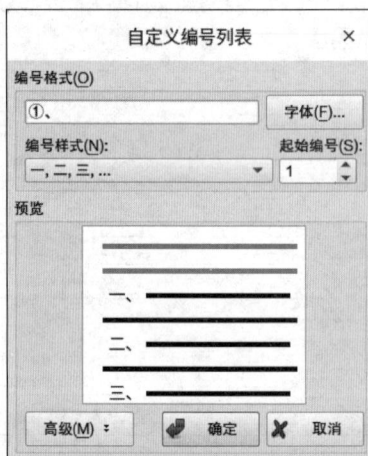

图 10-18 "自定义编号列表"对话框

(3) 在"编号样式"下拉列表中选择一种编号样式,单击"字体"按钮,打开"字体"对话框,根据实际需要设置编号的字体、字号、字体颜色、下画线等项目(注意不要设置"效果"选项),单击"确定"按钮。

(4) 返回自定义编号列表,可以生成自定义编号,单击"确定"按钮,返回"项目符号和编号"对话框,在"自定义列表"选项卡中可以看到定义的新编号格式,如图 10-19 所示。

5. 定义新项目符号

在 WPS 文字中内置有多种项目符号,用户既可以选择合适的项目符号,也可以根据实际需要定义新项目符号,使其更具有个性化特征。在 WPS 文字中定义新项目符号的步骤如下。

(1) 打开 WPS 文字窗口,在"开始"功能区的"段落"选项组中单击"项目符号"下拉三角按钮。在打开的"项目符号"下拉列表中选择"自定义项目符号"选项,打开如图 10-17 所示"项目符号和编号"对话框。

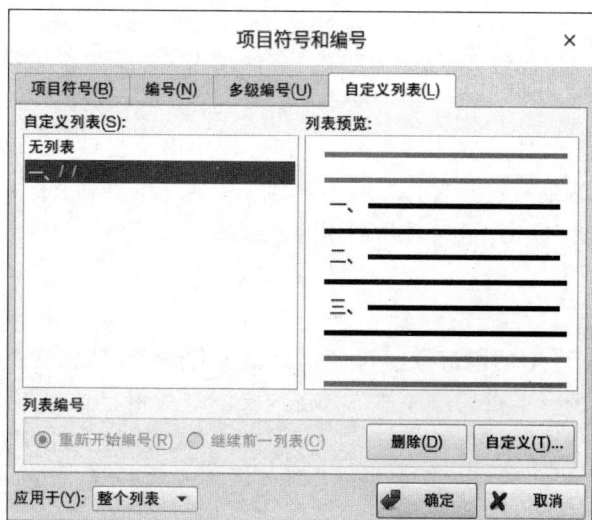

图 10-19　"项目符号和编号"对话框的"自定义列表"选项卡

（2）在打开的"项目符号和编号"对话框中，用户可以单击任意一种符号类型，再单击"自定义"按钮，打开如图 10-20 所示的"自定义项目符号列表"对话框。

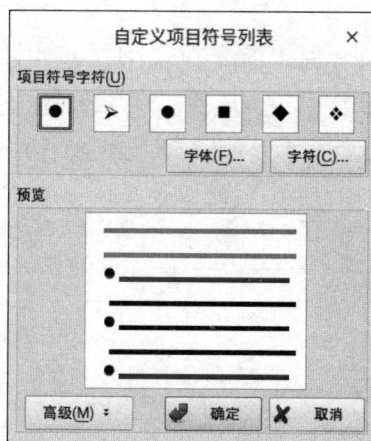

图 10-20　"自定义项目符号列表"对话框

（3）单击"字体"按钮，打开"字体"对话框，根据实际需要进行符号字体设置，如符号的字体、字号、字体颜色、下画线等项目（注意不要设置"效果"选项），单击"确定"按钮。

（4）单击"字符"按钮，打开"符号"对话框，在符号库中选择需要的自定义符号，单击"插入"按钮。

（5）返回"自定义项目符号列表"对话框，单击"确定"按钮，可以生成自定义项目符号，返回"项目符号和编号"对话框，在"自定义列表"选项卡中可以看到定义的新项目符号格式。

6. 插入多级编号列表

多级列表是指 Word 文档中编号或项目符号列表的嵌套，以实现层次效果。插入多级列表的操作步骤如下。

（1）打开 WPS 文字窗口，在"开始"功能区的"段落"选项组中单击"项目符号"下拉三角按钮。在打开的"项目符号"下拉列表中选择"自定义项目符号"选项，打开如图 10-17 所示

"项目符号和编号"对话框。

（2）单击"多级编号"标签切换到"多级编号"选项卡，在打开的"多级编号"面板中选择多级编号的格式。

（3）按照插入常规编号的方法输入条目内容，选中需要更改编号级别的段落。在"引用"功能区单击"目录级别"按钮，在打开的下拉列表中选择编号列表的级别。

（4）返回 WPS 文字窗口，可以看到创建的多级列表。

10.2.4　样式

样式是存储在 WPS 中的段落或字符的一组格式化命令，利用它可以快速地改变文本的外观。样式是模板的一个重要组成部分。将定义的样式保存在模板上后，创建文档时使用模板就不必重新定义所需的样式，这样既可以提高工作效率，又可以统一文档风格。

样式中包含字符的字体和大小、文本的对齐方式、文本的行间距和段落间距等。用户只要预先定义好所需要的样式，就可以直接应用它对指定文本进行格式编排。在"开始"功能区的"样式"选项组中可以预览样式的外观。

1. 选择样式

在 WPS 文字窗口的样式窗格中可以显示出全部的样式列表，并可以对样式进行比较全面的操作。选择样式的步骤如下。

（1）选中需要应用样式的段落或文本块。在"开始"功能区的"样式"选项组中单击所要应用的样式，即可为所选段落或文本块应用该样式。

（2）也可以在 WPS 文字窗口的最右侧，单击"样式"选项，打开"样式和格式"窗格，如图 10-21 所示，在该窗格的"显示"选项中选择"有效样式"，并勾选"显示预览"复选框，即可显示所有有效样式的预览效果。在该窗格中选择样式，也可以为所选段落或文本块应用该样式。

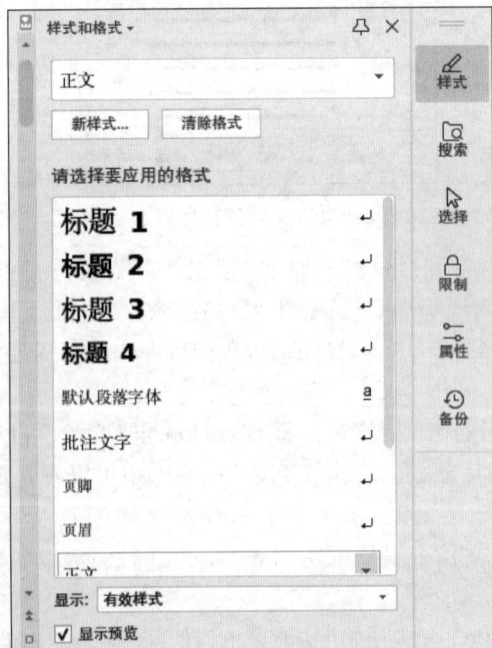

图 10-21　"样式和格式"窗格

2．建立新样式

在 WPS 文字的文档窗口中，用户可以新建一种全新的样式。操作步骤如下。

（1）打开 WPS 文字的文档窗口，在如图 10-21 所示的窗格中单击"新样式"按钮，打开如图 10-22 所示的"新建样式"对话框。

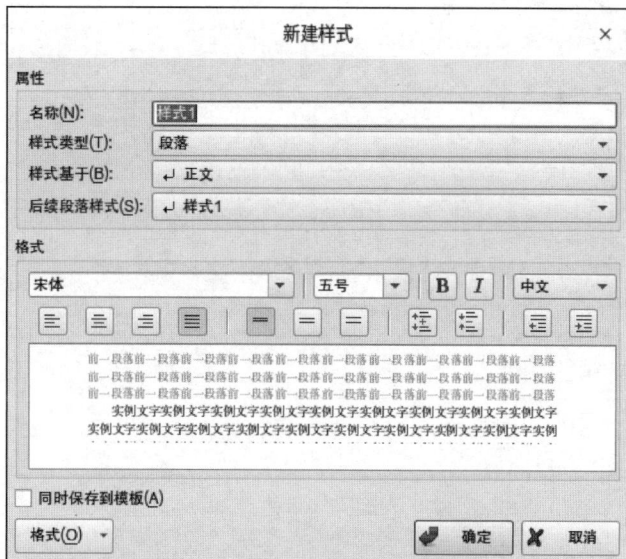

图 10-22　"新建样式"对话框

（2）在"名称"编辑框中输入新建样式的名称。然后单击"样式类型"下拉三角按钮，在下拉列表中包含以下两种类型。

段落：新建的样式将应用于段落级别。

字符：新建的样式将仅用于字符级别。

（3）选择一种样式类型，单击"样式基于"下拉三角按钮，在"样式基于"下拉列表中选择 WPS 中的某一种内置样式作为新建样式的基准样式。单击"后续段落样式"下拉三角按钮，在下拉列表中选择新建样式的后续样式。在"格式"区域，根据实际需要设置字体、字号、颜色、段落间距、对齐方式等段落格式和字符格式。设置完毕单击"确定"按钮即可。

3．修改样式

无论是 WPS 文字的内置样式，还是自定义样式，用户随时可以对其进行修改。在 WPS 文字中修改样式的步骤如下。

在如图 10-21 所示的"样式和格式"窗格中，选择要修改的某种样式后，单击其右侧的下拉按钮，选择"修改"，弹出如图 10-23 所示的"修改样式"对话框。用户可以在该对话框中重新设置样式定义。

4．限制格式设置

用户可以通过在 WPS 文字中设置限制格式来对选定的样式限制格式，这样可以防止样式被修改，也可以防止对文档直接应用格式。具体步骤如下。

（1）在如图 10-21 所示的"样式和格式"窗格中，单击右侧的"限制"选项，切换到"限制编辑"窗格，在该窗格中选择"限制对选定的样式设置格式"，单击"设置"按钮，弹出如图 10-24 所示的"限制格式设置"对话框。

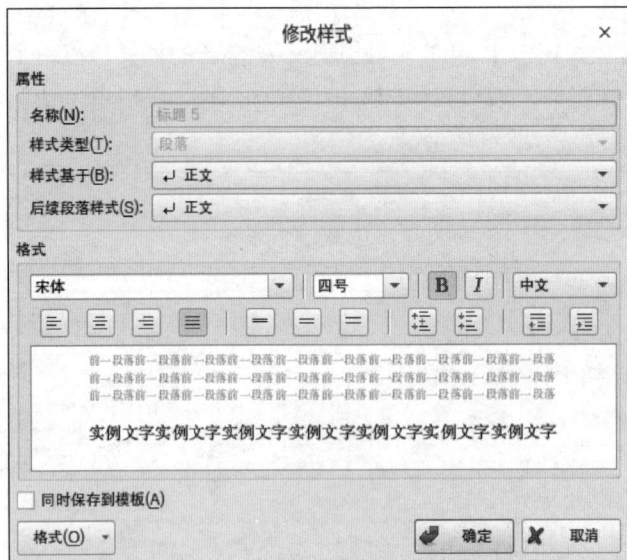

图 10-23 "修改样式"对话框

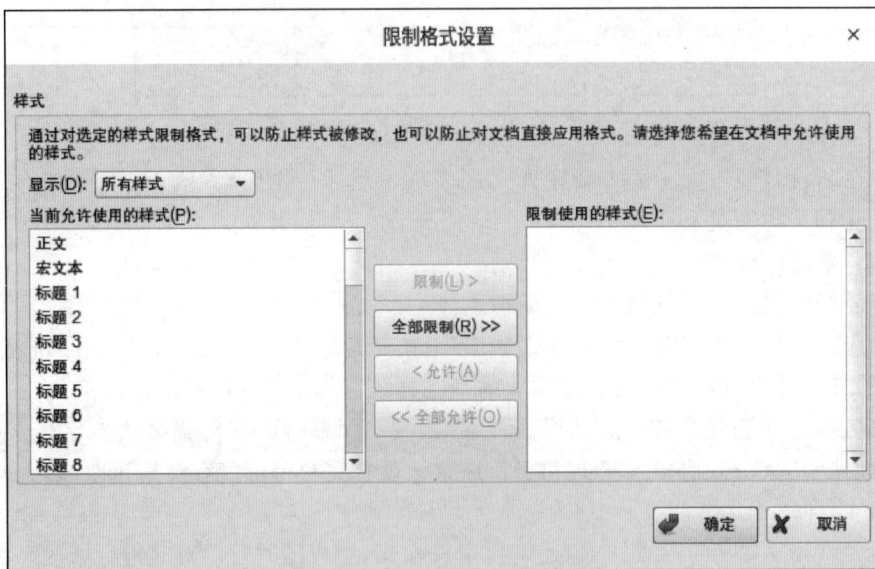

图 10-24 "限制格式设置"对话框

（2）在该对话框中的"当前允许使用的样式"区域中，选择限制使用的样式后单击"限制"按钮，可将其移到"限制使用的样式"区域。

10.3 表 格 应 用

10.3.1 创建表格

1. 制作表格

WPS 文字提供了两种制作表格的方法：插入表格和绘制表格。

（1）快速插入表格。

把插入点定位到要插入表格的位置，切换到"插入"功能区。在"表格"选项组中单击"表格"按钮，在打开的表格列表中，拖动鼠标选中合适数量的行和列即可插入表格。通过这种方式插入的表格会占满当前页面的全部宽度，用户可以通过修改表格属性设置表格的尺寸，如图 10-25 所示。

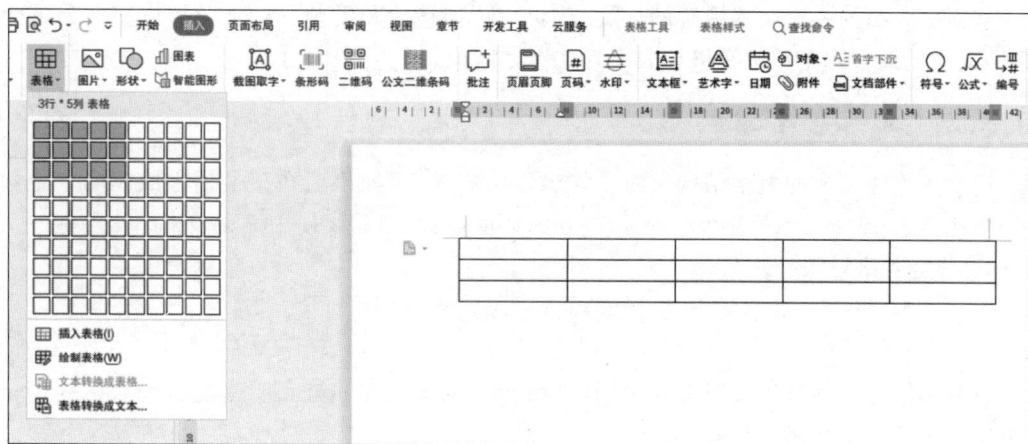

图 10-25 快速插入表格

（2）使用"插入表格"对话框插入表格。

使用"插入表格"对话框插入指定行列的表格，并可以设置所插入表格的列宽，操作如下：切换到"插入"功能区，在"表格"选项组中单击"表格"按钮，并在打开表格菜单中选择"插入表格"命令，打开"插入表格"对话框，如图 10-26 所示。在"表格尺寸"区域分别设置表格的行数和列数。在"列宽选择"区域如果选中"固定列宽"单选按钮，则可以设置表格的固定列宽数值；如果选中"自动列宽"单选按钮，则单元格宽度会根据输入的内容自动调整；选中"为新表格记忆此尺寸"复选框，则再次创建表格时将使用当前尺寸。设置完毕后单击"确定"按钮。

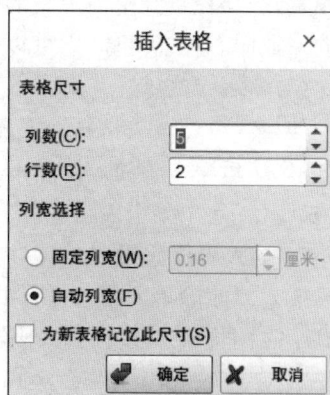

图 10-26 "插入表格"对话框

（3）绘制表格。

利用上述方法可以建立常规表格，使用绘制表格的方法可以创建各种自定义表格，方法如下。

在"插入"功能区中单击"表格"按钮，并在打开的表格菜单中选择"绘制表格"命令，鼠标指针呈现铅笔形状，在文档中拖动鼠标左键绘制表格边框。然后在适当的位置绘制行和列，完成表格的绘制后，按 Esc 键，或者在"表格工具"功能区的"绘图"选项组中，单击"绘制表格"按钮，结束表格绘制状态。

提示：如果在绘制或设置表格的过程中需要删除某行或某列，可以在"表格工具"功能区的"绘图"选项组中单击"橡皮擦"按钮。这时鼠标指针呈现橡皮擦形状，在特定的行或列线条上拖动鼠标左键即可删除该行或该列。按 Esc 键，则取消擦除状态。

2. 编辑表格内容

WPS 文字允许用户向单元格中输入字符、图形和公式。要向某单元格录入内容,首先用鼠标单击该单元格,或用光标移动键将插入点置于该单元格内,再按一般文本的输入方法输入数据。在单元格中输入文本时,可以按 Enter 键换行,开始一个新的段落,也可以根据列宽自动产生折行。行的高度会随单元格中字符的行数增加而相应增大。

前面所介绍的一般文本内容的选定、剪切、粘贴、移动和复制等功能都可以在表格的单元格内、单元格之间以及单元格和表格外文本之间应用。

10.3.2 编辑表格结构

用上述方法创建的表格结构有时不能满足用户需求,如果要在某处插入或删除一定数量的单元格、行或列,或改变单元格、行或列的数值设置,则需要使用编辑表格结构功能。

1. 选定表格对象

同文本编辑一样,对单元格进行修改之前,应先选定操作对象。

(1) 选定单元格。

将鼠标指针移到某单元格左下角,指针变成右箭头时单击左键;或将插入点移到该单元格中均可选定单元格。

(2) 选定行或列。

将鼠标指针移动到表格左边,当鼠标指针呈向右指的白色箭头形状时,单击鼠标可以选中整行。如果按住鼠标左键向上或向下拖动鼠标,则可以选中多行。将鼠标指针移动到表格顶端,当鼠标指针呈向下指的黑色箭头形状时,单击鼠标可以选中整列。如果按住鼠标左键向左或向右拖动鼠标,则可以选中多列。

(3) 选定表格。

如果需要设置表格属性或删除整个表格,首先需要选中整个表格。将鼠标指针从表格上划过,然后单击表格左上角的"全部选中"按钮即可选中整个表格,或者可以通过在表格内部拖动鼠标选中整个表格。

2. 插入表格元素

插入或删除单元格的操作并不常见。因为插入或删除单元格会使表格变得参差不齐,不利于文档排版。用户可以根据实际需要插入和删除单元格。

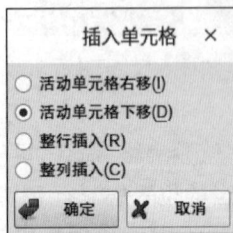

(1) 插入单元格。

在准备插入单元格的相邻单元格中右击鼠标,然后在打开的快捷菜单中指向"插入"命令,并在打开的下一级菜单中选择"单元格"命令,打开如图 10-27 所示的"插入单元格"对话框,在该对话框中选中"活动单元格右移"或"活动单元格下移"单选按钮,单击"确定"按钮。

图 10-27 插入单元格

提示:如果在"插入单元格"对话框中选中"活动单元格下移"单选按钮,则会插入整行。

(2) 插入行或列。

在准备插入行或者列的相邻单元格中右击鼠标,然后在打开的快捷菜单中选择"插入"命令,并在其打开的下一级菜单中选择"在左侧插入列""在右侧插入列""在上方插入行"或

"在下方插入行"命令。

用户还可以在"表格工具"功能区中进行插入行或插入列的操作。在准备插入行或列的相邻单元格中单击鼠标,然后在"表格工具"功能区中根据实际需要单击插入行或列的命令。

3. 删除表格元素

（1）删除单元格。

右击准备删除的单元格。在打开的快捷菜单中选择"删除单元格"命令,打开如图10-28所示的"删除单元格"对话框,在该对话框中如果选中"右侧单元格左移"单选按钮,则删除当前单元格;如果选中"下方单元格上移"单选按钮,则删除当前单元格,其下方单元格依次上移。

也可以在表格中单击准备删除的单元格,然后在"表格工具"功能区的"行和列"选项组中单击"删除"按钮,并在打开的下拉菜单中选择"单元格"命令。

图 10-28　删除单元格

（2）删除行或列。

在表格中选中需要删除的行或列。然后右击选中的行或列,并在打开的快捷菜单中选择"删除行"或"删除列"命令。也可以在"表格工具"功能区的"行和列"选项组中单击"删除"按钮,并在打开的下拉菜单中选择"行"或"列"命令。

4. 单元格操作

（1）合并单元格。

表格内的单元格,不论是上下排列的还是左右排列的,均可以合并为一个单元格,但要求这些单元格必须是相邻的。有以下几种操作方法。

选中准备合并的两个或两个以上的单元格,右击被选中的单元格,在打开的快捷菜单中选择"合并单元格"命令。也可以在"表格工具"功能区中单击"合并单元格"命令。

除了使用"合并单元格"命令合并单元格,用户还可以通过擦除表格线实现合并单元格。

（2）拆分单元格。

拆分单元格可以在水平方向进行,即将单元格拆分为多行,也可以在垂直方向进行,即将单元格拆分为多列。通过拆分单元格可以制作比较复杂的多功能表格。方法如下。

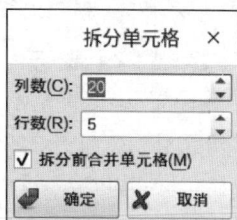

图 10-29　拆分单元格

在表格中右击准备拆分的单元格,并在打开的快捷菜单中选择"拆分单元格"命令,如图10-29所示,在打开的对话框中,分别设置要拆分成的列数和行数,单击"确定"按钮。或者,单击表格中准备拆分的单元格,切换到"表格工具"功能区中单击"拆分单元格"按钮,同样可以在打开的对话框中进行设置。

5. 调整行高与列宽

通过"表格属性"对话框,可以对行高、列宽、表格尺寸或单元格尺寸进行更精确的设置,操作如下。

（1）打开"表格属性"对话框。

在表格中右击准备改变行高或列宽的单元格,在快捷菜单中选择"表格属性"命令;或单击准备改变行高或列宽的单元格,在"表格工具"功能区中单击"表"选项组中的"表格属性"按钮,即可打开"表格属性"对话框,如图10-30所示。

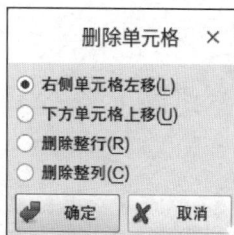

图 10-30　"表格属性"对话框

（2）调整表格属性。

在"表格"选项卡中，选中"指定宽度"复选框，可以调整表格宽度数值。

在"行"选项卡中，选中"指定高度"复选框，可设置当前行的高度数值。在"行高值是"下拉菜单中，用户可以选择所设置的行高值为最小值或固定值。如果选择"最小值"，则允许当前行根据填充内容自动扩大行高但不小于当前行高值；如果选择"固定值"，则当前行将保持固定的高度不改变。选中"允许跨页断行"复选框，则可以在表格需要跨页显示时，允许在当前行断开。

在"列"选项卡中，选中"指定宽度"复选框，并设置当前列宽数值。单击"前一列"或"后一列"按钮改变当前列。

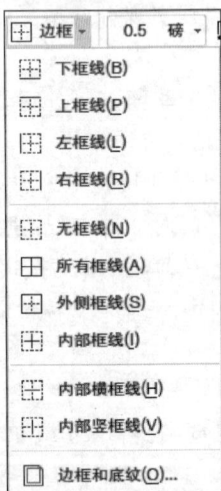

图 10-31　表格边框位置

在"单元格"选项卡中，选中"指定宽度"复选框并设置单元格宽度数值后，则当前单元格所在列的宽度将自动适应该单元格宽度值。

提示：单元格宽度值优先作用于当前列的宽度值。

6. 设置表格边框

在表格中选中需要设置边框的单元格、行、列或整个表格。在"表格样式"功能区中的"边框"选项中可以分别设置边框的显示位置、线型、颜色、宽度等。单击"边框"下拉三角按钮，在打开的"边框"菜单中可以设置边框的显示位置。边框显示位置包含多种设置，如上框线、所有框线、无框线等，如图 10-31 所示。在如图 10-31 所示的菜单中选择"边框和底纹"，打开如图 10-32 所示的"边框和底纹"对话框，在该对话框中可以设置边框的线型、颜色、宽度等。

7. 设置表格底纹

在 WPS 文字文档中，用户可以为表格设置单一颜色的背景色，操作如下。

首先，在表格中选中需要设置底纹的一个或多个单元格。然后切换到"表格样式"功能

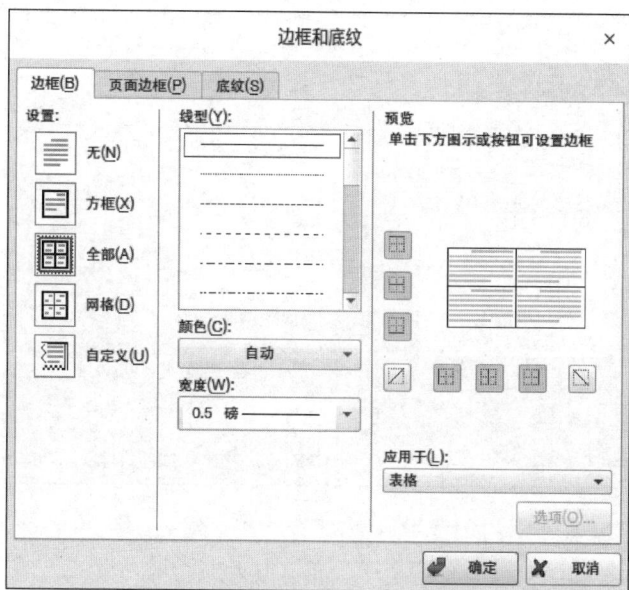

图 10-32 "边框和底纹"对话框

区,单击"底纹"下拉三角按钮,在"颜色"区域选择合适的底纹颜色即可。或者在图 10-32 中切换到"底纹"选项卡,这里不但可以设置单一颜色的背景色,还可以进行图案样式的设置。

10.3.3 表格排版操作

1. 合并与拆分表格

(1) 拆分表格。

根据实际需要,用户可以将一个表格拆分成多个表格。操作如下。

单击表格要拆分位置的单元格,切换到"表格工具"功能区,单击"拆分表格"按钮右侧的下拉三角按钮,在下拉菜单中选择"按行拆分"或"按列拆分",即可将表格从选中单元格处水平方向或垂直方向拆分成两个表格。

(2) 合并表格。

要将已拆分的表格合并在一起,只需将插入点定位到上下两个表格之间的空白行上,按 Delete 键删除段落标记即可。

2. 设置制表位选项

用户可以在 WPS 文字中设置制表位选项,以确定制表位的位置、对齐方式、前导符等类型,操作如下。

首先,打开文档窗口,在"开始"功能区的"段落"选项组中单击右下角的"段落"按钮,在打开的"段落"对话框中单击"制表位"按钮,打开如图 10-33 所示的"制表位"对话框。

然后在"制表位"对话框的"制表位位置"编辑框中输入制表位的位置数值;调整"默认制表位"编辑框中的数值,以设置制表位间隔;在"对齐方式"区域选择制表位的类型;在"前导符"区域选择前导符样式。

WPS 文字包含 4 种不同的制表符,分别是左对齐式制表符、居中制表符、右对齐式制表符、小数点对齐式制表符。

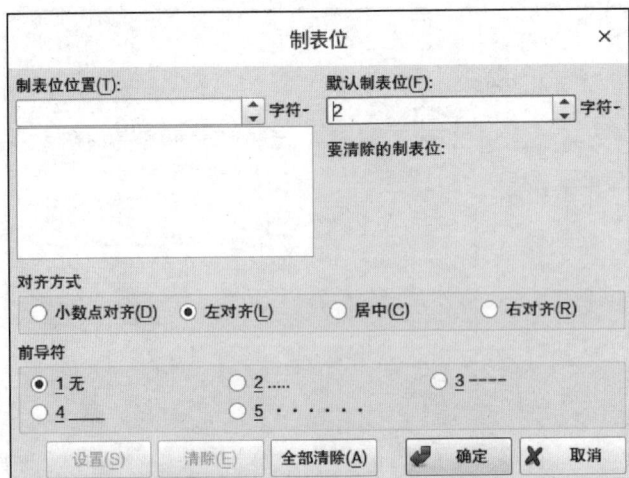

图 10-33　"制表位"对话框

提示：在水平标尺上双击任意制表符也可以打开"段落"对话框。在"制表位"对话框中单击"清除"或"全部清除"按钮可以删除制表符。

3. 文本与表格的转换

(1) 将文本转换成表格。

在 WPS 文字中，用户可以将文字转换成表格。其中关键的准备工作是使用分隔符号将文本进行分隔。

WPS 文字中能识别的常见的分隔符主要有段落标记(用于创建表格行)、制表符和逗号(用于创建表格列)。对于只有段落标记的多个文本段落，可以将其转换成单列多行的表格；而对于同一个文本段落中含有多个制表符或逗号的文本，可以将其转换成单行多列的表格；若是包括多个段落、多个分隔符的文本，则可以转换成多行、多列的表格。操作如下。

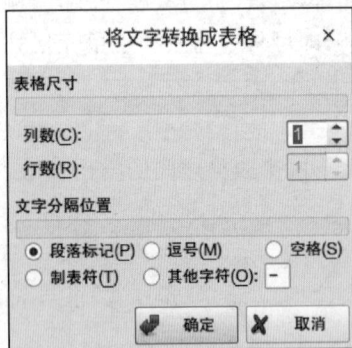

图 10-34　将文字转换成表格

在文档窗口中，为准备转换成表格的文本添加段落标记和分隔符(建议使用最常见的逗号分隔符，并且逗号必须是英文半角逗号)，并选中需要转换成的表格的所有文字，切换到"插入"功能区，在"表格"选项组中单击"表格"按钮。在打开的"表格"菜单中选择"文本转换成表格"选项，打开如图 10-34 所示的"将文字转换成表格"对话框，确认各项设置均合适，单击"确定"按钮。返回WPS 文字窗口，可以看到转换好的表格。如果自动转换的表格不合适，那么用户可以恢复到制表位的状态，并调整制表位的数量和位置。

(2) 将表格转换成文本。

如果希望将表格中含有的文字转换为文本内容，可以执行如下操作。

首先选中需要转换为文本的单元格，如果需要将整张表格转换为文本，则只需单击表格任意单元格。切换到"插入"功能区，在"表格"选项组中单击"表格"按钮。在打开的"表格"菜单中选择"表格转换成文本"选项，打开如图 10-35 所示对话框。在打开的对话框中，选中"段落标记""制表符""逗号"或"其他字符"单选按钮。选择任何一种标记符都可以转换成文本,只是转换生成的排版方式或添加的标记符号有所不同。最常用的是"段落标记"和"制表符"两个选项。选中"转换嵌套表格"复选框可以将嵌套表格中的内容同时转换为文本。设置完毕单击"确定"按钮即可。

图 10-35　表格转换成文本

4. 使用表格样式格式化表格

表格样式是一组事先设置了表格边框、底纹、对齐方式等格式的表格模板,WPS 文字中提供了多种适用于不同用途的表格样式。用户可以借助这些表格样式来快速格式化表格。

单击表格任意单元格,在"表格样式"功能区中,将鼠标指向"表格样式"选项组中的表格样式列表,通过预览选择合适的表格样式。还可以单击表格样式右边的下拉三角按钮,打开表格样式菜单,以更全面的视角选择表格样式。

5. 设置表格样式选项

在 WPS 文字中,通过设置表格样式选项可以进一步调整表格样式的风格。具体方法是:单击"表格样式"功能区中左侧的表格样式选项,通过选中或取消"表格样式选项"选项组中的复选框来调整表格样式。调整选项有以下几种。

"首行填充"复选框:可以设置表格第一行是否采用填充的格式。

"隔行填充"复选框:可以设置表格是否进行隔行填充的格式。

"首列填充"复选框:可以设置表格第一列是否采用填充的格式。

"末行填充"复选框:可以设置表格最后一行是否采用填充的格式。

"隔列填充"复选框:可以设置表格是否进行隔列填充的格式。

"末列填充"复选框:可以设置表格最后一列是否采用填充的格式。

6. 在表格中设置"允许跨页断行"

在 WPS 文字中插入和编辑表格时,有时会根据排版需要使表格从某一行分开在两个页面中显示。遇到此类问题,可以为表格设置"允许跨页断行"功能,操作如下。

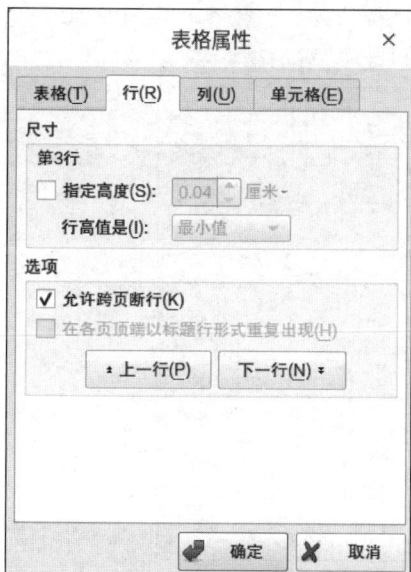

图 10-36　允许跨页断行

首先,打开 WPS 文字文档窗口,单击表格任意单元格。切换到"表格工具"功能区,并单击"表"选项组中的"表格属性"按钮。接着,在"表格属性"对话框中,切换到"行"选项卡,选中"允许跨页断行"复选框,单击"确定"按钮,如图 10-36 所示。

7. 在 Word 中插入表格题注

在 WPS 文字中,用户可以通过插入表格题注为表格编号,从而更清晰规范地管理和查找表格。为表格插入题注在文档中含有大量表格的情况下尤其适用,操作如下。

(1) 选中准备插入题注的表格,在"引用"功能区的"题注"选项组中单击"题注"按钮。或选中整个表格后右击表格,在打开的快捷菜单中选择"题注"命令。

（2）打开如图 10-37 所示"题注"对话框，在"题注"编辑框中会自动出现"表 1"字样，用户可以在其后输入被选中表格的名称。然后单击"编号"按钮。

（3）在如图 10-38 所示"题注编号"对话框中，单击"格式"下拉三角按钮，选择合适的编号格式。如果选中"包含章节编号"复选框，则标号中会出现章节号。设置完毕单击"确定"按钮。

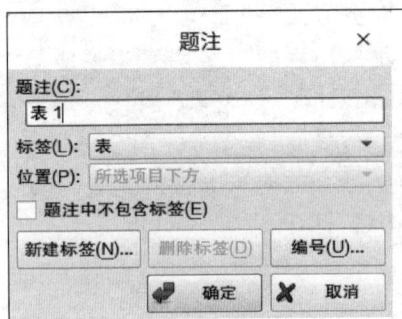

图 10-37　题注

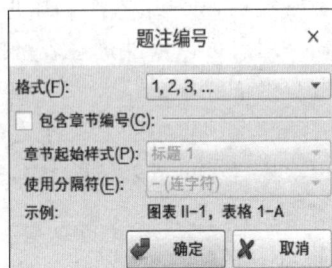

图 10-38　题注编号

（4）返回"题注"对话框，如果选中"题注中不包含标签"复选框，则表格题注中将不显示"表"字样，而只显示编号和用户输入的表格名称。单击"位置"下拉三角按钮，在位置列表中可以选择"所选项目上方"或"所选项目下方"。设置完毕单击"确定"按钮。

插入的表格题注默认位于表格左上方，用户可以在"开始"功能区设置适合的对齐方式（如居中对齐）。

10.3.4　表格数据处理

1. 在表格中对数据进行排序

在 WPS 文字中可以对表格中的数字、文字和日期数据进行排序操作，步骤如下。

（1）在需要进行数据排序的表格中单击任意单元格，切换到"表格工具"功能区，单击"数据"选项组中的"排序"按钮，打开如图 10-39 所示的"排序"对话框。

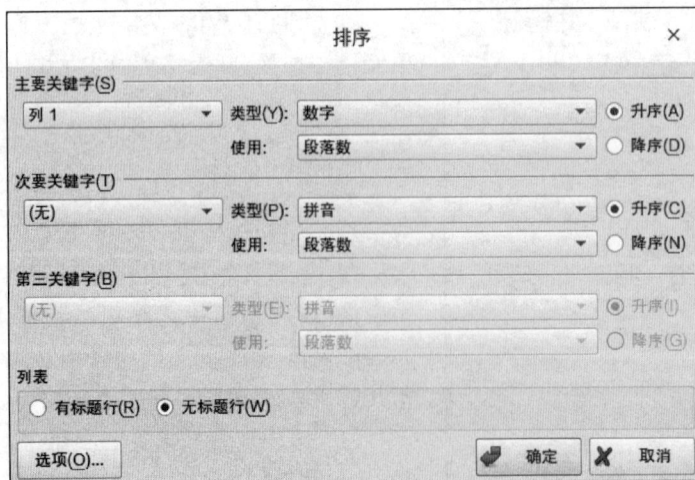

图 10-39　"排序"对话框

（2）在"排序"对话框中的"列表"区域选中"有标题行"单选按钮。如果选中"无标题行"单选按钮,则表格中的标题也会参与排序。

提示:如果当前表格已经启用"标题行重复"设置,则"有标题行"或"无标题行"单选按钮无效。

（3）在"主要关键字"区域,单击"关键字"下拉三角按钮选择排序依据的主要关键字。单击"类型"下拉三角按钮,在类型列表中选择"笔画""数字""日期"或"拼音"选项。如果参与排序的数据是文字,则可以选择"笔画"或"拼音"选项;如果参与排序的数据是日期类型,则可以选择"日期"选项;如果参与排序的只是数字,则可以选择"数字"选项。再选中"升序"或"降序"单选按钮设置排序的顺序类型。

（4）可以在"次要关键字"和"第三关键字"区域进行相关的多关键字排序设置,单击"确定"按钮对表格数据进行排序。

2. 对表格中的数据进行计算

如果需要对表格中的数据进行计算,可以借助 WPS 文字提供的数学公式对表格中的数据进行数学运算,包括加、减、乘、除、求和、求平均值等常见运算。用户可以使用运算符号以及 WPS 文字提供的函数来构成计算公式。方法如下。

（1）在准备参与数据计算的表格中单击计算结果单元格。在"表格工具"功能区中,单击"数据"选项组中的"公式"按钮,弹出如图 10-40 所示的"公式"对话框。

（2）在"公式"对话框中的"公式"编辑框中会根据表格中的数据和当前单元格所在位置自动推荐一个公式,如"＝SUM（LEFT）"或"＝SUM（ABOVE）"等,是指计算当前单元格左侧单元格的数据之和或上面单元格的数据之和。用户也可以单击"粘贴函数"下拉三角按钮选择合适的函数,如平均数函数"AVERAGE"、计数函数"COUNT"等。其中,公式中括号内的参数包括 4 个,分别是左侧（LEFT）、右侧（RIGHT）、上面（ABOVE）和下面（BELOW）。完成公式的编辑后单击"确定"按钮即可得到计算结果。

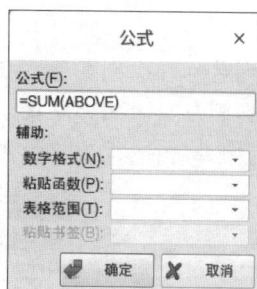

图 10-40　"公式"对话框

（3）若进行简单计算,也可在文本框中直接输入公式,但必须以等号开头,如"＝A1＋B1"。

（4）如果要改变运算公式的函数,可从图 10-40 中的"粘贴函数"下拉列表框中选择,此时函数将出现在"公式"文本框中;要改变计算范围,可在函数的（）中输入。

（5）如果要创建很多类似的公式,在 WPS 文字里可以实现像 WPS 表格一样"填充"的操作。方法是:复制已经创建的公式,将其粘贴到其他单元格中,选中粘贴后的单元格的文档内容,右击鼠标,在弹出的快捷菜单中选择"更新域"。这时,粘贴过来的计算公式即可更新计算结果。

10.4　图文混排

10.4.1　图表操作

1. 图表概述

图表是一种比较形象、直观的表达形式,如折线图、柱形图、饼图等,能直观地表达表格中的信息。通过图表,可以表示各种数据的数量多少,数量增减变化的情况以及部分数量同总数之间的关系等,使读者易于理解,且容易发现隐藏在背后的数据趋势和规律。

图表功能在所有 WPS 应用软件(包括 WPS 文字、WPS 表格、WPS 演示等)中都可以使用,其中嵌入 WPS 文字、WPS 演示等文档中的图表均是通过 WPS 表格进行编辑。下面简要介绍与图表有关的概念。

(1) 数据点:是指独立的数据值,以柱形图、饼状图、线条或点的形式表现出来。

(2) 数据系列:一组相关的数据点。

(3) 水平(类别)轴:即在二维或三维图表中表示水平方向的轴。

(4) 垂直(值)轴:即在二维或三维图表中表示垂直方向的轴。

(5) 竖(系列)坐标轴:只有在三维图表中才能应用的表示前后方向的轴。

(6) 图例:用于说明图表中每种颜色所代表的数据系列。

(7) 基底:三维图表中的底座。

(8) 背面墙和侧面墙:三维图表中的背景。

2. 创建图表

在 WPS 文字文档中切换到"插入"功能区,在"插图"选项组中单击"图表"按钮,打开 WPS 表格窗口,如图 10-41 所示。用户首先需要在 WPS 表格窗口中编辑数据。例如修改系列名称和类别名称,并编辑具体数值。在编辑 WPS 表格数据的同时,WPS 文字文档窗口中将同步显示图表结果。完成 WPS 表格数据的编辑后关闭 WPS 表格窗口,在 WPS 文字窗口中可以看到创建完成的图表。

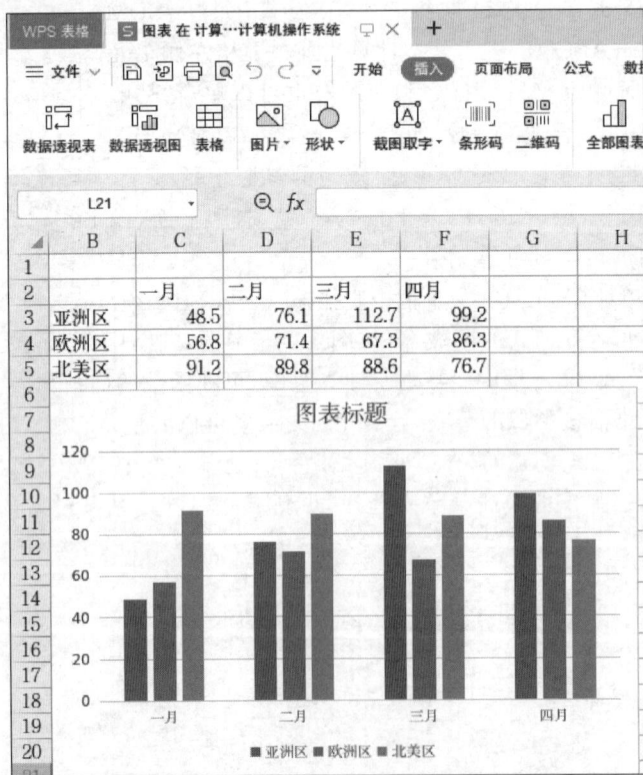

图 10-41　插入图表

10.4.2 图形操作

1. 插入图形

在文档中可以插入计算机中保存的各种图片,还可以使用自选图形绘制工具绘制线条、箭头等各类图形。

（1）插入图形文件。

文档中可以插入各种图形文件,包括位图文件、网络图形文件等。操作如下。

首先,在"插入"功能区的"插图"选项组中单击"图片"按钮,打开"插入图片"对话框。

然后,在打开的对话框中按照文件名及文件类型找到并选中需要插入文档中的图片文件,单击"打开"按钮即可。

（2）绘制自选图形。

除了插入现成图片外,WPS文字还允许用户自己绘制一些简单图形。自选图形是指一组常用形状,包括如矩形、圆形等基本形状,以及各种线条和连接符、箭头、流程图符号、星与旗帜和标注等。用户可以直接使用系统提供的基本形状组合成更加复杂的形状。绘制自选图形操作如下。

首先,切换到"插入"功能区,在"插图"选项组中单击"形状"下拉三角按钮,在打开的形状面板中单击需要绘制的形状（例如,可以选中"箭头总汇"区域的"右箭头"选项）。

然后,将鼠标指针移动到页面位置,按住鼠标左键拖动即可绘制箭头。如果在释放鼠标左键以前按住Shift键,则可以成比例绘制形状;如果按住Ctrl键,则可以在两个相反方向同时改变形状大小。将图形大小调整至合适大小后,释放鼠标左键完成自选图形的绘制。

若对插入的自选图形的整体外观不满意,可以对其进行编辑。方法是:单击图形,这时图形四周会显示控制柄,拖动控制柄可以改变图形的大小和形状。

（3）绘制任意多边形。

自选图形库中内置有多种多边形,如三角形、长方形等。但这些形状均为有规则的图形,用户在使用这些图形绘制自定义的图形时会受到一定的限制。用户可以借助WPS文字提供的"任意多边形"工具绘制自定义的多边形图形,操作如下。

首先,在文档中切换到"插入"功能区,在"插图"选项组中单击"形状"按钮,在打开的形状面板"线条"区域单击"任意多边形"选项。

然后,将鼠标指针移动到页面中,在任意多边形起点位置单击鼠标,接着移动鼠标指针至任意多边形第二个顶点处单击鼠标,以此类推,分别在第三个顶点、第四个顶点……单击鼠标。如果所绘制的多边形为非闭合的形状,则在最后一个顶点处双击鼠标左键;如果所绘制的多边形为闭合的形状,则将最后一个顶点靠近起点位置时,终点会自动附着到起点并重合,此时单击鼠标即可。

（4）设置叠放次序。

在文档中插入或绘制多个对象时,用户可以设置对象的叠放次序,以决定哪个对象在上层,哪个对象在下层。设置时,应先选择对象,选择"绘图工具"功能区,在"排列"选项组中可以单击相应的操作。

"上移一层"组的"上移一层":可以将对象上移一层。

"上移一层"组的"置于顶层":可以将对象置于最前面。

"上移一层"组的"浮于文字上方"：可以将对象置于文字的前面，挡住文字。

"下移一层"组的"下移一层"：可以将对象下移一层。

"下移一层"组的"置于底层"：将对象置于最底层，有可能被上层的对象挡住。

"下移一层"组的"衬于文字下方"：可以将对象置于文字的后面。

用户也可以用右键菜单来进行设置，即右击已选中的图形，并选择"置于顶层"或"置于底层"，然后选择相应的子菜单，如"下移一层""上移一层"，如图 10-42 所示。

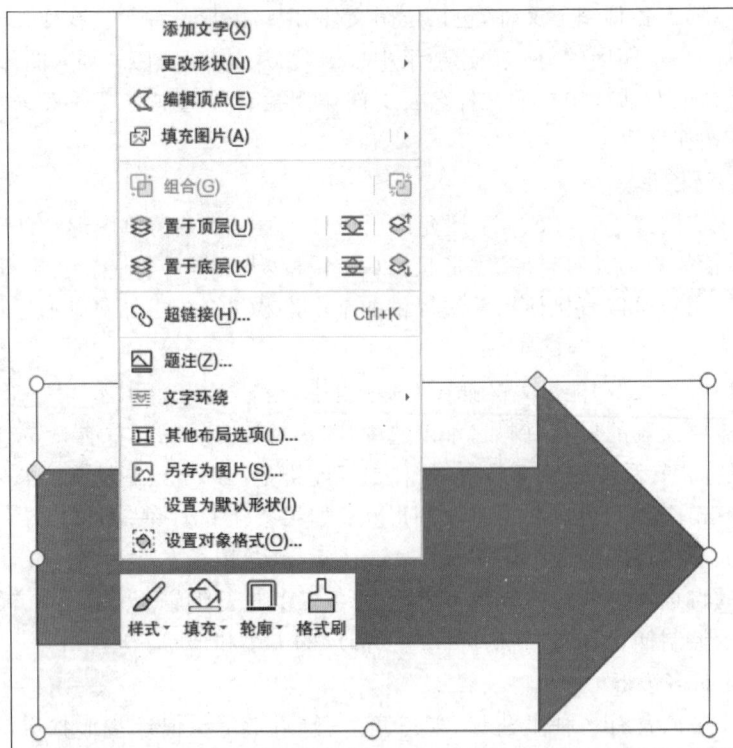

图 10-42　调整图层

（5）组合图形。

使用自选图形工具绘制的图形一般包括多个独立的形状，当需要选中、移动和修改图形大小时，往往需要选中所有的独立形状，操作起来不太方便。用户可以借助"组合"命令将多个独立的形状组合成一个图形对象，然后再对组合后的图形对象进行操作，方法如下。

首先，将鼠标指针移动到 WPS 文字文档页面中，鼠标指针呈白色鼠标箭头形状，在按住 Ctrl 键的同时单击选中所有的独立形状。

然后，右击被选中的所有独立形状，在打开的快捷菜单中单击"组合"命令，如图 10-43 所示，通过上述设置，被选中的独立形状将组合成一个图形对象，可以进行整体操作。

如果希望对组合对象中某个形状进行单独操作，可以右击组合对象，在打开的快捷菜单中指向"组合"命令，单击其后面的"取消组合"命令按钮。

2. 设置图形格式

插入各类图形后，还需要进行一定的编辑和调整才能满足要求，这就是设置图形格式，包括修改图片大小、裁剪、设置文字环绕方式等。

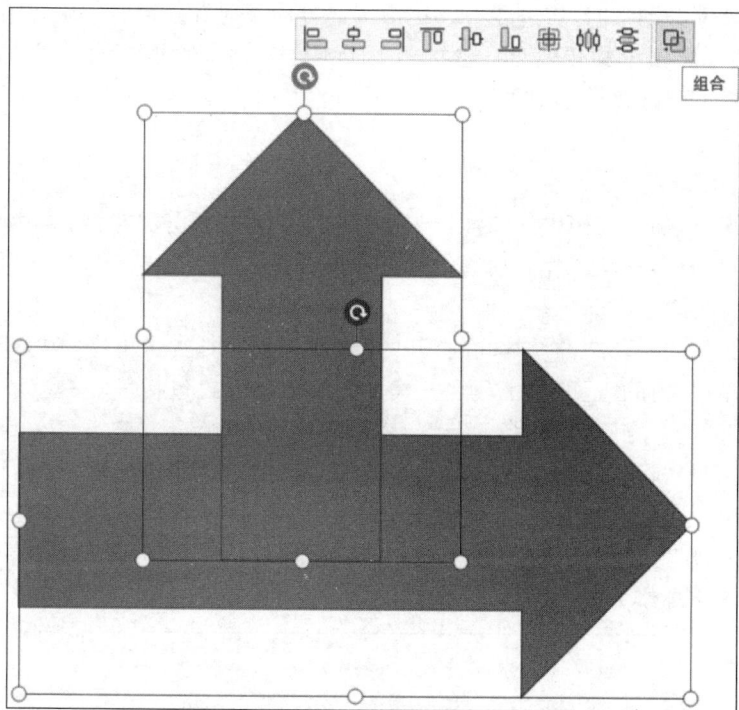

图 10-43　组合图形

（1）应用图片样式。

WPS 文字中有针对图形、图片、图表、艺术字、文本框等对象的样式设置，样式包括阴影效果、颜色、三维效果、深度和方向等多种效果，可以帮助用户快速设置上述对象的格式。例如，插入一张图片并选中图片后，会自动打开"图片工具"功能区，在"图形样式"选项组中，可以使用预设的样式快速设置图片的格式。

（2）调整自选图形大小。

利用控制柄修改自选图形大小。如果对图形的大小没有严格的要求，可以拖动控制柄设置自选图形的大小。方法是单击自选图形，自选图形周围将出现 8 个控制手柄，拖动相应方向的控制手柄即可改变自选图形的大小。

在"绘图工具"功能区中指定自选图形尺寸。如果对图形的尺寸有精确要求，可以在"绘图工具"功能区中设置"大小"选项组中的高度和宽度数值。

（3）裁剪图片。

在文档中，用户可以对图片进行裁剪操作，以截取图片中最需要的部分。例如，单击需要进行裁剪的图片，在"图片工具"功能区中，单击"裁剪"按钮，图片周围出现 8 个方向的裁剪控制柄，用鼠标拖动控制柄将对图片进行相应方向的裁剪，也可以通过拖动控制柄将图片复原，直至调整合适为止。

（4）旋转图片。

对于文档中的图片，用户可以根据需要进行旋转。旋转图片的方法有以下两种。

使用旋转手柄旋转图片。如果对于图片的旋转角度没有精确要求，可以使用旋转手柄旋转图片。首先选中图片，图片的上方将出现一个旋转手柄。将鼠标移动到旋转手柄上，鼠标光标呈现旋转箭头的形状,按住鼠标左键沿圆周方向正时针或逆时针旋转图片即可。

应用 WPS 文字预设旋转效果。选中需要旋转的图片,在"图片工具"功能区中,单击"旋转"按钮,在打开的菜单中选中"向右旋转 90°""向左旋转 90°""垂直翻转"或"水平翻转"。

（5）设置文字环绕方式。

在默认情况下,插入文档中的图片作为字符插入特定位置,其位置随着其他字符的改变而改变,用户不能自由移动图片。而通过为图片设置文字环绕方式,可以自由移动图片的位置,操作如下。

选中需要设置文字环绕的图片,在打开的"图片工具"功能区,单击"文字环绕"按钮,在打开的下拉菜单中选择合适的文字环绕方式。文字环绕方式包括"嵌入型"环绕、"四周型"环绕、"紧密型"环绕、"穿越型"环绕、"上下型"环绕、"衬于文字下方""浮于文字上方"7 种方式。右击图片,选择"设置对象格式"命令,打开"设置对象格式"对话框,在"版式"选项卡的"环绕方式"区域中可以进行文字环绕方式的设置。或者在"版式"选项卡中单击"高级"按钮,在弹出的"布局"对话框中选择"文字环绕"选项卡,如图 10-44 所示,在"环绕方式"区域中也可以进行文字环绕方式的设置。

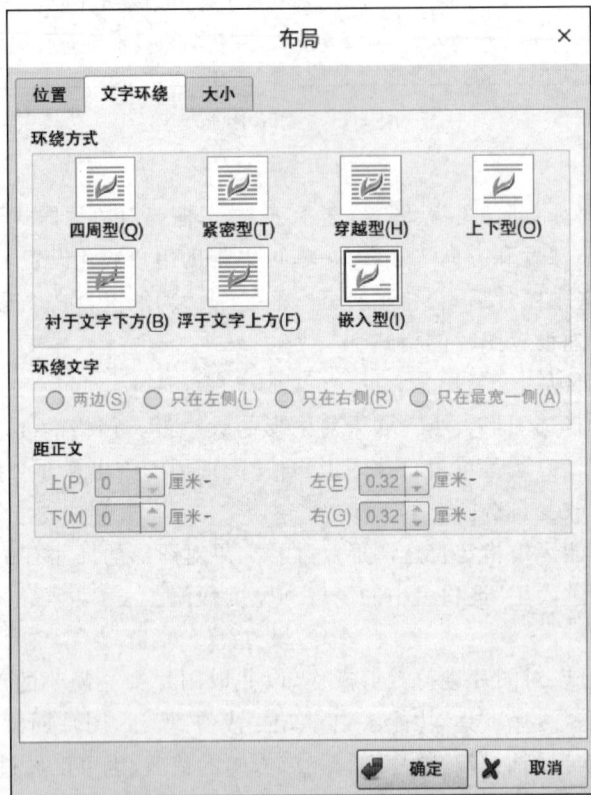

图 10-44 "布局"对话框

（6）为图片设置阴影。

在文档中,用户可以为图片设置效果,这些效果包括阴影、倒影、发光等多种效果,操作如下。

首先选中准备设置效果的图片,在"图片工具"功能区中,单击"阴影"选项组中的"设置阴影"、"阴影效果"、"阴影颜色"等按钮,可以对选中的图片进行阴影效果的设置。

(7) 为图片创建超链接。

文档中的超链接不仅可以是文字形式,还可以是图片形式。操作如下。

选中需要创建超链接的图片,切换到"插入"功能区,在"链接"选项组中单击"超链接"按钮,打开"插入超链接"对话框。在该对话框中可以选择三种链接方式,即"原有文件或网页"、"本文档中的位置"和"电子邮件地址"。如果选择"原有文件或网页"选项,那么在地址编辑框中输入网页链接地址,单击"确定"按钮。当返回文档窗口后,将鼠标指针指向图片,将显示图片对应的超链接地址,这时按住 Ctrl 键单击图片,则可以打开链接地址所对应的网页。

3. 艺术字

WPS 中的艺术字结合了文本和图形的特点,能够使文本具有图形的某些属性,如设置旋转、三维、映像等效果,在 WPS 文字、WPS 表格、WPS 演示等 WPS 组件中都可以使用艺术字功能。

WPS 文字对.wps 文件的插入艺术字操作与对其他如.docx 格式文件的插入艺术字操作有所不同,本书将以对.wps 格式文件的操作为主,介绍 WPS 文字的插入艺术字操作。

(1) 插入艺术字。

将插入点光标移动到准备插入艺术字的位置,在"插入"功能区中单击"艺术字"按钮,在打开的"艺术字库"对话框中选择合适的艺术字样式后单击"确定"按钮,打开"编辑艺术字文字"对话框,直接输入用作艺术字的文本,如"插入艺术字",在该对话框中,用户可以对输入的艺术字分别设置字体和字号,以及加粗、倾斜等效果,插入后的艺术字如图 10-45 所示。

图 10-45　插入艺术字

插入艺术字后,可以随时修改艺术字的文字、字体、字号、颜色等设置。操作非常方便,只需要单击艺术字即可进入编辑状态。因为艺术字具有图片和图形的很多属性,因此用户可以为艺术字进行与图片相似的设置,如旋转、文字环绕方式等。

(2) 设置艺术字形状。

WPS 提供的艺术字形状丰富多彩,包括弧形、圆形、波形等多种形状。通过设置艺术字形状,能够使文档更加美观。操作如下。

选中需要设置形状的艺术字文字,在打开的"艺术字"功能区中,单击"艺术字样式"选项组中的"艺术字库"按钮,打开如图 10-46 所示的"艺术字库"对话框,选择需要设置的艺术字样式,单击"确定"按钮,即可设置艺术字样式。

(3) 设置艺术字效果。

为文档中的艺术字设置"三维效果",可以呈现 3D 立体旋转效果,从而使插入艺术字的文档表现力更加丰富多彩。操作如下。

选中需要设置三维旋转的艺术字,在打开的"效果设置"功能区中,单击"三维效果"分组中的"三维效果"按钮,在打开的三维效果列表中,用户可以选择多种方向的三维旋转类型,如图 10-47 所示。

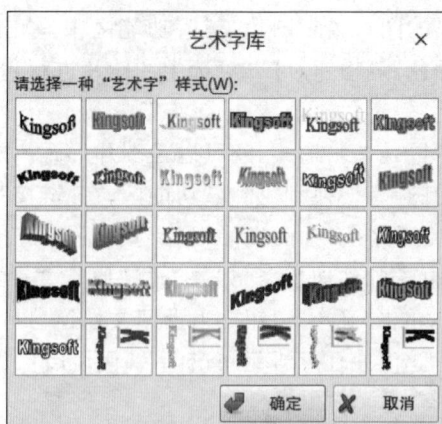

图 10-46 "艺术字库"对话框

图 10-47 艺术字三维旋转

4. 文本框

如果文档中需要将一段文字独立于其他内容,使它可以在文档中任意移动,则需要使用文本框。通过使用文本框,用户可以将文本很方便地放置到文档页面的指定位置,而不必受到段落格式、页面设置等因素的影响。

文本框是一个方框形式的图形对象,框内可以放置文字、表格、图表及图形等对象。WPS 文字内置有多种样式的文本框供用户选择使用。

WPS 文字对.wps 文件的插入文本框操作与对其他如.docx 格式文件的插入文本框操作有所不同,本书将以对.wps 格式文件的操作为主,介绍 WPS 文字的插入文本框操作,操作如下。

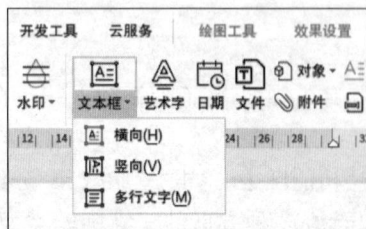

图 10-48 插入文本框

(1) 插入文本框。

切换到"插入"功能区,单击"文本框"下拉按钮,如图 10-48 所示,在打开的下拉菜单中选择合适的文本框类型,返回文档窗口,鼠标箭头变为十字形,按住并拖动鼠标左键,在需要的位置画出文本框,直接输入用户的文本内容即可。

（2）设置文本框边框。

有时，根据实际需要为文档中的文本框设置边框样式，或设置为无边框。操作如下。

选中文本框，在打开的"绘图工具"功能区中单击"形状样式"选项组中的"轮廓"下拉按钮，打开"形状轮廓"下拉菜单。在"主题颜色"和"标准色"区域可以设置文本框的边框颜色；选择"无边框颜色"可以取消文本框的边框颜色；将鼠标指向"线型"选项，在打开的下一级菜单中可以选择文本框的边框宽度；将鼠标指向"虚线线型"选项，在打开的下一级菜单中可以选择文本框虚线边框形状，如图 10-49 所示。

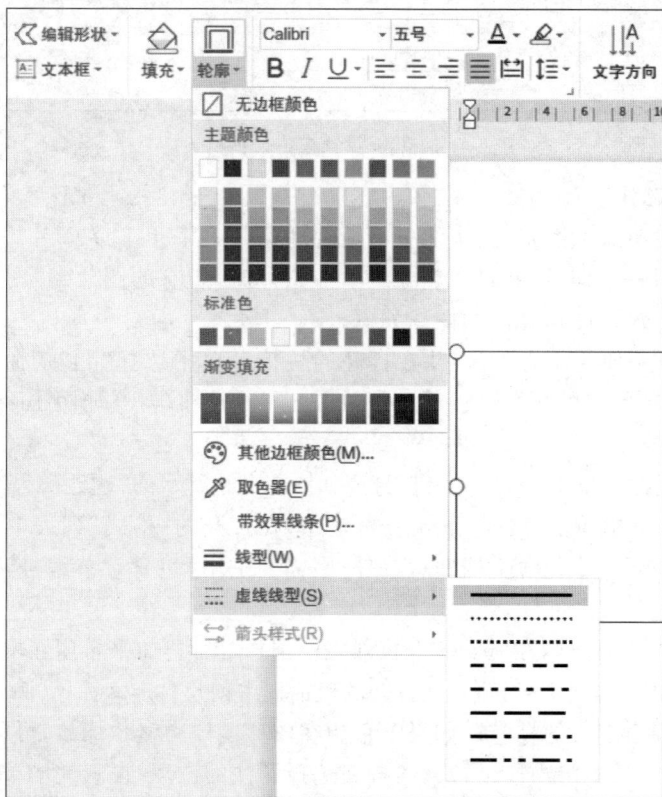

图 10-49　设置文本框边框

（3）设置文本框样式。

WPS 文字中内置有多种文本框样式供用户选择使用，这些样式包括边框线条、形状等项目。设置文本框样式的操作如下。

单击文本框，在打开的"绘图工具"功能区中单击"形状样式"选项组中的"编辑形状"按钮，在打开的下拉菜单中选择"更改形状"，在打开的侧边栏中选择合适的文本框样式即可，如图 10-50 所示。

（4）文本框布局属性。

右击文本框，在快捷菜单中选择"设置对象格式"命令，在打开的"设置对象格式"对话框中选择"文本框"选项卡，在对话框中可以针对文本框中文字的换行、文字环绕、文字与边框的距离等进行调整。

图 10-50　设置文本框形状

5. 添加图片题注

如果文档中含有大量图片,为了能更好地管理这些图片,可以为图片添加题注。添加了题注的图片会获得一个编号,并且在删除或添加图片时,所有的图片编号会自动改变,以保持编号的连续性。添加图片题注的操作如下。

(1) 右击需要添加题注的图片,并在打开的快捷菜单中选择"题注"命令;或者单击选中图片,在"引用"功能区的"题注"选项组中单击"题注"按钮,打开如图 10-37 所示的"题注"对话框。

(2) 在该对话框中单击"编号"按钮,打开如图 10-38 所示的"题注编号"对话框。

(3) 在该对话框中单击"格式"下拉三角按钮,在打开的"格式"列表中选择合适的编号格式。如果希望在题注中包含文档的章节号,则需要选中"包含章节编号"复选框。设置完毕单击"确定"按钮。

(4) 返回"题注"对话框,在"标签"下拉列表中选择"图"。如果希望在文档中使用自定义的标签,则可以单击"新建标签"按钮,在打开的对话框中创建自定义标签(例如"图 10-"),并在"标签"列表中选择自定义的标签。如果不希望在图片题注中显示标签,可以选中"题注中不包含标签"复选框。单击"位置"下拉三角按钮选择题注的位置,设置完毕单击"确定"按钮。

(5) 添加题注后,单击题注右边部分的文字进入编辑状态,输入图片的描述性内容。

10.4.3　编辑公式

1. 插入内置公式

WPS 文字中提供了多种常用的公式供用户直接插入文档中,用户可以直接插入内置公式,以提高工作效率,操作如下。

在文档窗口中切换到"插入"功能区,在"符号"选项组中单击"公式"下拉三角按钮,在打开的内置公式列表中选择需要的公式(如"二次公式"),如图 10-51 所示。

2. 创建新公式

WPS 文字提供创建空白公式对象的功能,可以根据实际需要在文档中灵活创建公式,操作如下。

在文档窗口中切换到"插入"功能区,在"符号"选项组中单击"公式"按钮(非下拉三角按

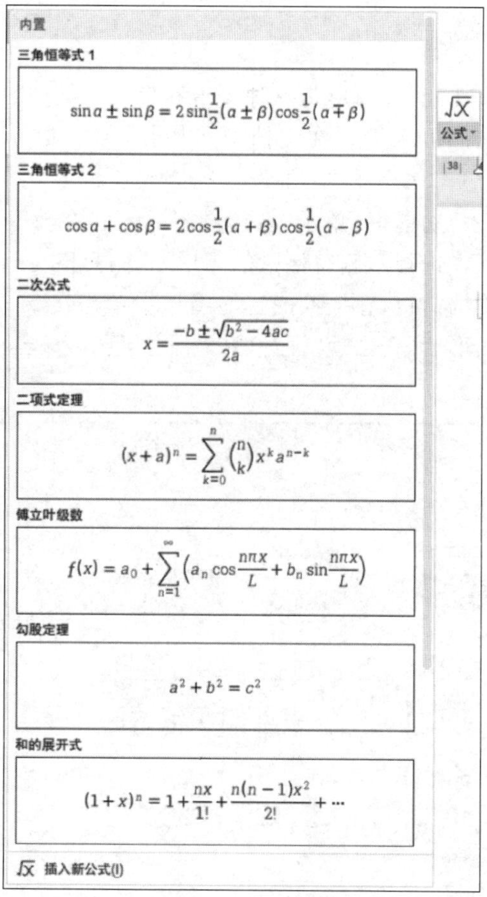

图 10-51　插入公式

钮），在文档中将创建一个空白公式框架，通过键盘或选择"公式工具"功能区的"结构"选项组和"符号"选项组的内容输入公式内容。

提示：在"公式"功能区的"符号"选项组中，默认显示"基础数学"符号。除此之外，WPS文字还提供了希腊字母、字母类符号、运算符、箭头、求反关系运算符、几何学等多种符号供用户使用。可以在"符号"选项组的右下角单击"其他"按钮，打开符号面板，单击顶部的下拉三角按钮，可以看到 WPS 文字提供的符号类别，选择需要的类别即可将其显示在符号面板中，如图 10-52 所示。

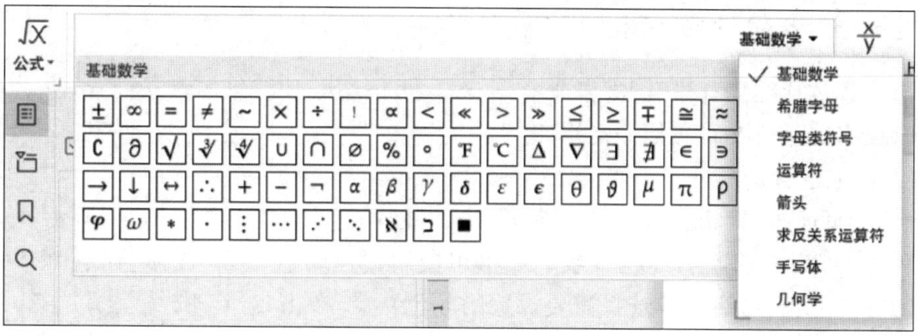

图 10-52　公式中的符号

10.4.4 智能图形

智能图形是一项图形功能,该图形是一种文本和形状相结合的图形,能以可视化的方式直观地表达出各项内容之间的关系。在文档中,智能图形主要用于制作流程图、组织结构图等。

在文档中切换到"插入"功能区,单击"智能图形"按钮,在打开的如图 10-53 所示的"选择智能图形"对话框中,单击选择左侧窗格中的图形,右侧窗格会显示该图形的名称及作用,单击"确定"按钮。返回文档窗口,在插入的智能图形中单击文本占位符输入合适的文字即可。选中编辑完的智能图形后,会出现"设计"和"格式"两个功能区,可以分别对智能图形进行设计和格式两方面的设置。

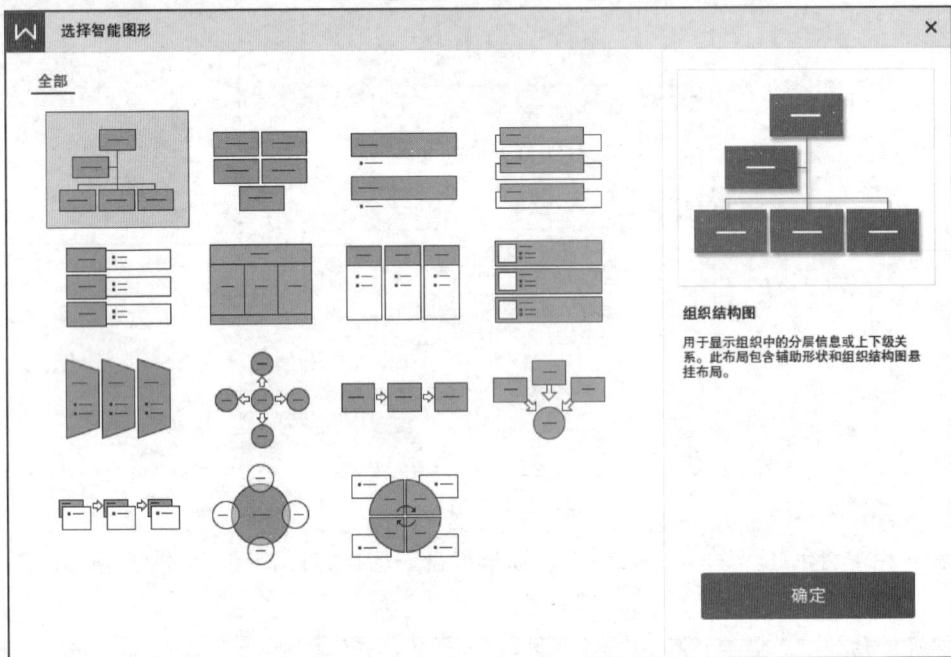

图 10-53　选择智能图形

10.5　文档页面设置

10.5.1　文档背景设置

文档背景包括纯色背景、图案背景和渐变背景、图案纹理背景等背景设置,除此之外,用户还可以根据实际情况对文档添加水印。

1. 设置纯色背景

切换到"页面布局"功能区,单击"背景"按钮,打开下拉菜单,如图 10-54 所示,单击选择主题颜色,即可为文档添加纯色背景。如不想使用预设颜色,可以选择"其他填充颜色"命令,在打开的"颜色"对话框中选择需要设置的颜色背景,单击"确定"按钮完成选择。

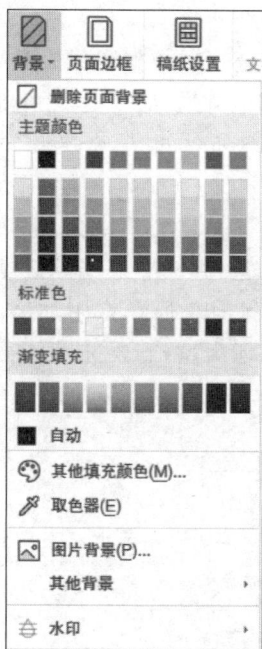

图 10-54　背景设置

2. 设置图片背景

在"背景"下拉菜单中,选择"图片背景"命令,打开如图 10-55 所示的"填充效果"对话框,单击"选择图片"按钮,在打开的对话框中选择需要设置的背景图片,如需保持背景图片长宽比例,单击"锁定图片纵横比"复选框,单击"确定"按钮完成设置。

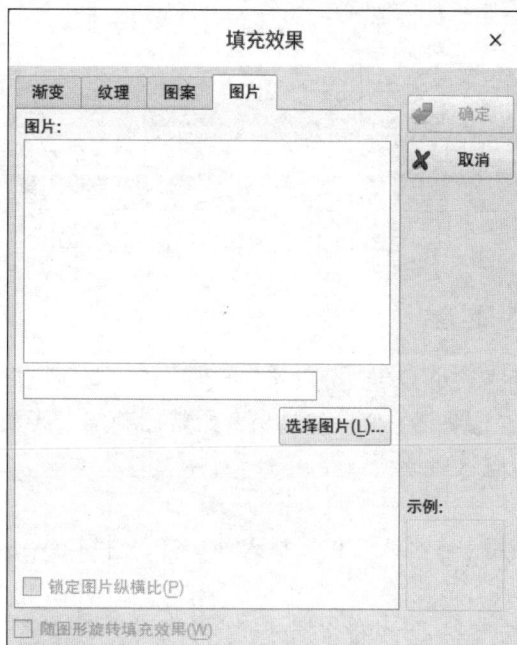

图 10-55　填充效果

3. 设置其他背景

除了纯色背景、图片背景,用户还可以根据实际情况需要为文档设置渐变、纹理、图案背景。在"背景"下拉菜单中,选择"其他背景"命令,打开附加菜单,选择需要添加的"渐变""纹理"或者"图案"背景,打开如图 10-55 所示的"填充效果"对话框,选择背景效果,单击"确定"按钮完成设置。

4. 添加水印

如果需要标识文档来源,保护文档版权等工作,用户可以在文档中添加水印,具体操作如下。打开"背景"下拉菜单,选择"水印"命令,在附加菜单中选择水印类型,单击后可以自动添加预设水印。如需要自定义水印类型,需要选择"自定义水印"或者"插入水印"命令,打开如图 10-56 所示的"水印"对话框,添加需要添加的图片水印或文字水印,进行水印格式设置,单击"确定"按钮完成水印添加。

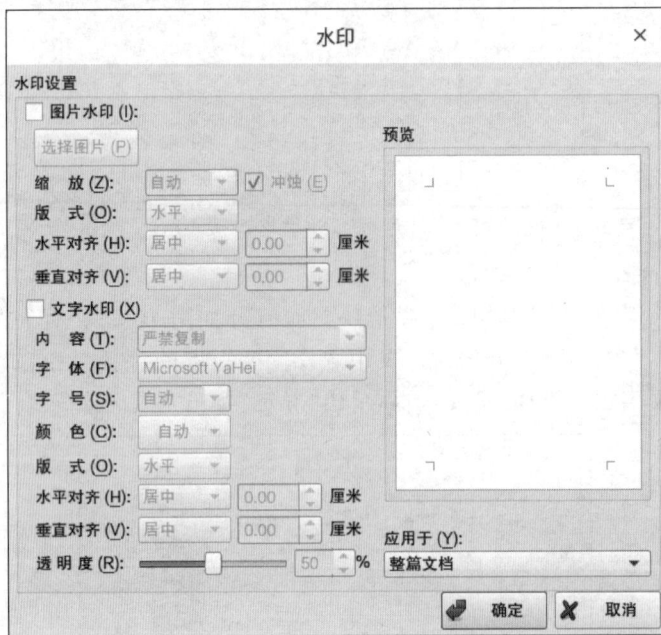

图 10-56　"水印"对话框

10.5.2　页面布局设置

建立新文档时,对纸张大小、方向、分隔符、页码及其他选项应用默认的设置值,但是根据需要用户也可随时改变这些设置值。如果从开始就已确定了要设置的文档外观,那么在建立文档之前,就可以设置这些选项。

1. 设置分隔符

WPS 文字的分隔符用来在插入点位置插入分页符、分栏符或分节符等。

(1) 设置分节符。

通过在文档中插入分节符,可以将文档分成多个部分。每个部分可以有不同的页边距、页眉页脚、纸张大小等不同的页面设置。在文档中插入分节符的步骤如下。

将光标定位到准备插入分节符的位置,然后切换到"插入"功能区,单击"分页"按钮下的

下拉菜单,在打开的分隔符列表中,"分节符"区域列出 4 种不同类型的分节符,选择合适的
分节符插入文档中即可,如图 10-57 所示。

下一页分节符:插入分节符,在下一页上开始新节。

连续分节符:插入分节符,在同一页上开始新节。

偶数页分节符:插入分节符,在下一偶数页上开始
新节。

奇数页分节符:插入分节符,在下一奇数页上开始
新节。

提示:一旦删除了分节符,也就删除了该分节符之前
的文本所应用的节格式,这一节就将应用其后面一节的
格式。

图 10-57 插入分节符

(2) 设置分页符。

分页符主要用于在文档的任意位置强制分页,使分页符后边的内容转到新的一页。它
不同于自动分页,分页符前后文档始终处于两个不同的页面中,不会随着字体、版式的改变
合并为一页。用户可以通过三种方式在文档中插入分页符。

将插入点定位到需要分页的位置,切换到"页面布局"功能区,在"页面布局"选项组中单
击"分隔符"按钮,并在打开的"分隔符"下拉列表中选择"分页符"选项即可。

将插入点定位到需要分页的位置,切换到"插入"功能区,单击"分页"按钮,并在打开的
"分隔符"下拉列表中选择"分页符"选项即可。

将插入点定位到需要分页的位置,按快捷键 Ctrl+Enter 插入分页符。

2. 设置页眉页脚

页眉可以包含文字或图形,通常在每一页的顶端,如公司的标志、章节的标题等;页脚
通常在页面的底端,如日期、单位地址等。页眉和页脚不属于文档的正文内容,如果设置了
页眉和页脚,WPS 文字会自动将页眉和页脚的内容应用到文档的每一页上。

(1) 插入页眉和页脚。

在文档窗口中切换到"插入"功能区,单击"页眉页脚"按钮,打开"页眉页脚"功能区,在
该功能区中选择合适的页眉或页脚样式即可。

(2) 编辑页眉和页脚。

默认情况下,文档中的页眉和页脚均为空白内容,只有在页眉和页脚区域输入文本或插
入页码等对象后,用户才能看到页眉或页脚。在文档中编辑页眉和页脚的步骤如下。

在文档窗口中切换到"插入"功能区,单击"页眉页脚"按钮,在页眉或页脚区域输入文本
内容,还可以在打开的"页眉页脚"功能区选择插入页码、日期和时间、页眉横线等对象。完
成编辑后单击"关闭"按钮即可。

(3) 在奇数和偶数页上添加不同的页眉和页脚。

在文档中双击页眉区域或页脚区域,打开"页眉页脚"功能区,在该功能区最左侧的选项
组中,单击右下角的"页面设置"按钮,打开如图 10-58 所示的"页面设置"对话框。在"页眉
和页脚"区域,选中"奇偶页不同"复选框,单击"确定"按钮返回 WPS 文字窗口。在其中一个
奇数页上,添加要在奇数页上显示的页眉或页脚;在其中一个偶数页上,添加要在偶数页上显
示的页眉或页脚。在"应用于"区域可以选择所做的设置是应用于"整篇文档"还是"本节"。

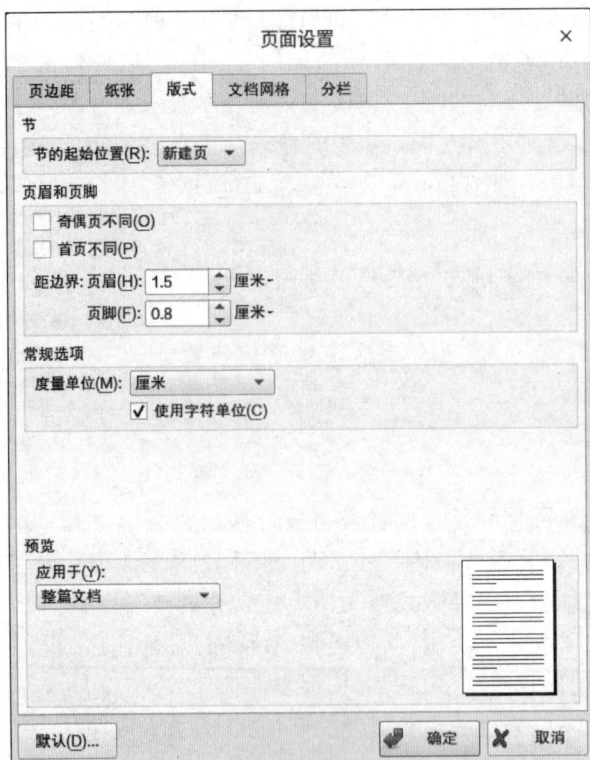

图 10-58 "页面设置"对话框

（4）在首页和奇偶页上建立不同的页眉和页脚。

在篇幅较长或比较正规的文档中,往往需要在首页、奇数页、偶数页使用不同的页眉或页脚,以体现不同页面的特色。操作如下。

在文档中双击页眉区域或页脚区域,打开"页眉页脚"功能区,在该功能区最左侧的选项组中,单击右下角的"页面设置"按钮,在如图 10-58 所示的"页面设置"对话框中的"页眉和页脚"区域,选中"首页不同"复选框,单击"确定"按钮即可。

3. 设置页码

在文档篇幅比较大或需要使用页码标明所在页的位置时,用户可以在文档中插入页码。默认情况下,页码一般位于页眉或页脚位置。

（1）页脚中插入页码。

在文档窗口中切换到"插入"功能区。在"页眉和页脚"选项组中单击"页码"按钮,或者单击下拉列表,并在打开的页脚下拉列表中选择需要插入的页码格式。在下拉列表中单击"页码"选项,打开如图 10-59 所示"页码"对话框,选择页码样式、页码位置等设置,单击"确定"按钮插入页码。

（2）设置页码格式。

切换到"插入"功能区中,在"页眉和页脚"选项

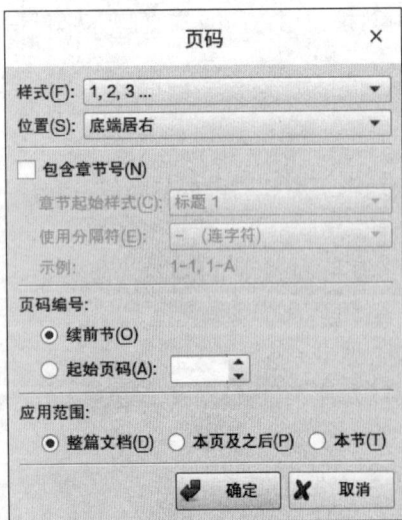

图 10-59 "页码"对话框

组中单击"页码"按钮下拉列表,并在打开的页脚下拉列表中选择需要插入的页码格式。若在下拉列表单击"页码"选项,则打开如图 10-59 所示"页码"对话框。在该对话框中,单击"样式"下拉三角按钮,在下拉列表中选择合适的页码数字格式。

如果当前文档包括多个章节,并且希望在页码位置能体现出当前章节号,可以选中"包含章节号"复选框。然后在"章节起始样式"列表中选择重新编号所依据的章节样式;在"使用分隔符"列表中选择章节和页码的分隔符。

如果在文档中需要从当前位置开始重新开始编号,而不是根据上一节的页码连续编号,则可以将插入点光标定位到需要重新编号的位置,然后在"页码编号"区域选中"起始页码"单选按钮,并设置起始页码。

4. 其他页面设置

文档的页面设置除了页的段落分隔符、分节符、页码、页眉和页脚等设置之外,还包括设置每页中的行数和每行中的字数、页边距、纸型和方向及纸张来源等。WPS 文字在建立新文档时,对这些选项都有默认的设置,用户可随时改变这些设置,如图 10-60 所示。

图 10-60　页面设置选项组

(1)设置文字方向。

通常文字的排版方式为水平排版,但是在中文的排版中也可以设置为竖排方式,操作如下。

选中需要设置排版方向的文字,在"页面布局"功能区中单击"文字方向"按钮,在下拉列表中选择"文字方向选项"命令,在打开的如图 10-61 所示的"文字方向"对话框,在该对话框中选择文字的排版方向,单击"确定"按钮即可完成设置。单击"应用于"右侧的下拉按钮,可以选择排版的应用范围,单击"确定"按钮,完成文字排版方向设置。

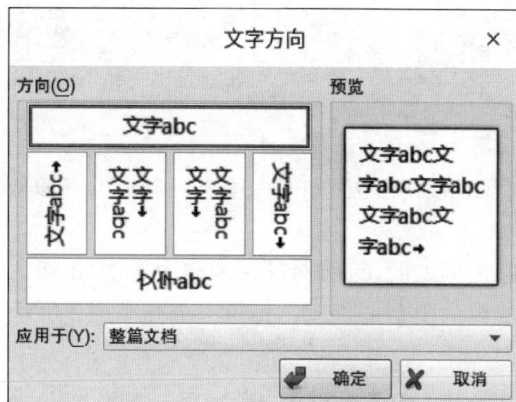

图 10-61　"文字方向"对话框

(2)设置页边距。

设置页边距可以使文档的正文部分跟页面边缘保持比较合适的距离。这样不仅可以使文档看起来更加美观,还可以达到节约纸张的目的。设置页面边距有以下三种方式。

切换到"页面布局"功能区,在"页面设置"选项组中单击"页边距"按钮,并在打开的常用页边距列表中选择合适的页边距。

　　切换到"页面布局"功能区，在"页面设置"选项组中找到"页边距"按钮，在其右侧输入框中分别输入需要设置的上、下、左、右页边距即可。

　　如果常用页边距列表中没有合适的页边距，可以在"页面设置"对话框自定义页边距设置。操作方法是在"页面设置"选项组中单击"页边距"按钮，并在打开的常用页边距列表中选择"自定义页边距"命令，在打开的如图 10-62 所示的"页面设置"对话框中切换到"页边距"选项卡，在"页边距"区域分别设置上、下、左、右的数值，单击"确定"按钮即可。

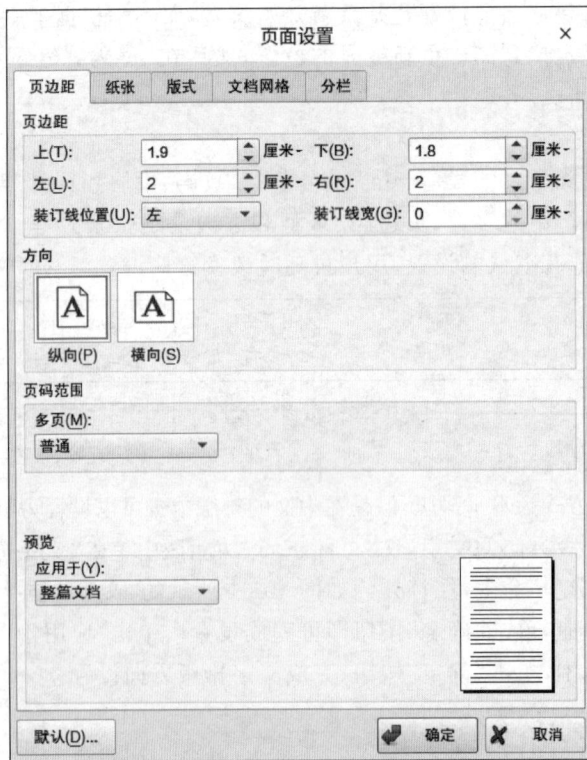

图 10-62　"页面设置"对话框

　　（3）设置纸张方向。

　　纸张方向包括"纵向"和"横向"两种方向。用户可以根据页面版式要求选择合适的纸张方向。操作如下。

　　切换到"页面布局"功能区，在"页面设置"选项组中单击"纸张方向"按钮，并在打开的纸张方向菜单中选择横向或纵向类型的纸张。也可在如图 10-62 所示的"方向"区域中设置纸张方向。

　　（4）设置纸张大小。

　　用户可以通过两种方式设置纸张大小。

　　切换到"页面布局"功能区，在"页面设置"选项组中单击"纸张大小"按钮，并在打开的纸张大小列表中选择合适的纸张即可。

　　上述的纸张大小列表中只提供了最常用的纸张类型，如果这些纸张类型均不能满足用户的需求，可以在页面设置对话框中选择更多的纸张类型或自定义纸张大小。方法是在"页面布局"功能区的"页面设置"选项组中单击其右下角的"页面设置"按钮，在打开的如图 10-58

所示的对话框中切换到"纸张"选项卡,在"纸张大小"区域单击"纸张大小"下拉三角按钮选择更多的纸张类型,或者自定义纸张尺寸,如图 10-63 所示。在"纸张来源"区域可以为文档的首页和其他页分别选择纸张的来源方式,这样使得文档首页可以使用不同于其他页的纸张类型(尽管这个功能并不常用)。单击"应用于"下拉三角按钮,在下拉列表中选择当前纸张设置的应用范围。默认作用于"整篇文档"。如果选择"插入点之后",则当前纸张的设置仅作用于插入点所在位置之后的页面。

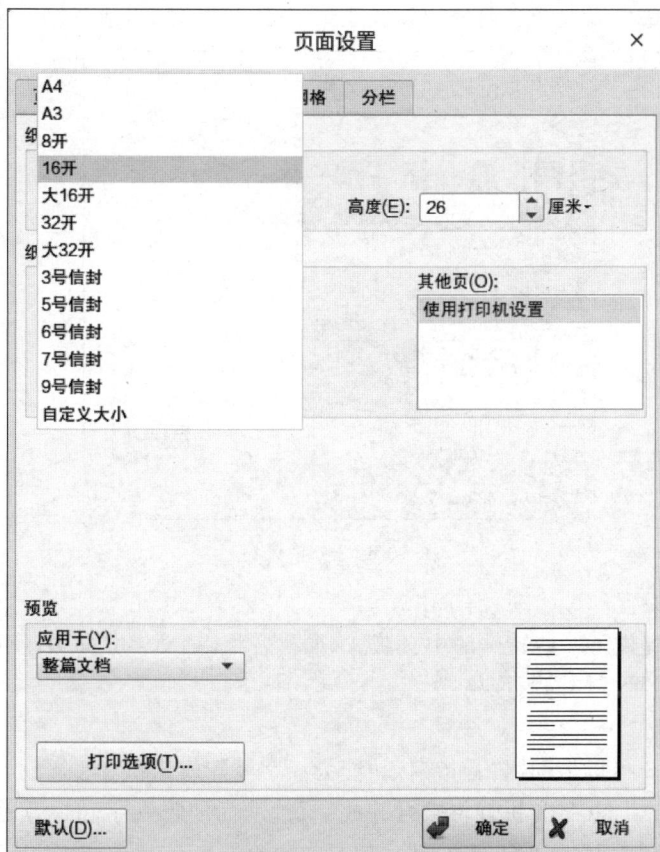

图 10-63　纸张设置

5. 设置分栏

分栏就是将文档全部页面或选中的内容设置为多栏,从而呈现出报刊、杂志中经常使用的多栏排版页面。默认情况下,WPS 文字提供 5 种分栏类型,即一栏、两栏、三栏、偏左、偏右。用户可以根据实际需要选择合适的分栏类型。

(1)选择分栏类型。

在文档中选中需要设置分栏的内容,如果不选中特定文本则为整篇文档或当前节设置分栏。在"页面布局"功能区的"页面设置"选项组中单击"分栏"按钮,并在打开的分栏列表中选择合适的分栏类型。其中,"偏左"或"偏右"分栏需要单击"更多分栏",在打开的如图 10-64 所示的"分栏"对话框中设置,是指将文档分成两栏,且左边或右边栏相对较窄。

(2)自定义分栏。

如果上述分栏类型无法满足用户的实际需求,可以在"分栏"对话框中进行自定义分栏,以获取更多的分栏选项。方法是：将鼠标光标定位到需要设置分栏的节或者选中需要设置分栏的特定文档内容，在"页面布局"功能区的"页面设置"选项组中单击"分栏"按钮，并在打开的分栏菜单中选择"更多分栏"命令，打开"分栏"对话框，如图 10-64 所示，在"栏数"编辑框中输入分栏数；选中"分隔线"复选框可以在两栏之间显示一条直线分隔线；如果选中"栏宽相等"复选框，则每个栏的宽度均相等，取消勾选"栏宽相等"复选框可以分别为每一栏设置栏宽；在"宽度和间距"编辑框中设置每个栏的宽度数值和两栏之间的距离数值，在"应用于"下拉列表框中可以选择当前分栏设置应用于全部文档或当前节。

图 10-64　分栏设置

6. 中文版式设置

WPS 文字中提供了一些特殊的中文版式，如拼音指南、文字方向、首字下沉等版式。应用这些功能可以设置不同的版面格式。

（1）添加拼音。

在文档中，用户可以借助"拼音指南"功能为汉字添加汉语拼音。默认情况下，拼音会被添加到汉字的上方，且汉字和拼音将被合并成一行，从而使得汉字和拼音的字号很小，因此常常需要将拼音添加到汉字的右侧。方法如下。

选中需要添加汉语拼音的汉字，在"开始"功能区的"字体"选项组中单击"拼音指南"按钮，打开如图 10-65 所示的"拼音指南"对话框，确认所选汉字的读音正确，单击"确定"按钮。

提示：如果在"拼音指南"对话框中先应用"组合"按钮，再按照上述步骤操作，则被选中的汉字组合成一体后再添加拼音。

（2）首字下沉。

首字下沉是指将文档中段首的一个文字放大，并进行"下沉"或"悬挂"效果的设置，以凸显段落或整篇文档的开始位置。操作如下。

将插入点光标定位到需要设置首字下沉的段落中，切换到"插入"功能区，在"文本"选项组中单击"首字下沉"按钮，打开如图 10-66 所示的"首字下沉"对话框，在对话框中单击"下沉"或"悬挂"选项，设置段落显示效果。如果需要设置下沉文字的字体或下沉行数等选项，可以在"选项"区域中选择字体或设置下沉行数。完成设置后单击"确定"按钮即可。

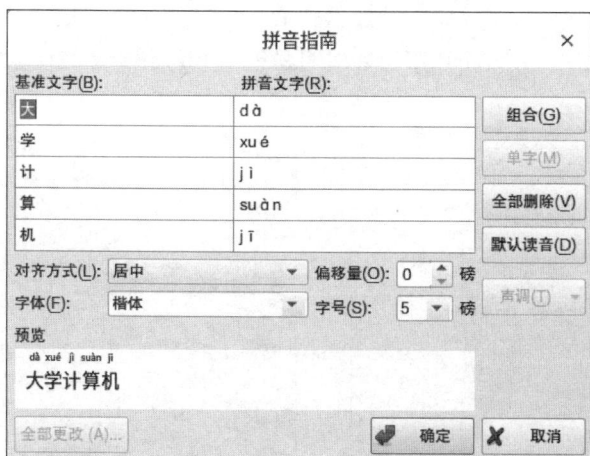

图 10-65 "拼音指南"对话框

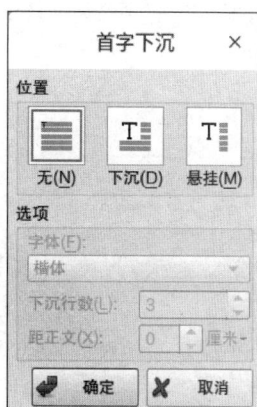

图 10-66 "首字下沉"对话框

10.6 WPS 文字的高级编辑

10.6.1 邮件合并

如果用户需要借助 WPS 文字去创建一组内容相似的文档,则可以尝试邮件合并功能。例如,老师需要向各位同学发送成绩单,则在所有的发送文件中除了学号、姓名和各科成绩存在差异之外,其余套用信函的内容完全相同。类似于这样的文档创建工作,就可以应用邮件合并。常规方法是将一个主文档与一个数据源合并而成。

1. 编辑主文档

主文档就是用来存放固定内容的文档,如同一般文档的编辑。以编辑"期末成绩单"为例,主文档内容如图 10-67 所示。

同学	期末成绩单			
语文	数学	英语	物理	化学

图 10-67 主文档内容

2. 编辑数据源文档

数据源则用于存放需要变化的内容。合并时 WPS 文字会将数据源中的内容插入主文档的合并域中,这样就可以产生以主文档为模本的不同文本内容。

(1) 打开数据源。

在文档中切换到"引用"功能区,单击"邮件"按钮,在打开的"邮件合并"功能区中选择"打开数据源"命令。在打开的"选取数据源"对话框中,选中需要导入的数据源文件,单击"打开"按钮,导入数据源。

(2) 输入联系人记录。

导入数据源后,单击"邮件合并"功能区的"收件人"按钮,在弹出的如图 10-68 所示的"邮件合并收件人"对话框中,选择需要添加的邮件合并收件人,单击"确定"按钮完成添加。

3. 向主文档插入合并域

(1) 插入合并域。

通过"插入合并域"功能可以将数据源引用到主文档中,操作如下。

打开文档,将插入点光标移动到需要插入域的位置。切换到"邮件合并"功能区,在"编写和插入域"选项组中单击"插入合并域"按钮,打开如图 10-69 所示的"插入域"对话框,在

"域"列表中选中合适的域并单击"插入"按钮,完成插入域的操作后,在图 10-69 的"插入域"对话框中"取消"按钮将变成"关闭"按钮,单击"关闭"按钮即可将域插入相应位置。

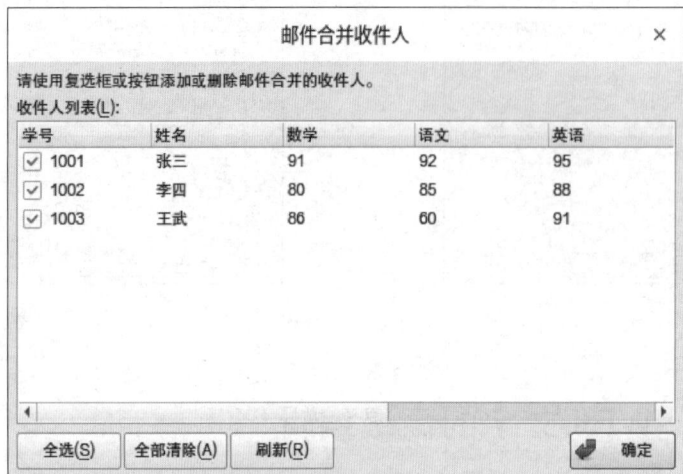

图 10-68 "邮件合并收件人"对话框

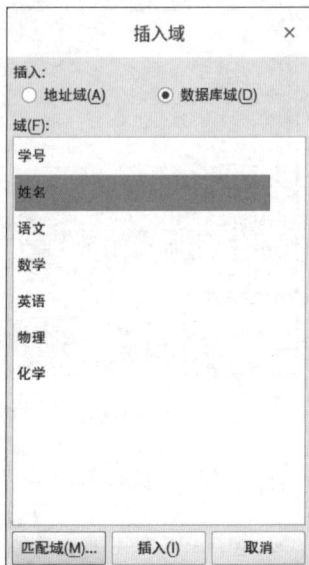

图 10-69 "插入域"对话框

图 10-70 插入合并域后的文档内容

返回文档窗口,结果如图 10-70 所示。在"预览结果"分组中单击"预览结果"按钮可预览完成合并的结果。

4. 完成并生成多个文档

在文档插入了合并域后,为了确保制作的文档正确无误,在最终合并前应该先预览一下结果。单击"查看合并数据"按钮可以看到合并后的内容。在确认文档正确无误后,就可以对文档完成最终的制作了。操作如下。

单击"合并到不同新文档"按钮,在打开的如图 10-71 所示的"合并到不同新文档"对话框中,编辑文件名、文件类型、文件位置等信息,选择合并所有的记录或者选择记录范围(如 1～10 号记录),单击"确定"按钮完成合并。合并后的文档如图 10-72 所示。

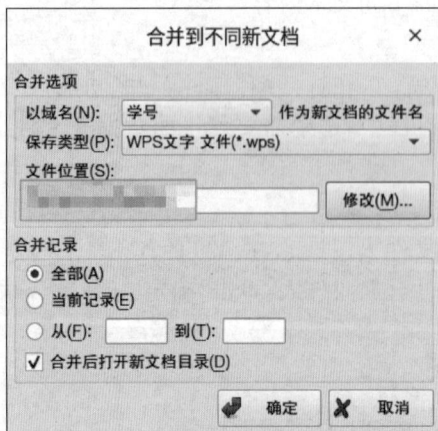

图 10-71 合并到不同新文档

图 10-72 文档合并结果(首记录)

10.6.2 自动生成目录

排版一本书或一份篇幅较长的文档之后,需要生成目录。通过浏览目录可以方便地查找文档中的部分内容或是快速预览全文结构。利用 WPS 文字自动生成目录方法如下。

1. 应用样式

WPS 文字中内置了很多样式,用户可以根据需要直接使用。首先打开需要设置样式的文档,选择要在目录中显示的标题,切换到"开始"功能区,在"样式"选项组中选择需要的样式。一般常用的目录是三级形式,因此文档中主要是用到标题 1、标题 2、标题 3,用户可根据需要自行调整格式,包括字体、字号、段落间距等设置。

2. 插入目录

把光标移到需放置目录的位置,切换到"章节"功能区,单击"目录页"按钮,在打开的下拉列表中即可以选择需要的目录样式,也可以使用"自定义目录"功能,打开如图 10-73 所示的"目录"对话框,在打开的对话框中设置"制表符前导符""显示级别"等,单击"选项"按钮还可以进一步打开"目录选项"对话框,设置有效样式与目录级别之间的关系,单击"确定"按钮返回"目录"对话框,再单击"确定"按钮即可完成插入目录的操作。

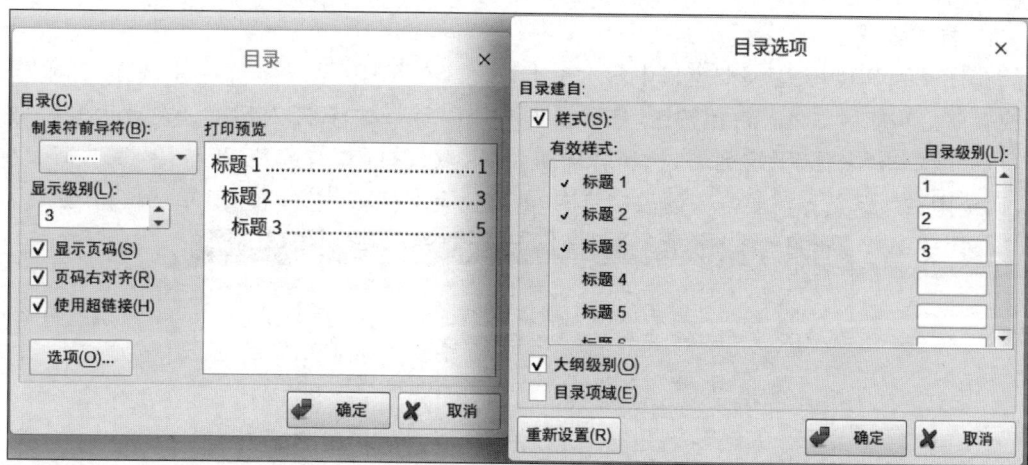

图 10-73 自定义目录

10.6.3 参考文献的引用

参考文献是在学术研究过程中,对某一著作或论文的整体的参考或借鉴。这里主要是指文章等写作过程中参考过的文献,需要在文章中标注。

文档中的"脚注"和"尾注"是一种解释性或说明性的文本,是提供给文档正文的参考资料。一般脚注是作为对正文的说明,出现在文档中每一页的末尾;而尾注是作为整个文档的引用文献,位于整篇文章的末尾。

"脚注"和"尾注"由相互连接的注释引用标记和其对应的注释文本两个部分组成。引用标记由 WPS 文字自动编号,也可以创建自定义标记。标记通常采用阿拉伯数字(1,2,3,…)或中文数字(一,二,三,…),也可以采用英文字母形式。"脚注"和"尾注"的标记是连续编号的,在添加、删除或移动自动编号的注释时,WPS 文字将自动对引用注释标记重新编号。

1. 设置脚注和尾注

将插入点移到要插入脚注或尾注的位置,切换到"引用"功能区,单击"脚注"或"尾注"按钮,此时在文档需插入脚注或尾注的字符后面已插入了编号为"1"的引用标记(当选择的是"自动编号"时),同时在该页的底端或整个文档的末尾显示一条水平线,为注释分隔符。在分隔符下部的窗口中,可以输入注释文本。

2. 查看脚注和尾注

在 WPS 文字中,查看脚注和尾注文本的方法很简单,可将鼠标指向文档中的注释引用标记,注释文本将出现在标记上。用户也可以双击注释引用标记,将焦点直接移到注释区,即可以查看注释。

选定要删除的引用标记,然后按 Delete 键即可实现脚注或尾注的删除。

10.7 文档打印

WPS 办公组件的文档打印功能基本相似,此处以 WPS 文字为例,介绍 WPS 办公组件打印文档的基本操作。

1. 打印设置

在打开的 WPS 文字文档窗口中依次单击"文件"在其打开的下拉菜单中选择"打印"选项或者单击功能区"打印"快捷按钮,打开如图 10-74 所示的"打印"对话框。在对话框的"打印机"区域单击"名称"下拉列表,选择打印机,如需双面打印,勾选"双面打印"复选框。在"页码范围"区域,选择需要打印的内容范围,如需要全部打印,选择"全部"单选按钮,如只需

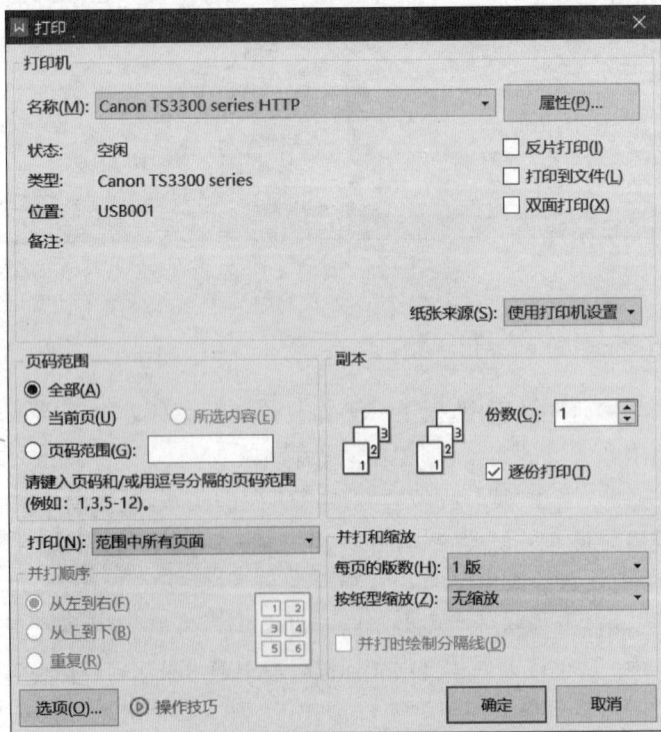

图 10-74 "打印"对话框

要打印当前页,选择"当前页"单选按钮,如需要此外的特定页面,在"页码范围"文本框输入需要打印的页码(如 1,2,3;1-9),单击"打印"下拉列表,选择打印"范围中的所有页面""奇数页"或"偶数页"。在"副本"区域,在"份数"文本框输入需要打印的文档份数。

如需要在一页纸中打印多版文档,需要使用并打功能。在"并打和缩放"区域选择"每页的版数",如"4 版";选择"按纸型缩放",如"A4",在"并打顺序"区选择"从左到右""从上到下"或"重复"单选按钮,确定并打顺序,单击"确定"按钮开始打印。

2. 打印预览与打印

在打开的 WPS 文字文档窗口中依次单击"文件",在其下拉菜单中选择"打印"选项中的"打印预览"按钮或者单击功能区"打印预览"快捷按钮,打开如图 10-75 所示的"打印预览"窗口。在该状态下,用户可以查看在上一步中设置的文档打印内容,可以快捷调整打印机、打印份数和打印方向等内容,单击"直接打印"按钮进行文档打印,单击下拉列表,选择"打印"命令,打开如图 10-74 所示的"打印"对话框,用户可以再次对文档打印内容进行设置,单击"确定"按钮进行打印。单击"关闭"按钮退出打印预览窗口。

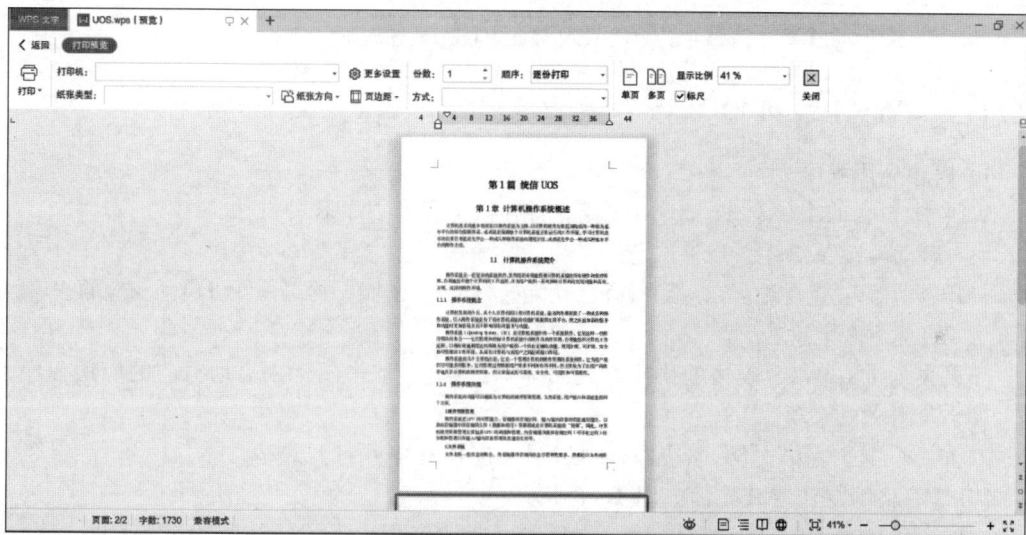

图 10-75　打印预览

第 11 章　WPS 表格应用

电子表格处理软件的主要功能是对电子数据进行处理和管理。它不仅包括电子表格的制作和电子数据的存储，而且可以利用公式对数据进行复杂运算，并生成可视化数据。WPS 表格是 WPS 办公套装软件的一个重要的组成部分。利用它可以进行各种数据的处理、统计分析和辅助决策等操作。工作簿是 WPS 表格的数据文件，一个工作簿中可以容纳多张工作表，在 WPS2019 中以 .et 为工作簿的扩展名，工作表是 WPS 表格的主界面。

11.1　认识 WPS 表格

11.1.1　WPS 表格的启动与退出

1. 启动应用程序

WPS 中包含的组件众多，启动方式基本相同，主要有以下几种方法。

（1）启动器菜单启动。

打开启动器，在菜单中可以看到所有已安装的组件，单击需要的组件即可启动相应的程序。

（2）快捷方式启动。

如果桌面上有 WPS 表格的快捷方式图标，可以通过双击图标来启动对应的应用程序。

（3）常用文档启动。

双击一个电子表格文件，系统同样可以启动应用程序并打开表格。

WPS 表格的默认打开界面如图 11-1 所示。

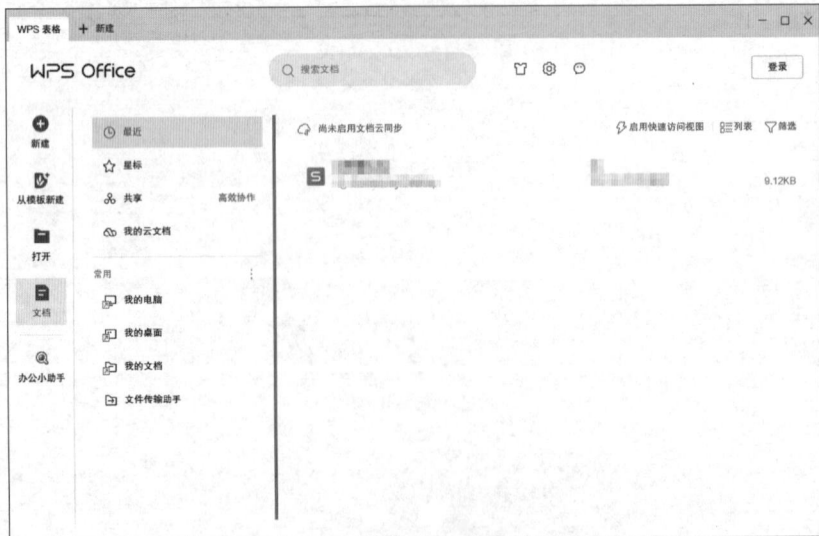

图 11-1　WPS 表格默认界面

2. 退出应用程序

以下几种方法均可退出应用程序。

（1）单击 WPS 表格右上角标题栏上的"关闭"按钮。

（2）在 WPS 表格中单击"文件"，打开菜单，单击"退出"。

（3）使用快捷键 Alt＋F4。

11.1.2 WPS 表格工作界面

启动 WPS 表格应用程序后，屏幕上会出现如图 11-2 所示的工作窗口。它主要由标题栏、功能区、标尺、状态栏和文档编辑区等部分组成。

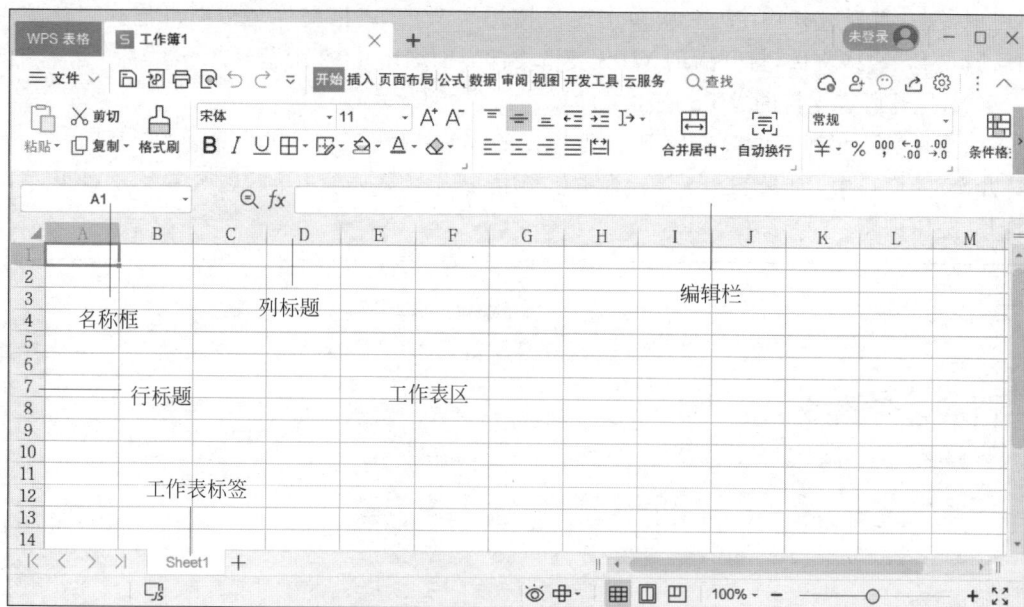

图 11-2 WPS 表格工作窗口

（1）名称框：用来显示活动单元格的地址。

（2）编辑栏：默认在工具栏的下方，用来显示活动单元格中的数据、公式和文本。

（3）行、列标题：用来定位单元格。

（4）工作表区：用来记录数据的区域。

（5）工作表标签：用来显示工作表的名称。

（6）功能区部分与 WPS 文字类似，略。

与 WPS 文字相同，窗口上方看起来像菜单的名称其实是功能区的名称，单击这些名称就会切换到与之相对应的功能区面板。每个功能区根据功能的不同又分为若干个组，下面简要介绍与 WPS 文字不同的功能区所拥有的功能。

1. "公式"功能区

此功能区中包括函数库、定义的名称、公式审核和计算 4 个选项组，该功能区主要用于帮助用户对电子表格中的电子数据进行处理，是用户最常用的功能区。

2. "数据"功能区

此功能区主要包括数据透视表、自动筛选、排序、数据工具、分级显示等选项组，主要用于对电子表格中的电子数据的分析与可视化。

11.1.3 表格的打开与保存

1. 打开表格

打开表格是指将保存在磁盘上的电子表格文件、其他版本的表格或用其他软件创建的其他表格调入内存并显示在窗口中。WPS 表格中打开文档有以下几种情况。

（1）打开最近使用的表格文件。

在 WPS 表格中默认会显示最近打开或编辑过的表格，显示文件与系统设置有关，可以在 WPS 表格的"设置"中关闭。打开最近使用的文档，操作步骤为：单击"文件"，在其下拉菜单中指向"打开"选项，在列表中单击准备打开的 WPS 表格文件名称即可打开"打开"选项后的 WPS 表格文件，打开后的 WPS 表格文件界面如图 11-2 所示。

（2）打开所有支持的 WPS 表格文件。

如果在"最近"列表中没有找到想要打开的 WPS 表格文件，用户单击"打开"选项，在"打开文件"窗口中，如图 11-3 所示，根据实际情况选择需要打开的 WPS 表格文件并单击"打开"按钮即可。

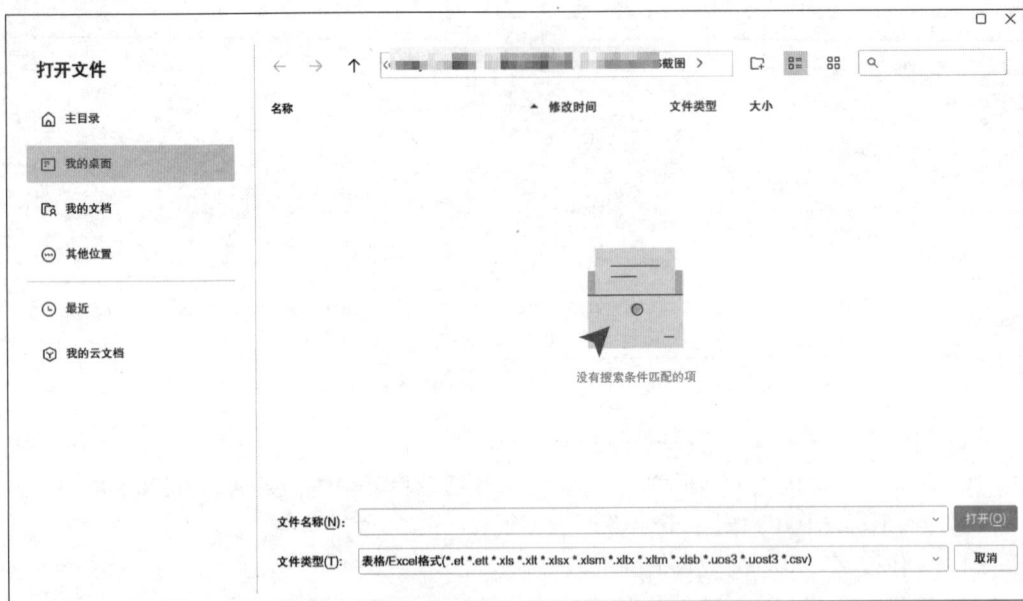

图 11-3 "打开文件"窗口

2. 保存表格

在对表格进行首次保存时，必须要给它命名、确定类型，并要决定其存放路径。默认情况下，使用 WPS 表格编辑的电子表格会保存为 ＊.et 格式的文件。

（1）将文档保存为.xlsx 文件。

WPS 表格文件是.et 格式的文件，与.xlsx 格式有所不同，如果需要将 WPS 表格编辑的表格保存格式设置为.xlsx 文件，可单击"文件"，在其下拉菜单中选择"另存为"选项，在打开的如图 11-4 所示的"另存文件"窗口中单击"文件类型"下拉三角按钮，并在打开的下拉菜单中选择"Microsoft Excel 文件(＊.xlsx)"选项，单击"保存"按钮即可。

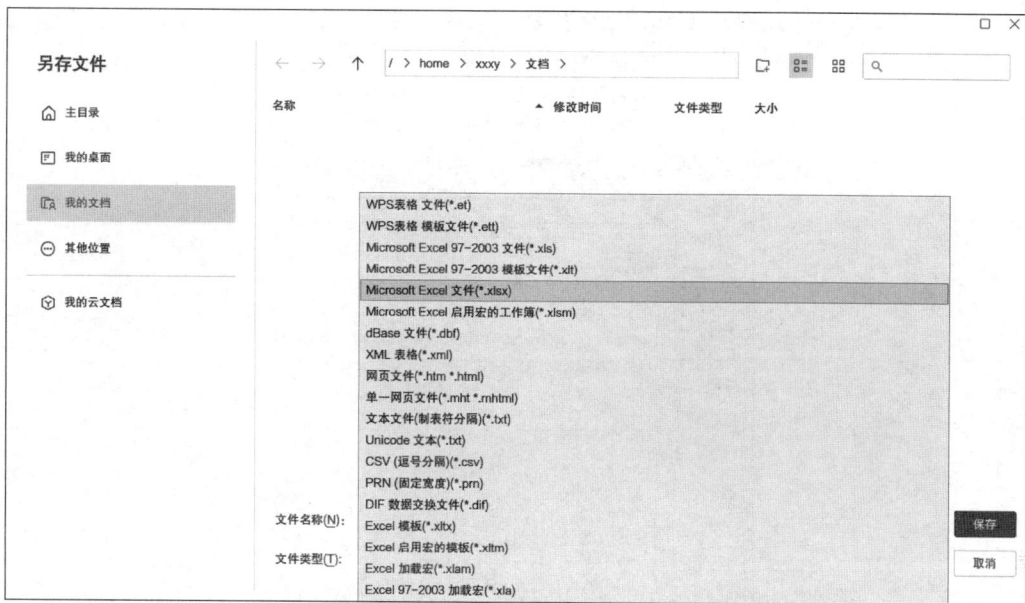

图 11-4 "另存文件"窗口

（2）将 WPS 表格文件直接保存为 PDF 文件。

WPS 表格具有直接将电子表格另存为 PDF 文件的功能，具体操作是在打开的 WPS 表格窗口中单击"文件"，在其下拉菜单中单击"输出为 PDF"选项，打开如图 11-5 所示的"输出 PDF 文件"对话框，在该对话框中，选择 PDF 文件的保存位置并输入 PDF 文件名，然后单击"确定"按钮即可。

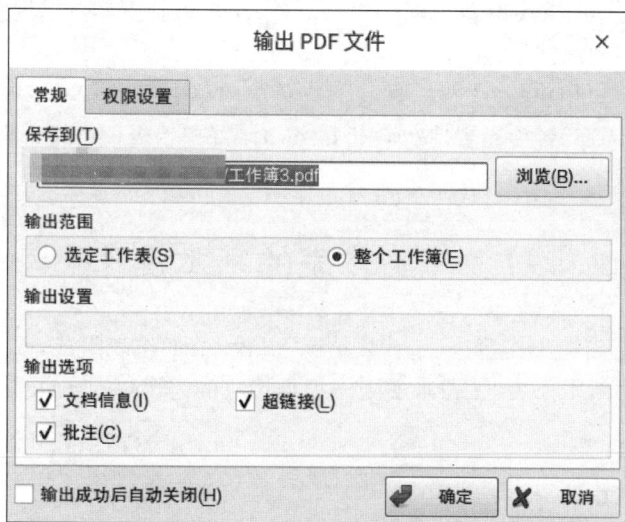

图 11-5 输出 PDF 文件

（3）设置 WPS 表格文件属性信息。

WPS 表格文件的属性信息包括作者、标题、主题、关键字、类别、状态和备注等项目，关键字属性属于 WPS 表格文件属性之一。用户通过设置 WPS 表格文件属性，将有助于管理文档。在打开的 WPS 表格窗口中单击"文件"，在其下拉菜单中单击"文档加密"，在其级联菜单中选择"属性",打开如图 11-6 所示的"表格文件属性"对话框,在该对话框中切换到"摘要"选项卡,分别输入作者、单位、类别、关键字等相关信息,并单击"确定"按钮即可。

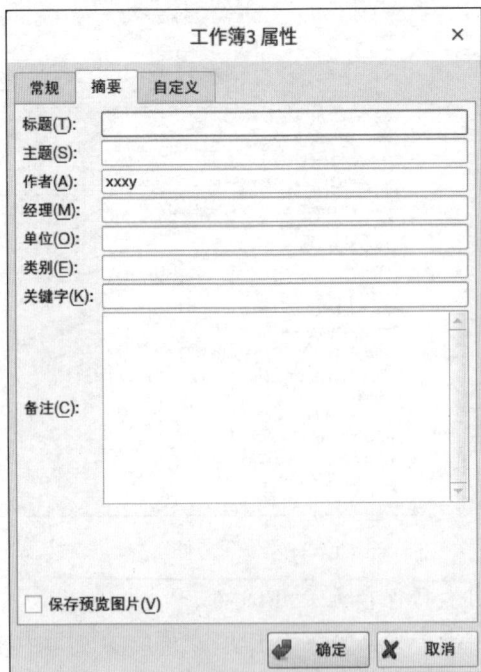

图 11-6　"表格文件属性"对话框

(4) 设置自动保存时间间隔。

WPS 表格默认情况下实时备份电子表格文件,用户可根据实际情况设置自动保存时间间隔,操作如下。

在 WPS 表格窗口中单击"文件",在其下拉菜单中单击"选项"命令,在打开的"选项"对话框的左侧窗格中选择"备份设置"选项卡,在"定时备份"编辑框中设置合适的数值,并单击"确定"按钮即可。

11.2　工作表的基本操作

利用 WPS 表格创建工作簿以后,默认情况下由一个工作表组成,改变工作簿中工作表的个数可通过单击"新工作表"按钮来实现。根据用户的需要可对工作表选取、删除、插入和重命名。

11.2.1　选定工作表

工作簿通常由多个工作表组成。如果想对单个或多个工作表进行操作,则必须选取工作表。工作表的选取通过鼠标单击工作表标签栏进行。

鼠标单击要操作的工作表标签,该工作表内容出现在工作簿窗口,标签栏中相应标签变为白色,名称下出现下画线。当工作表标签过多而在标签栏显示不下时,可通过标签栏滚动按钮前后翻阅标签名。

选取多个连续工作表,可先单击第一个工作表,然后按 Shift 键单击最后一个工作表;选取多个非连续工作表则通过按 Ctrl 键单击选取;选取工作簿中所有的工作表则在任意工作表标签上右击鼠标选择"选定全部工作表"命令即可。

多个选中工作表组成一个工作组,在标题栏中出现"[工作组]"字样。选定工作组的好处是:在其中一个工作表的任意单元格中输入数据或设置格式,在工作组其他工作表的相同单元格中将出现相同数据或相同格式。显然如果想在工作簿多个工作表中输入相同数据或设置相同格式,设置工作组将可节省不少时间。

工作组的取消可通过鼠标单击工作组外任意一个工作表标签来进行。

11.2.2 切换工作表

如果用户经常编辑几个工作表,就需要在不同的工作表之间进行切换,以便完成各个工作表中数据的编辑与处理工作。切换工作表有如下几种方法。

(1) 单击鼠标:直接单击需要编辑的工作表标签。

(2) 利用切换工作表功能:在工作表标签导航按钮上单击切换工作表按钮(省略号形状,该按钮在工作表较多的情况下才会出现),在弹出的快捷菜单中选择需切换的工作表名称,如图 11-7 所示。

图 11-7　切换工作表

(3) 利用工作表标签按钮:利用工作表标签导航按钮可以达到当前工作表的前一张、后一张、第一张和最后一张工作表。

(4) 利用快捷键:按 Ctrl＋PageUp 组合键可切换到前一张工作表,按 Ctrl＋PageDown 组合键可切换到后一张工作表。

11.2.3 插入和删除工作表

如果用户想在某工作表前插入一空白工作表或删除工作表,则操作方法如下。

(1) 只需单击该工作表(如 Sheet1),然后右击鼠标,在弹出的快捷菜单中选择"插入工作表"命令,则会打开"插入工作表"对话框,在该对话框中可以设置插入的工作表数目和插入位置,插入位置选择"当前工作表之前"即可在"Sheet1"之前插入一空白的新工作表,且成为活动工作表,如图 11-8 所示。

图 11-8　插入和删除工作表

(2) 如果想删除整个工作表,只要选中要删除工作表的标签,然后右击鼠标,在弹出的快捷菜单中选择"删除工作表"命令即可。删除工作组的操作与之类似。

提示:工作表被删除后不可用"常用"工具栏的"撤销"按钮恢复,所以要慎重。

11.2.4 重命名工作表

工作表初始名字为 Sheet1,Sheet2,…如果一个工作簿中建立了多个工作表时,显然希望工作表的名字最好能反映出工作表的内容,以便于识别。重命名工作表有以下方法。

(1) 先用鼠标双击要命名的工作表标签,工作表名将突出显示,再输入新的工作表名,按 Enter 键确定。

(2) 先用鼠标单击要重命名的工作表标签,并右击鼠标,在弹出的快捷菜单中选择"重命名"命令,再输入新的工作表名,按 Enter 键确定,如图 11-8 所示。

11.2.5 移动与复制工作表

在实际运用中,为了更好地共享和组织数据,常常需要复制或移动工作表。复制和移动既可在工作簿之间又可在工作簿内部。

（1）使用鼠标复制或移动工作表。

工作簿内工作表的复制或移动用鼠标操作较为方便。如果想完成复制操作，需按住
Ctrl 键，鼠标单击源工作表如 Sheet1，按住鼠标左键拖曳，这
时鼠标光标变成一个右下角带有一个加号小表格的箭头，拖
曳要复制的工作表标签到目标工作表如 Sheet3 上放手，则
Sheet1 将复制到 Sheet3 之前。如果想执行移动操作，则不
用按 Ctrl 键，直接拖曳即可，此时光标变成一个没有加号的
小表格。

（2）对工作表的操作还可通过快捷菜单来进行。

方法是：鼠标右击要操作的工作表，在弹出的快捷菜单
中选择"移动或复制工作表"命令，打开如图 11-9 所示的"移
动或复制工作表"对话框，在该对话框中选择目标工作簿并
设置移动或复制后的位置，如果想复制工作表则选中"建立
副本"复选框，否则执行的是移动操作。最后单击"确定"按
钮即可。

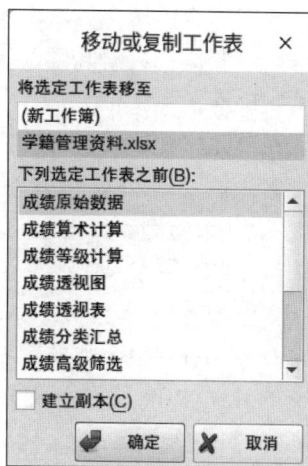

图 11-9　移动或复制工作表

11.2.6　隐藏或显示工作表

为了防止重要的数据信息外泄，可以将含有重要信息的工作表隐藏起来。选中需要隐
藏的工作表，然后右击，在弹出的下拉菜单中选择"隐藏工作表"命令，如图 11-8 所示。

若要取消隐藏，则可在任意工作表上右击鼠标，在弹出的快捷菜单中选择"取消隐藏工
作表"命令，在"取消隐藏"对话框中选择要取消隐藏的工作表，然后单击"确定"按钮即可。

11.3　表数据的基本操作

11.3.1　选定单元格区域

在任何时候，工作表中有且仅有一个单元格是激活的，鼠标单击单元格即可使单元格被
粗边框包围，此时输入数据即出现在该单元格中，该单元格又称为"当前单元格"。单元格的
选取是单元格操作中的常用操作之一，它包括单个单元格选取、多个连续单元格选取和多个
不连续单元格选取。

（1）选取单个单元格。

选取单个单元格即单元格的激活。除了用鼠标、键盘上的方向键外，在名称框中输入单
元格地址（如 B26），也可选取单个单元格。

（2）选取多个连续单元格。

拖曳鼠标可使多个连续单元格被选取；或者用鼠标单击要选区的左上角单元，按住
Shift 键再用鼠标单击右下角单元；或在名称框中输入起止单元格地址（如 B2：E6），也可选
取多个连续单元格。

（3）选取多个不连续单元格。

用户可选择一个区域，再按住 Ctrl 键，然后选择其他区域。

提示：在工作表中任意单击一个单元格即可取消单元区域的选取。

11.3.2 数据输入

在工作表中用户可以输入两种数据：常量和公式，两者的区别在于单元格内容是否以等号(＝)开头。数据既可以从键盘直接输入，也可以自动输入，通过设置还可以在输入时检查其正确性。

在单元格中输入结束后按 Enter 键、Tab 键、箭头键或用鼠标单击编辑栏中的"√"按钮均可确认输入，按 Esc 键或单击编辑栏中的"×"按钮可取消输入。输入的常量数据类型分为文本型、数值型和日期时间型。

(1) 文本输入。

WPS 表格文本包括汉字、英文字母、数字、空格及其他键盘能输入的符号。文本输入时向左对齐。有些数字如电话号码、邮政编码常常当作字符处理，此时只需在输入数字前加上一个单引号，WPS 表格将把它当作字符，沿单元格左对齐。当输入的文字长度超出单元格宽度时，如右边单元格无内容，则扩展到右边列；否则将截断显示。

(2) 数值输入。

数值除了由数字(0～9)组成的字符串外，还包括＋、－、E、e、$、/、%以及小数点(.)、千分位符号(,)、特殊字符(如 $ 50,000)等。另外，WPS 表格还支持分数的输入，输入时在整数和分数之间应有一个空格。当分数小于 1 时，例如 1/2，要写成 0 1/2，不写 0 会被 Excel 识别为日期 1 月 2 日。字符"￥"和"$"放在数字前会被解释为货币单位，如 $1.8。数值型数据在单元格中一律靠右对齐。

WPS 表格数值输入与数值显示未必相同，若输入数据太长，WPS 表格自动以科学记数法表示，如用户输入 123451234512，WPS 表格表示为 1.23E＋11，E 代表科学记数法，其前面为基数，后面为 10 的幂数。又如，单元格数字格式设置为带两位小数，此时输入三位小数，则末位将进行四舍五入。

(3) 日期时间数据输入。

WPS 表格内置了一些日期时间格式，当输入数据与这些相匹配时，WPS 表格将识别它们。常见日期时间格式为"mm/dd/yy""dd－mm－yy""yy/mm/dd""yy－mm－dd""yy 年 mm 月 dd 日""hh：mm(AM/PM)"，其中表示时间时，在 AM/PM 与分钟之间应有空格，如 7:20 PM，缺少空格将被当作字符数据处理。

提示：如果以"."分隔号来输入日期，如 2019.5.5，WPS 表格会将其识别为文本格式，而不是日期格式，在日期运算中是无法计算的。

(4) 输入有效数据。

用户可以预先设置选定的一个或多个单元格允许输入的数据类型、范围，以保证输入数据的有效性。例如，选取要定义有效数据的若干单元格，在"数据"功能区中单击"数据工具"选项组中的"有效性"按钮，打开如图 11-10 所示的"数据有效性"对话框，选择"设置"选项卡，在"允许"下拉列表框中选择允许输入数据类型，如"整数""时间"等；在"数据"下拉列表框中选择所需操作符，如"介于""不等于"等，然后在数值栏中根据需要填入上下限；选择"出错警告"选项卡，可进行警告信息的设置；单击"确定"按钮完成设置。

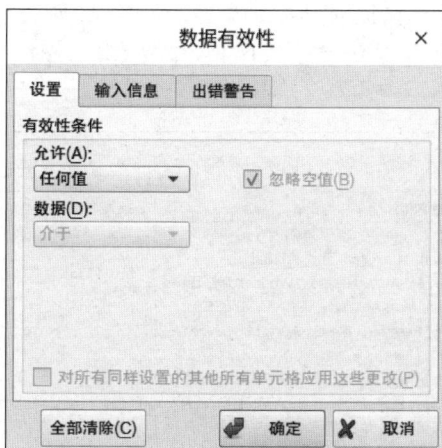

图 11-10　"数据有效性"对话框

11.3.3　数据自动填充

如果输入有规律的数据,可以考虑使用 WPS 表格的数据自动输入功能,它可以方便快捷地输入等差、等比直至预定义的数据填充序列。

1. 自动填充

根据初始值决定的填充值:将鼠标指针移至初始值所在单元格的右下角,鼠标指针变为实心十字形拖曳至填充的最后一个单元格,即可完成自动填充。拖曳可以由上往下或由左往右拖动,也可以反方向进行。

(1)单个单元格内容为纯字符、纯数字或是公式,填充相当于数据复制。

(2)单个单元格内容为文字数字混合体,填充时文字不变,最右边的数字递增。如初始值为 A1,填充为 A2…。

(3)单个单元格内容为 WPS 表格预设的自动填充序列中的一员,按预设序列填充。如初始值为一月,自动填充二月、三月、…。

(4)如果有连续单元格存在等差关系,如 1,3,5,…或 A1,A3,A5,…则先选中该区域,再运用自动填充可自动输入其余的等差值。

2. 产生一个序列

在单元格中输入初值并按 Enter 键,用鼠标单击选中第 1 个单元格或要填充的区域,在"开始"功能区的"编辑"选项组中单击"填充"按钮,在弹出的下拉菜单中选择"序列"命令,打开如图 11-11 所示的"序列"对话框,在该对话框的"序列产生在"栏中选中"行"或"列"单选按钮,在"类型"栏中选中所需要的类型单选按钮,单击"确定"按钮。

3. 自定义序列

单击"文件",在其下拉菜单中选择"选项",打开"选项"对话框,在该对话框中选择"自定义

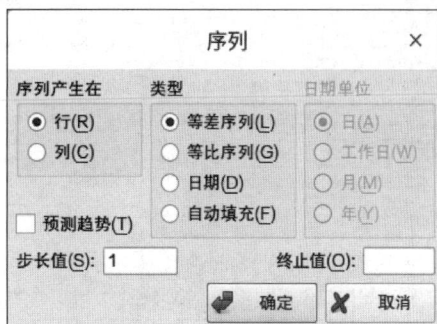

图 11-11　"序列"对话框

序列"命令,如图 11-12 所示。在该对话框的"自定义序列"列表框中选择"新序列",在右面的"输入序列"列表框中可以自定义需要的序列,定义好后,单击"添加"按钮,最后单击"确定"按钮即可。

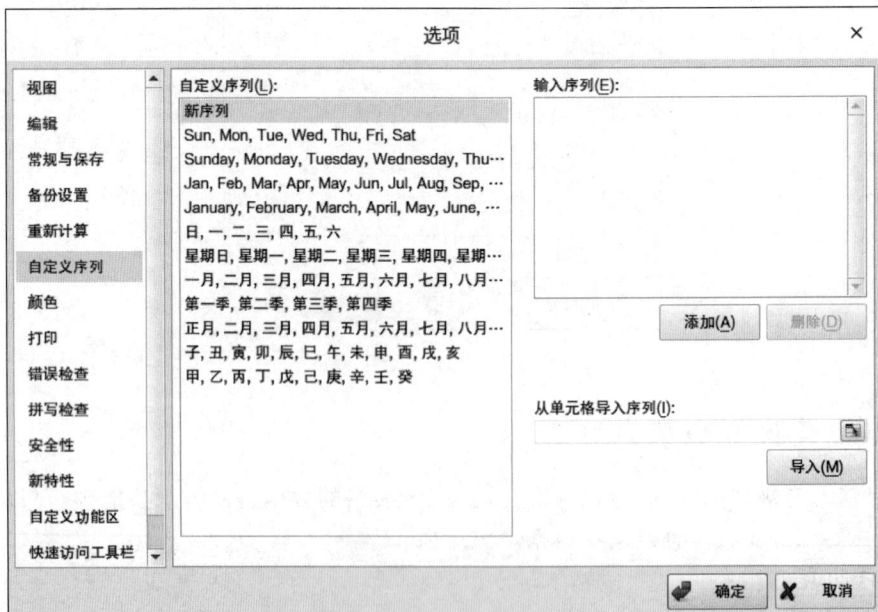

图 11-12 "选项"对话框

提示:序列中各项之间用英文的逗号加以分隔。

以"学籍管理资料"为例,建立工作簿。单击"文件",在其下拉菜单中选择"新建"命令,新建一个工作簿"学籍管理资料",在"成绩原始数据"工作表的单元格区域中输入相关内容后,如图 11-13 所示。

	A	B	C	D	E	F	G	H	I	J	K	L	M	N
1	学号	姓名	性别	出生日期	作业1	作业2	作业3	期中	平时	期末	总评	等级	离差	排名
2	1921430060	邵忻悦	女	2003/2/3	89	78	83	66		39				
3	2021240012	马悦	女	2004/4/5	78	88	78	54		89				
4	2421290061	赵仁彰	男	2006/2/8	67	86	90	55		89				
5	2421290062	路嘉骏	男	2004/5/21	45	88	92	39		78				
6	2421290063	周桐	男	2004/4/12	67	74	78	89		67				
7	2421290064	刘嘉宁	男	2003/11/23	83	76	88	89		45				
8	2421290065	孙玉杰	男	2003/12/30	78	66	86	78		67				
9	2421290066	池源恒	男	2002/9/1	90	54	88	67		85				
10	2421290067	赵紫骏	男	2003/9/1	92	55	74	45		84				
11	2421290068	牛怀正	男	2003/3/23	78	39	76	67		73				
12	2421290069	郭頔	男	2002/7/20	88	89	66	85		88				
13	2421290070	杨海容	男	2003/7/25	86	85	54	84		90				
14	2421290071	王怀远	男	2003/4/2	88	84	55	73		90				
15	2421290072	唐豫洲	男	2001/4/2	74	73	39	88		83				
16	2421290073	吴雅萱	女	2002/6/3	76	88	89	90		78				
17	2421290074	史雨萌	女	2001/8/13	66	90	89	90		90				
18	2421290075	张迪旸	女	2005/5/18	54	90	78	83		92				
19	2421290076	王雨萌	女	2004/10/27	55	89	67	78		78				
20	2421290077	韩湘	女	2004/1/14	39	78	45	90		88				
21	2421290078	陈安琪	女	2004/2/11	89	67	67	92		92				
22	2421290079	谢佳琪	女	2004/3/24	85	45	85	78		78				
23	2421290080	徐莉	女	2005/3/8	84	67	84	88		88				
24	2421290081	许雯凡	女	2005/8/14	73	83	73	86		86				
25	2421290082	任思宇	女	2006/7/23	88	78	88	88		88				
26	2421290083	吴一凡	女	2005/2/9	90	90	90	74		74				
27	2421290084	蒋叶敏	女	2005/4/8	90	92	90	76		76				
28														

图 11-13 "成绩原始数据"工作表

11.3.4 公式输入

每个公式均以"="开头,后跟运算式或函数式,公式中有运算符和数据参数。

(1) 运算符。

运算符包括算术运算符、关系运算符、文本运算等。

算术运算符:＋、－、*、/、、^、％等。

关系运算符:＝、＞、＜、＞＝、＜＝、＜＞。

文本运算符:＆。如"WPS"＆"表格"运算结果是"WPS 表格"。

引用运算符:":"号和","号。

":"(冒号):区域运算符,对两个引用之间的所有单元格进行引用。如 SUM(A3:F6),表示计算以 A3 到 F6 为对角线的矩形区域的数据的和。

","(逗号):联合运算符,将多个引用合并为一个引用。如 SUM(A3：B6,D8：G12),表示计算 A3 到 B6 和 D8 到 G12 两个矩形区域数据的和。

(2) 单元格引用。

用来参与运算的既可以是数字或字符串,也可以是引用某一个单元格的地址。若是采用地址引用,其实也是使用该单元格的值作为参数参与运算。

公式的复制可以避免大量重复输入公式的工作,复制公式时,若在公式中使用单元格和区域,应根据不同的情况使用不同的单元格引用。单元格引用分为相对引用、绝对引用和混合引用。

相对引用:WPS 表格中默认的单元格引用为相对引用,如 A1、A2 等。相对引用是当公式在复制时会根据移动的位置自动调节公式中引用单元格的地址。

绝对引用:在行号和列号前均加上"＄"符号,则代表绝对引用。公式复制时,绝对引用单元格将不随着公式位置变化而改变。例如,将 F2 单元格中的公式"＝AVERAGE(C2：E2)"改为"＝AVERAGE(＄C＄2：＄E＄2)",再将公式复制到 F3 时,会发现 F3 的值仍为 F2 中的值,公式未发生改变。

混合引用:混合引用是指单元格地址的行号或列号前加上"＄"符号,如 ＄A1 或 A＄1。当公式因为复制或插入而引起行列变化时,公式的相对地址部分会随位置变化,而绝对地址部分仍保持不变。

若要引用 B 列的所有单元格,则用 B：B 表示;若要引用第 5 行的所有单元格,则用 5：5 表示;若要引用第 5~10 行的所有单元格,则用 5：10 表示。

若要引用同一工作簿其他工作表中的某一单元格的数据,其格式为:工作表名！单元格地址;若要引用其他工作簿某一工作表中的某一单元格的数据,格式为:［工作簿名］工作表名！单元格地址。

11.3.5 函数使用

一些复杂运算如果由用户自己来设计公式计算将会很麻烦,有些甚至无法做到(如开平方根)。WPS 表格提供了许多内置函数(见表 11-1~表 11-4),为用户对数据进行运算和分析带来极大方便。这些函数涵盖范围包括财务、日期与时间、数学与三角函数、统计、查找与引用等。

表 11-1　常用的数值数据函数

函　数	功　能
Abs(数值表达式)	返回数值表达式值的绝对值
Int(数值表达式)	返回数值表达式值的整数部分
Sqrt(数值表达式)	返回数值表达式值的平方根

表 11-2　常用的文本函数

函　数	功　能
Left(字符串表达式,n)	从字符串表达式左侧第 1 个字符开始截取 n 个字符
Right(字符串表达式,n)	从字符串表达式右侧第 1 个字符开始截取 n 个字符
Len(字符串表达式)	返回字符串表达式中字符的个数
Mid(字符串表达式,n1[,n2])	从字符串表达式左边 n1 位置开始,截取连续 n2 个字符
Text join(分隔符,是否忽略空白单元格,需连接的文本 1,[需连接的文本 2],…)	用指定的分隔符连接指定的文本

表 11-3　常用的日期时间函数

函　数	功　能
Now()	返回系统当前的日期时间
Date()	返回系统当前的日期
Time()	返回系统当前的时间
Day(日期表达式)	返回日期中的日
Month(日期表达式)	返回日期中的月份
Year(日期表达式)	返回日期中的年份

表 11-4　常用的数学、统计和逻辑函数

计　算　名	功　能
Sum(数值 1,数值 2,…)	计算一组数据的总和
Average(数值 1,数值 2,…)	计算一组数据的平均值
Max(数值 1,数值 2,…)	计算一组数据的最大值
Min(数值 1,数值 2,…)	计算一组数据的最小值
Conut(数值 1,数值 2,…)	计算一组数据的个数
Rank(数值,引用方位,排位方式)	计算某数值在一组数据中的排位
If(测试条件,真值,假值)	判断一个条件是否满足：如果满足,返回真值,否则,返回假值
Ifs(测试条件 1,真值,测试条件 2,真值,…)	检查是否满足一个或多个条件并返回与第一个条件为真的真值
Sumif(区域,条件,求和区域)	对满足条件的单元格求和
Averageif(区域,条件,求平均值区域)	对满足条件的单元格求算术平均值

函数的语法形式为

函数名称(参数 1,参数 2,…)

其中,参数可以是常量、单元格、区域、区域名、公式或其他函数。

1. 函数输入

函数输入有两种方法：一是粘贴函数法,二是直接输入法。由于 WPS 表格有几百个函数,记住函数的所有参数难度很大,为此 WPS 表格提供了粘贴函数的方法,用于引导用户

正确输入函数。如果熟知公式,可直接输入。

例如,在"学籍管理资料"工作簿中,将"成绩原始数据"工作表的内容复制成"成绩算术计算"工作表。在"成绩算术计算"工作表中完成以下计算:计算平时成绩、总评成绩、离差和排名。

(1)在 I 列中计算平时成绩,平时成绩为各次作业的平均值。选定 I2 单元格,单击"公式"功能区中的"库函数"选项组中的"常用函数"按钮,在其子菜单中选择 AVERAGE 函数,打开如图 11-14 所示的"函数参数"对话框,在该对话框中在"数值 1"文本框中输入"E2:G2"(或单击"数值 1"文本框右侧按钮,该对话框将被折叠,拖动鼠标选定 E2:G2 单元格区域亦可),单击"确定"按钮,即可算出第一位同学的平时成绩。

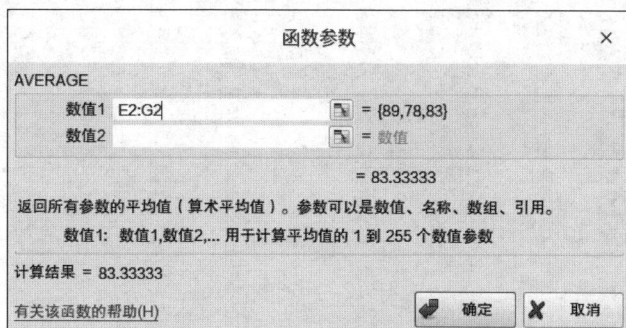

图 11-14　AVERAGE"函数参数"对话框

提示:也可通过单击"公式"功能区中的"插入函数"按钮,在打开的"插入函数"对话框中选择类别和相应函数。同样,也可通过单击"公式"功能区中的"全部",在其下拉菜单中选择 AVERAGE 函数。

选定 I2 单元格,拖动填充柄至 I27 单元格后释放鼠标,则相应的数值将自动填充到单元格中,如图 11-15 所示。

	A	B	C	D	E	F	G	H	I	J	K	L	M	N
1	学号	姓名	性别	出生日期	作业1	作业2	作业3	期中	平时	期末	总评	等级	离差	排名
2	1921430060	邵忻悦	女	2003/2/3	89	78	83	66	83.33	39				
3	2021240012	马悦	女	2004/4/5	78	88	78	54	81.33	89				
4	2421290061	赵仁彭	男	2006/2/8	67	86	90	55	81.00	89				
5	2421290062	路嘉骏	男	2004/5/21	45	88	92	39	75.00	78				
6	2421290063	周桐	男	2004/4/12	67	74	78	89	73.00	67				
7	2421290064	刘嘉宁	男	2003/11/23	83	76	88	89	82.33	45				
8	2421290065	孙玉杰	男	2003/12/30	78	66	86	78	76.67	67				
9	2421290066	池源恒	男	2002/9/1	90	54	88	67	77.33	85				
10	2421290067	赵紫骏	男	2003/9/1	92	55	74	45	73.67	84				
11	2421290068	牛怀正	男	2003/3/23	78	39	76	67	64.33	73				
12	2421290069	郭褶	男	2002/7/20	88	89	66	85	81.00	88				
13	2421290070	杨海容	男	2003/7/25	86	85	54	84	75.00	90				
14	2421290071	王怀远	男	2003/4/2	88	84	55	73	75.67	90				
15	2421290072	唐豫洲	男	2001/4/2	74	73	39	88	62.00	83				
16	2421290073	吴雅萱	女	2002/6/3	76	88	89	90	84.33	78				
17	2421290074	史雨萌	女	2001/8/23	66	90	89	90	81.67	90				
18	2421290075	张雨晴	女	2005/5/18	54	90	78	83	74.00	92				
19	2421290076	王雨萌	女	2004/10/27	55	89	67	78	70.33	78				
20	2421290077	韩湘	女	2004/1/14	39	78	45	90	54.00	88				
21	2421290078	陈安琪	女	2004/2/11	89	67	67	90	74.33	92				
22	2421290079	谢佳琪	女	2004/3/24	85	45	85	78	71.67	88				
23	2421290080	徐莉	女	2005/3/8	84	67	84	88	78.33	88				
24	2421290081	许雯凡	女	2005/8/14	73	83	73	88	76.33	86				
25	2421290082	任思雨	女	2006/7/23	88	78	88	88	84.67	88				
26	2421290083	吴一凡	女	2005/2/9	90	90	90	74	90.00	74				
27	2421290084	蒋叶敏	女	2005/4/8	90	92	90	76	90.67	76				
28														

图 11-15　平时成绩计算示例

提示：此处通过填充柄的拖曳完成的其余单元格的自动填充，实际上是将采用了相对地址引用的公式"＝AVERAGE(E2：G2)"复制到了其他单元格。

（2）计算"总评"成绩。要求平时成绩占 30%，期中成绩占 20%，期末成绩占 50%。在 K2 单元格中输入公式：＝I2＊0.3＋H2＊0.2＋J2＊0.5，按 Enter 键，即可得到第一位同学的总评成绩。选定 K2 单元格，利用填充柄计算其他同学的总评成绩，如图 11-16 所示。

	A	B	C	D	E	F	G	H	I	J	K	L
1	学号	姓名	性别	出生日期	作业1	作业2	作业3	期中	平时	期末	总评	等级
2	1921430060	邵忻悦	女	2003/2/3	89	78	83	66	83.33	39	57.7	
3	2021240012	马悦	女	2004/4/5	78	88	78	54	81.33	89	79.7	
4	2421290061	赵仁彰	男	2006/2/8	67	86	90	55	81.00	89	79.8	
5	2421290062	路嘉骏	男	2004/5/21	45	88	92	39	75.00	78	69.3	
6	2421290063	周桐	男	2004/4/12	67	74	78	89	73.00	67	73.2	
7	2421290064	刘嘉宁	男	2003/11/23	83	76	88	89	82.33	45	65	
8	2421290065	孙玉杰	男	2003/12/30	78	66	86	78	76.67	67	72.1	
9	2421290066	池源恒	男	2002/9/1	90	54	88	67	77.33	85	79.1	
10	2421290067	赵紫骏	男	2003/9/1	92	55	74	45	73.67	84	73.1	
11	2421290068	牛怀正	男	2003/3/23	78	39	76	67	64.33	73	69.2	
12	2421290069	郭娟	男	2002/7/20	88	89	66	85	81.00	88	85.3	
13	2421290070	杨海容	男	2003/7/25	86	85	54	84	75.00	90	84.3	
14	2421290071	王怀远	男	2003/4/2	88	84	55	73	75.67	90	82.3	
15	2421290072	唐豫洲	男	2001/4/2	74	73	39	88	62.00	83	77.7	
16	2421290073	吴雅萱	女	2002/6/3	76	88	89	90	84.33	78	82.3	
17	2421290074	史雨萌	女	2001/8/23	66	90	89	90	81.67	90	87.5	
18	2421290075	张迪旸	女	2005/5/18	54	90	78	83	74.00	92	84.8	
19	2421290076	王雨萌	女	2004/10/27	55	89	67	78	70.33	78	75.7	
20	2421290077	韩湘	女	2004/1/14	39	78	45	90	54.00	88	78.2	
21	2421290078	陈安琪	女	2004/2/11	89	67	67	92	74.33	92	86.7	
22	2421290079	谢佳琪	女	2004/3/24	85	45	85	78	71.67	78	76.1	
23	2421290080	徐莉	女	2005/3/8	84	67	84	88	78.33	88	85.1	
24	2421290081	许莺凡	女	2005/8/14	73	83	73	86	76.33	86	83.1	
25	2421290082	任思宇	女	2006/7/23	88	78	88	88	84.67	88	87	
26	2421290083	吴一凡	女	2005/2/9	90	90	90	74	90.00	74	78.8	
27	2421290084	蒋叶敏	女	2005/4/8	90	92	90	76	90.67	76	80.4	
28												

图 11-16　计算总评成绩

（3）计算"离差"成绩。"离差"成绩为总评成绩减去总评平均成绩。在 M2 单元格中输入公式：＝K2-AVERAGE(＄K＄2：＄K＄27)，按 Enter 键，即可得到第一位同学的离差成绩，再利用填充柄计算其他各行的离差成绩，结果如图 11-17 所示。

	A	B	C	D	E	F	G	H	I	J	K	L	M
1	学号	姓名	性别	出生日期	作业1	作业2	作业3	期中	平时	期末	总评	等级	离差
2	1921430060	邵忻悦	女	2003/2/3	89	78	83	66	83.33	39	57.7		-20.51153846
3	2021240012	马悦	女	2004/4/5	78	88	78	54	81.33	89	79.7		1.488461538
4	2421290061	赵仁彰	男	2006/2/8	67	86	90	55	81.00	89	79.8		1.588461538
5	2421290062	路嘉骏	男	2004/5/21	45	88	92	39	75.00	78	69.3		-8.911538462
6	2421290063	周桐	男	2004/4/12	67	74	78	89	73.00	67	73.2		-5.011538462
7	2421290064	刘嘉宁	男	2003/11/23	83	76	88	89	82.33	45	65		-13.21153846
8	2421290065	孙玉杰	男	2003/12/30	78	66	86	78	76.67	67	72.1		-6.111538462
9	2421290066	池源恒	男	2002/9/1	90	54	88	67	77.33	85	79.1		0.888461538
10	2421290067	赵紫骏	男	2003/9/1	92	55	74	45	73.67	84	73.1		-5.111538462
11	2421290068	牛怀正	男	2003/3/23	78	39	76	67	64.33	73	69.2		-9.011538462
12	2421290069	郭娟	男	2002/7/20	88	89	66	85	81.00	88	85.3		7.088461538
13	2421290070	杨海容	男	2003/7/25	86	85	54	84	75.00	90	84.3		6.088461538
14	2421290071	王怀远	男	2003/4/2	88	84	55	73	75.67	90	82.3		4.088461538
15	2421290072	唐豫洲	男	2001/4/2	74	73	39	88	62.00	83	77.7		-0.511538462
16	2421290073	吴雅萱	女	2002/6/3	76	88	89	90	84.33	78	82.3		4.088461538
17	2421290074	史雨萌	女	2001/8/23	66	90	89	90	81.67	90	87.5		9.288461538
18	2421290075	张迪旸	女	2005/5/18	54	90	78	83	74.00	92	84.8		6.588461538
19	2421290076	王雨萌	女	2004/10/27	55	89	67	78	70.33	78	75.7		-2.511538462
20	2421290077	韩湘	女	2004/1/14	39	78	45	90	54.00	88	78.2		-0.011538462
21	2421290078	陈安琪	女	2004/2/11	89	67	67	92	74.33	92	86.7		8.488461538
22	2421290079	谢佳琪	女	2004/3/24	85	45	85	78	71.67	78	76.1		-2.111538462
23	2421290080	徐莉	女	2005/3/8	84	67	84	88	78.33	88	85.1		6.888461538
24	2421290081	许莺凡	女	2005/8/14	73	83	73	86	76.33	86	83.1		4.888461538
25	2421290082	任思宇	女	2006/7/23	88	78	88	88	84.67	88	87		8.788461538
26	2421290083	吴一凡	女	2005/2/9	90	90	90	74	90.00	74	78.8		0.588461538
27	2421290084	蒋叶敏	女	2005/4/8	90	92	90	76	90.67	76	80.4		2.188461538
28													

图 11-17　计算离差成绩

提示：此处计算"离差"公式中的$K\$2：\$K\$27$部分，采用的是绝对引用，当复制公式"K2-AVERAGE($\$K\$2：\$K\$27$)"时，K2会随位置的改变而改变，而总评平均成绩由于被绝对引用则不会改变。

（4）计算成绩排名。"排名"为总评成绩从高到低进行排序，该总评成绩对应的序号在N2单元格中，输入公式：＝RANK(K2,$\$K\$2：\$K\$27$,0)，按Enter键，即可得到第一位同学的排名，再利用填充柄计算其他各行的排名，结果如图11-18所示。

	A	B	C	D	E	F	G	H	I	J	K	L	M	N
1	学号	姓名	性别	出生日期	作业1	作业2	作业3	期中	平时	期末	总评	等级	离差	排名
2	1921430060	邵忻悦	女	2003/2/3	89	78	83	66	83.33	39	57.7		-20.51153846	26
3	2021240012	马悦	女	2004/4/5	78	88	78	54	81.33	89	79.7		1.488461538	13
4	2421290061	赵仁彰	男	2006/2/8	67	86	90	55	81.00	89	79.8		1.588461538	12
5	2421290062	路嘉骏	男	2004/5/21	45	88	92	39	75.00	78	69.3		-8.911538462	23
6	2421290063	周桐	男	2004/4/12	67	74	78	89	73.00	67	73.2		-5.011538462	20
7	2421290064	刘嘉宁	男	2003/11/23	83	76	88	89	82.33	45	65		-13.21153846	25
8	2421290065	孙玉杰	男	2003/12/30	78	66	86	78	76.67	67	72.1		-6.111538462	22
9	2421290066	池源恒	男	2002/9/1	90	54	88	67	77.33	85	79.1		0.888461538	14
10	2421290067	赵紫骏	男	2003/9/1	92	55	74	45	73.67	84	73.1		-5.111538462	21
11	2421290068	牛怀正	男	2003/3/23	78	39	76	73	64.33	73	69.2		-9.011538462	24
12	2421290069	郭鹏	男	2002/7/20	88	89	66	85	81.00	88	85.3		7.088461538	4
13	2421290070	杨梅容	男	2003/7/25	86	85	54	84	75.00	90	84.3		6.088461538	7
14	2421290071	王怀远	男	2003/4/2	88	84	55	73	75.67	90	82.3		4.088461538	9
15	2421290072	唐豫洲	男	2001/4/2	74	73	39	88	62.00	83	77.7		-0.511538462	17
16	2421290073	吴雅萱	女	2002/6/3	76	88	89	90	84.33	78	82.3		4.088461538	9
17	2421290074	史雨萌	女	2001/8/23	66	90	89	90	81.67	90	87.5		9.288461538	1
18	2421290075	张迪旸	女	2005/5/18	54	90	78	83	74.00	92	84.8		6.588461538	6
19	2421290076	王雨菁	女	2004/10/27	55	89	67	78	70.33	78	75.7		-2.511538462	19
20	2421290077	韩湘	女	2004/1/14	39	78	45	90	54.00	88	78.2		-0.011538462	16
21	2421290078	陈安琪	女	2004/2/11	89	67	67	92	74.33	92	86.7		8.488461538	3
22	2421290079	谢佳琪	女	2004/3/24	85	45	78	73	71.67	78	76.1		-2.111538462	18
23	2421290080	徐莉	女	2005/3/8	84	67	84	88	78.33	88	85.1		6.888461538	5
24	2421290081	许雪凡	女	2005/8/14	73	83	73	86	76.33	86	83.1		4.888461538	8
25	2421290082	任思宇	女	2006/7/23	88	78	88	88	84.67	88	87		8.788461538	2
26	2421290083	吴一凡	女	2005/2/9	90	90	90	74	90.00	74	78.8		0.588461538	15
27	2421290084	蒋叶敏	女	2005/4/8	90	92	90	76	90.67	76	80.4		2.188461538	11
28														

图 11-18　用 RANK 函数计算排名

提示：此处计算"排名"公式中的$K\$2：\$K\$27$部分，采用的是绝对引用，当复制公式"RANK(M2,$\$M\$2：\$M\$27$,0)"时，K2会随位置的改变而改变，而数组由于被绝对引用则不会改变。

2. 函数的嵌套

在"学籍管理资料"工作簿中，将"成绩算术计算"工作表的内容，复制成"成绩等级计算"工作表。在"成绩等级计算"工作表中，根据总评成绩在L2单元格计算成绩的等级。其中，总评成绩≥90，等级为"优"；90＞总评成绩≥80，等级为"良"；80＞总评成绩≥70，等级为"中"；70＞总评成绩≥60，等级为"及格"；总评成绩＜60，等级为"不及格"。

选定存储计算结果的单元格L2，单击"公式"功能区中的"库函数"选项组中的"常用函数"按钮，在其下拉菜单中单击IF，弹出如图11-19所示的IF"函数参数"对话框。

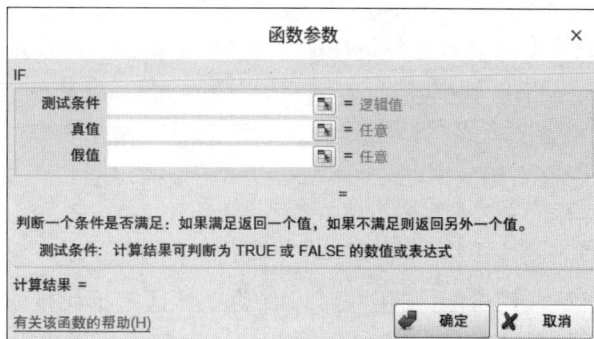

图 11-19　IF"函数参数"对话框

在 IF"函数参数"对话框中将鼠标放入"测试条件"文本框中,直接输入"K2＜60",将鼠标指针放入"真值"文本框中,直接输入"不及格"。将鼠标指针放入"假值"文本框中,在工作表的名称栏弹出的下拉列表中选择 IF 选项,返回"函数参数"对话框。

将鼠标指针放入"测试条件"文本框中,直接输入"K2＜70",将鼠标指针放入"真值"文本框中,直接输入"及格",将鼠标指针放入"假值"文本框中,在工作表的名称栏弹出的下拉列表中选择 IF 选项,返回"函数参数"对话框;将鼠标指针放入"测试条件"文本框中,直接输入"K2＜80",将鼠标指针放入"真值"文本框中,直接输入"中",将鼠标指针放入"假值"文本框中,在工作表的名称栏弹出的下拉列表中选择 IF 选项,返回"函数参数"对话框;将鼠标指针放入"测试条件"文本框中,直接输入"K2＜90",将鼠标指针放入"真值"文本框中,直接输入"良",将鼠标指针放入"假值"文本框中,直接输入"优"。完成各条件设置,单击"确定"按钮,则 L2 单元格中计算出结果。再利用填充柄计算其他各行等级的值,结果如图 11-20 所示。

	A	B	C	D	E	F	G	H	I	J	K	L	M	N
1	学号	姓名	性别	出生日期	作业1	作业2	作业3	期中	平时	期末	总评	等级	离差	排名
2	1921430060	邵忻悦	女	2003/2/3	89	78	83	66	83.33	39	57.7	不及格	−20.51153846	26
3	2021240012	马悦	女	2004/4/5	78	88	78	54	81.33	89	79.7	中	1.488461538	13
4	2421290061	赵仁彭	男	2006/2/8	67	86	90	55	81.00	89	79.8	中	1.588461538	12
5	2421290062	路嘉毅	男	2004/5/21	45	88	92	39	75.00	78	69.3	及格	−8.911538462	23
6	2421290063	周桐	男	2004/4/12	67	74	78	89	73.00	67	73.2	中	−5.011538462	20
7	2421290064	刘嘉宁	男	2003/11/23	83	76	88	89	82.33	45	65	及格	−13.21153846	25
8	2421290065	孙玉杰	男	2003/12/30	78	66	86	78	76.67	67	72.1	中	−6.111538462	22
9	2421290066	池潆恒	男	2002/9/1	90	54	88	67	77.33	85	79.1	中	0.888461538	14
10	2421290067	赵紫毅	男	2003/9/1	92	55	74	49	73.67	84	73.1	中	−5.111538462	21
11	2421290068	牛怀正	男	2003/3/23	78	39	76	67	64.33	73	69.2	及格	−9.011538462	24
12	2421290069	郭楠	男	2002/7/20	88	89	66	85	81.00	88	85.3	良	7.088461538	4
13	2421290070	杨海容	男	2003/7/25	86	85	54	84	75.00	90	84.3	良	6.088461538	7
14	2421290071	王怀远	男	2003/4/2	88	84	55	73	75.67	90	82.3	良	4.088461538	9
15	2421290072	唐豫洲	男	2001/4/2	74	73	39	88	62.00	83	77.7	中	−0.511538462	17
16	2421290073	吴雅萱	女	2002/6/3	76	88	89	90	84.33	78	82.3	良	4.088461538	9
17	2421290074	史用萌	女	2001/8/23	66	90	89	90	81.67	90	87.5	良	9.288461538	1
18	2421290075	张迪旸	女	2005/5/18	54	90	78	83	74.00	92	84.8	良	6.588461538	6
19	2421290076	王雨萌	女	2004/10/27	55	89	67	78	70.33	78	75.7	中	−2.511538462	19
20	2421290077	韩湘	女	2004/1/14	39	78	45	90	54.00	88	78.2	中	−0.011538462	16
21	2421290078	陈安琪	女	2004/2/11	89	67	67	92	74.33	92	86.7	良	8.488461538	3
22	2421290079	谢佳琪	女	2004/3/24	85	45	85	78	71.67	78	76.1	中	−2.111538462	18
23	2421290080	徐莉	女	2005/3/8	84	67	84	88	78.33	88	85.1	良	6.888461538	5
24	2421290081	许雪凡	女	2005/8/14	73	83	73	86	76.33	86	83.1	良	4.888461538	8
25	2421290082	任思宇	女	2006/7/23	88	78	88	88	84.67	88	87	良	8.788461538	2
26	2421290083	吴一凡	女	2005/2/9	90	90	90	74	90.00	74	78.8	中	0.588461538	15
27	2421290084	蒋叶敏	女	2005/4/8	90	90	90	76	90.67	76	80.4	良	2.188461538	11

图 11-20　计算等级

提示:还可以通过使用 IFS()函数,求解出等级。在 L2 单元格中输入公式:＝IFS(K2＜60,"不及格",K2＜70,"及格",K2＜80,"中",K2＜90,"良",K2＜＝100,"优"),按 Enter 键,即可得到第一位同学的等级,再利用填充柄计算其他各行的等级,结果如图 11-20 所示。

3. 自动求和

求和是 WPS 表格中常用函数之一,WPS 表格提供了一种自动求和功能,可以快捷输入 SUM 函数。如果要对一个区域中各行(各列)数据分别求和,可选择这个区域以及它右侧一列(下方一行)单元格,在"公式"功能区的"函数库"选项组中单击"自动求和"按钮。各行(列)数据之和分别显示在右侧一列(下方一行)单元格中。如图 11-21 是对期中和期末成绩自动求和。

4. 自动计算

WPS 表格提供自动计算功能,利用它可以自动计算选定单元格的总和、均值、最大值等。其默认计算为求总和。在状态栏右击鼠标,可显示自动计算快捷菜单,如图 11-21 所

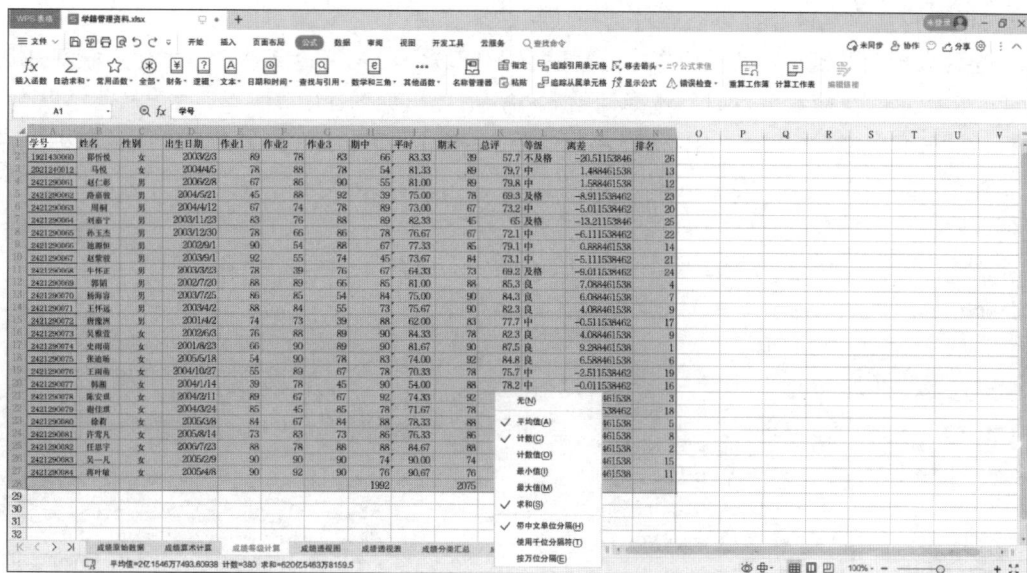

图 11-21　自动计算

示。在该快捷菜单中可选择设置状态栏出现的自动计算的内容，如平均值、计数、最小值、最大值、求和等。

　　选择设置某自动计算功能后，选定单元格区域时（如 I2：I12），其计算结果将在状态栏显示出来。这时状态栏中将显示选定区域数值的平均值、计数、求和等。

11.3.6　数据的移动与复制

　　（1）数据复制和移动。

　　WPS 表格数据复制方法多种多样，可以利用菜单，也可以用鼠标拖放操作。

　　剪贴板复制数据与 WPS 文字中操作相似，稍有不同的是在源区域执行"复制"命令后，区域周围会出现闪烁的虚线。只要闪烁的虚线不消失，粘贴可以进行多次，一旦虚线消失，粘贴将无法进行。如果只需粘贴一次，有一种简单的粘贴方法，即在目标区域直接按 Enter 键。

　　鼠标拖放复制数据的操作方法也与 WPS 文字有点儿不同：选择源区域，按住 Ctrl 键后鼠标指针应指向源区域的四周边界，而不是源区域内部，此时鼠标指针变成右上角为小十字的空心箭头，按住 Ctrl 键拖动鼠标指针至目标位置完成复制。

　　此外，当单个单元格内的数据为纯字符或纯数值，且不是自动填充序列的一员时，使用鼠标自动填充的方法也可以实现数据复制。此方法在同行或同列的相邻单元格内复制数据非常快捷有效，且可达到多次复制的目的。

　　数据移动与复制类似，可以利用剪贴板的先"剪切"再"粘贴"方式，也可以用鼠标指针拖放，但不按 Ctrl 键，此处不再赘述。

　　（2）选择性粘贴。

　　一个单元格含有多种特性，如内容、格式、批注等。另外，它还可能是一个公式，含有有效规则等，数据复制时往往只需复制它的部分特性。此外，复制数据的同时还可以进行算术运算、行列转置等。这些都可以通过选择性粘贴来实现。

先将数据复制到剪贴板,再选择待粘贴目标区域中的第一个单元格,右击鼠标打开如图 11-22 所示的快捷菜单,选择"选择性粘贴"命令,弹出如图 11-23 所示的"选择性粘贴"对话框,在"选择性粘贴"对话框中,选择相应选项后,单击"确定"按钮完成选择性粘贴。选择性粘贴的用途非常广泛,实际运用中,粘贴公式、格式或有效数据的例子非常多,不再举例说明。

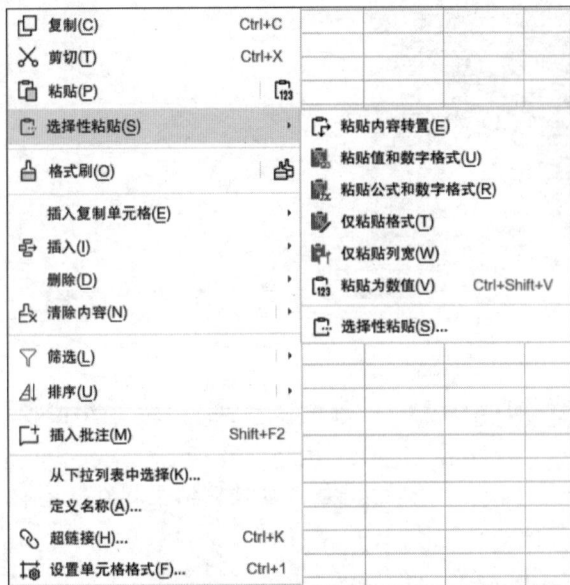

图 11-22 "选择性粘贴"菜单

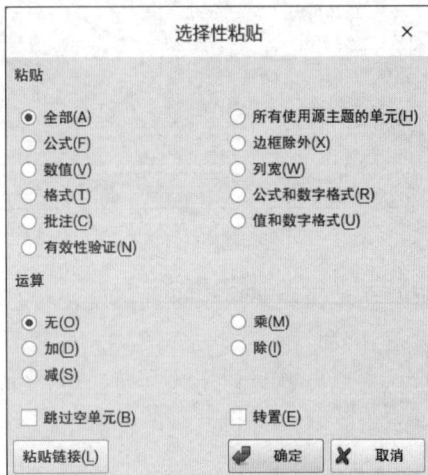

图 11-23 "选择性粘贴"对话框

11.3.7 数据的删除

WPS 表格中数据删除有两个概念:数据清除和数据删除。

(1) 数据清除。

数据清除针对的对象是数据,单元格本身并不受影响。选定单元格或区域后按 Delete 键,完成清除"内容"任务。或者选择"开始"功能区的"单元格",在其下拉菜单中选择"清除",在其级联菜单中选择相应选项即可。

(2) 数据删除。

数据删除针对的对象是单元格,删除后选取的单元格连同里面数据都将从工作表中消失。

选取单元格或一个区域后,选择"开始"功能区的"行和列",在其下拉菜单中选择"删除单元格",在其级联菜单中选择"删除行"或"删除列",则该单元格或该区域所对应的行或列被删除,其下方行或右侧列自动填充空缺。若选择"删除单元格",则弹出"删除"对话框,在该对话框中可选择"右侧单元格左移"或"下方单元格上移"来填充被删掉单元格后留下的空缺。选择"整行"或"整列"将删除选取区域所在的行或列,其下方行或右侧列自动填充空缺。当选定要删除的区域为若干整行或若干整列时,将直接删除而不出现对话框。

11.4 数据格式化

11.4.1 单元格格式设置

自定义格式化工作可以通过两种方法实现：一是使用"开始"功能区的"字体"选项组美化。在如图 11-24 所示的"字体"工具栏，各按钮的作用与 WPS 文字对应按钮相同，此处不再赘述；二是使用"字体"选项卡来美化。单击"开始"功能区的"字体"选项组右下角的箭头按钮，打开如图 11-25 所示的"单元格格式"对话框，在该对话框中进行设置；三是使用"开始"功能区的"样式"选项组中的"单元格样式"进行样式选择和设置，如图 11-26 所示。相比之下，第二种方法格式化功能更完善，但第一种方法和第三种方法使用起来更快捷、方便。

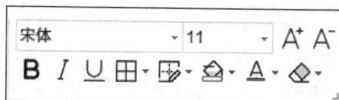

图 11-24 "字体"工具栏

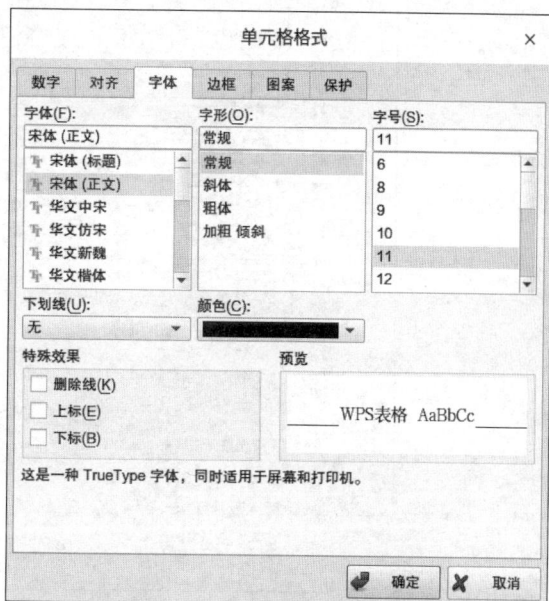

图 11-25 "单元格格式"对话框

在数据的格式化过程中首先要选定要格式化的区域，然后再使用格式化命令。格式化单元格并不改变其中的数据和公式，只是改变它们的显示形式。

1. 设置数字格式

在上一步打开的"单元格格式"对话框中的"数字"选项组中可以对单元格中的数字格式化，如图 11-27 所示。对话框左边的"分类"列表框分类列出了数字格式的类型，右边显示该类型的格式，用户可以直接选择系统已定义好的格式，也可以修改格式，如小数位数等。

其中，"自定义"格式类型如图 11-28 所示，为用户提供了自己设置所需格式的便利，实际上它直接以格式符形式提供给用户使用和编辑。在默认情况下，WPS 表格使用的是"G/通用格式"，即数据向右对齐、文字向左对齐、公式以值方式显示，当数据长度超出单元格长度时用科学记数法显示。数值格式包括用整数、定点小数和逗号等显示格式。"0"表示以整数方式显示；"0.00"表示以两位小数方式显示；"♯,♯♯0.00"表示小数部分保留两位，整数部分每千位用逗号隔开；"[红色]"表示当数据值为负时，用红色显示等。也可以通过"开始"功能区的"数字"选项组的数字格式工具栏实现数字格式设置。

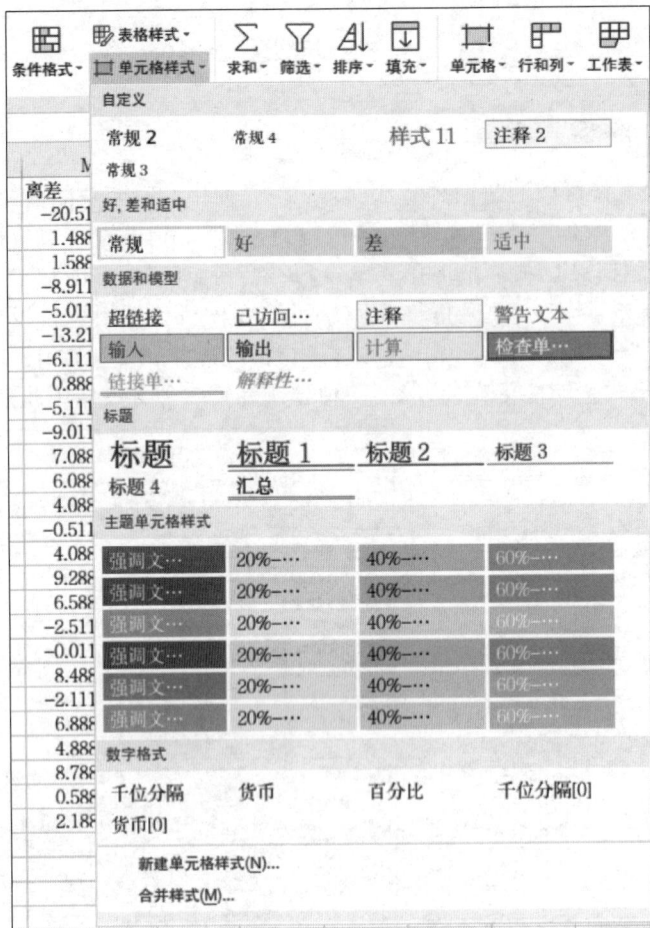

图 11-26　单元格样式

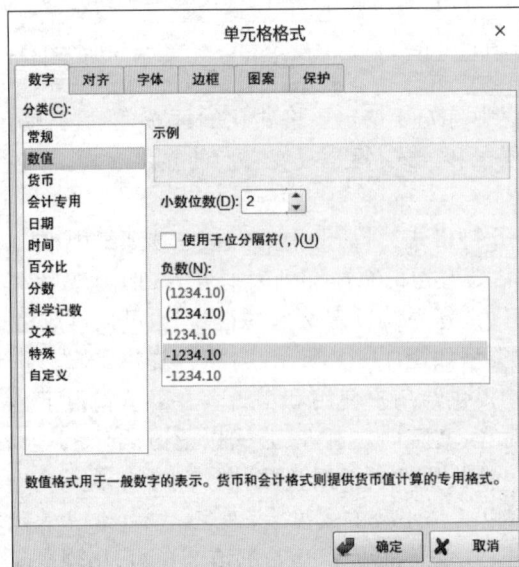

图 11-27　"数字"选项卡

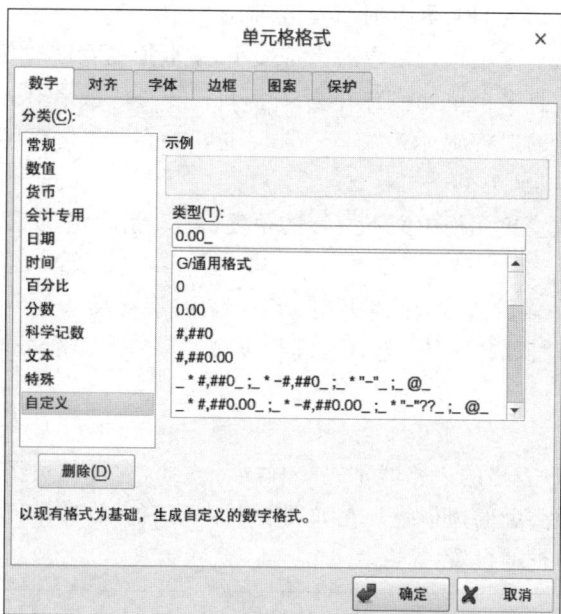

图 11-28 "单元格格式"数字选项卡的自定义设置

2. 设置对齐格式

默认情况下，WPS 表格根据输入的数据自动调节数据的对齐格式，如文字内容左对齐、数值内容右对齐等。可以通过如图 11-29 所示的"对齐方式"工具栏实现对齐格式设置。也可以通过如图 11-30 所示的"单元格格式"对话框的"对齐"选项卡，来设置单元格的"水平对齐"格式和"垂直对齐"格式。

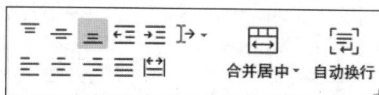

图 11-29 "对齐方式"工具栏

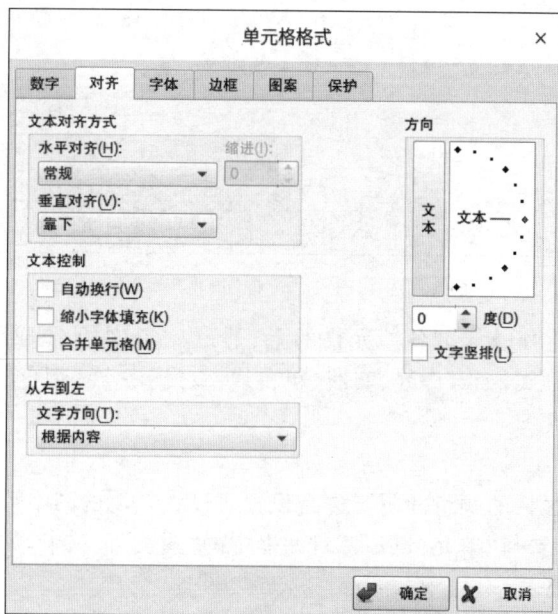

图 11-30 "对齐"选项卡

(1) 自动换行：对输入的文本根据单元格列宽自动换行。

(2) 缩小字体填充：减小单元格中的字符大小，使数据的宽度与列宽相同。

(3) 合并单元格：将多个单元格合并为一个单元格，和"水平对齐"列表框的"居中"按钮结合，一般用于标题的对齐显示。"对齐方式"选项组的"合并后居中"按钮也可提供该功能。

(4) 方向：用来改变单元格中文本旋转的角度，角度范围为$-90°\sim90°$。

3. 设置字体

在 WPS 表格的字体设置中，字体类型、字体形状、字体尺寸是最主要的三个方面。可通过"单元格格式"对话框的"字体"选项卡进行设置，其各项意义与 WPS 文字"字体"对话框相似，此处不再赘述。

4. 设置边框

默认情况下，WPS 表格的表格线都是一样的淡虚线，这样的边线不适合于突出重点数据，可以给它加上其他类型的边框线。在如图 11-31 所示的"设置单元格格式"对话框的"边框"选项卡中可完成边框的设置。

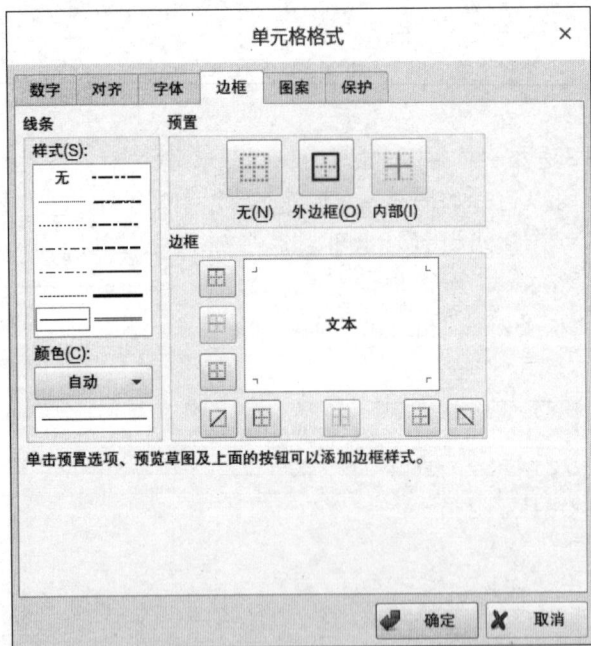

图 11-31 "边框"选项卡

边框线可以放置在所选区域各单元格的上、下、左、右、外框(即四周)、斜线；在"样式"框中可选择边框线的样式，如点虚线、实线、粗实线、双线等；在"颜色"列表框中可以选择边框线的颜色。

5. 图案

图案就是对选定区域的颜色和阴影进行设置。设置合适的图案可以使工作表显得更为生动活泼、错落有致。选择"单元格格式"对话框中的"图案"选项卡，如图 11-32 所示。

6. 设置列宽、行高

当用户建立工作表时，所有单元格具有相同的宽度和高度。默认情况下，单元格中输入

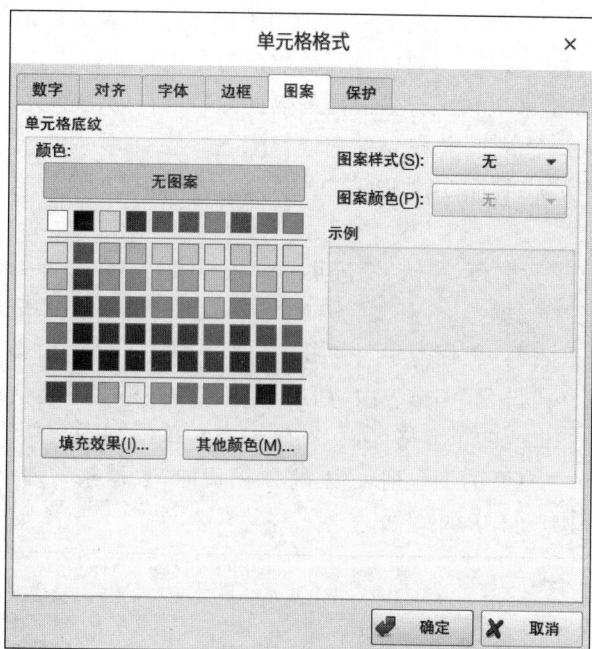

图 11-32 "图案"选项卡

的字符串超过列宽时,超长的文字会被截去,数字则用"＃＃＃＃＃＃＃"表示。当然,完整的数据还在单元格中,只是没有显示。因此可以调整行高和列宽,以便于数据完整显示。

用鼠标拖曳方式调整列宽、行高:鼠标指向要调整列宽(或行高)的列标(或行标)的分隔线上,这时鼠标指针会变成一个双向箭头的形状,拖曳分隔线至适当的位置。

精确调整列宽、行高:选择需要调整"列宽"(或"行高")的列或行,在其上右击鼠标,弹出如图 11-33 所示的快捷菜单。

图 11-33 "格式"菜单

（1）"列宽"或"行高"：单击该选项后，在弹出的对话框中输入所需的宽度或高度即可。

（2）"最适合的列宽"：取选定列中最宽的数据为宽度自动调整。

（3）"最适合的行高"：取选定行中最高的数据为高度自动调整。

（4）"隐藏"或"取消隐藏"：将选定的列或行隐藏。例如，要对 C、D 两列的内容隐藏，只要选定该两列，选择"隐藏列"命令；"取消隐藏列"命令将隐藏的列或行重新显示。

7. 条件格式

WPS 表格中丰富了数据条、色阶、图表集的设置样式，"数据条"中增加了突显"负值"的功能，正值和负值对应的数据条以不同的方向绘制，从而使数据的分析结果更清晰。

例如，在"学籍管理资料"工作簿中，将"成绩等级计算"工作表内容复制成"成绩样式设置"工作表。在"成绩样式设置"工作表中，利用丰富的条件格式分析成绩对比情况。首先，选择需要应用相同条件格式的单元格区域（M2：M27），单击"开始"功能区的"样式"选项组中的"条件格式"按钮，在打开的下拉列表中，将鼠标指向"数据条"，即可在其右侧列表中选择所需填充规则，如图 11-34 中的菜单。

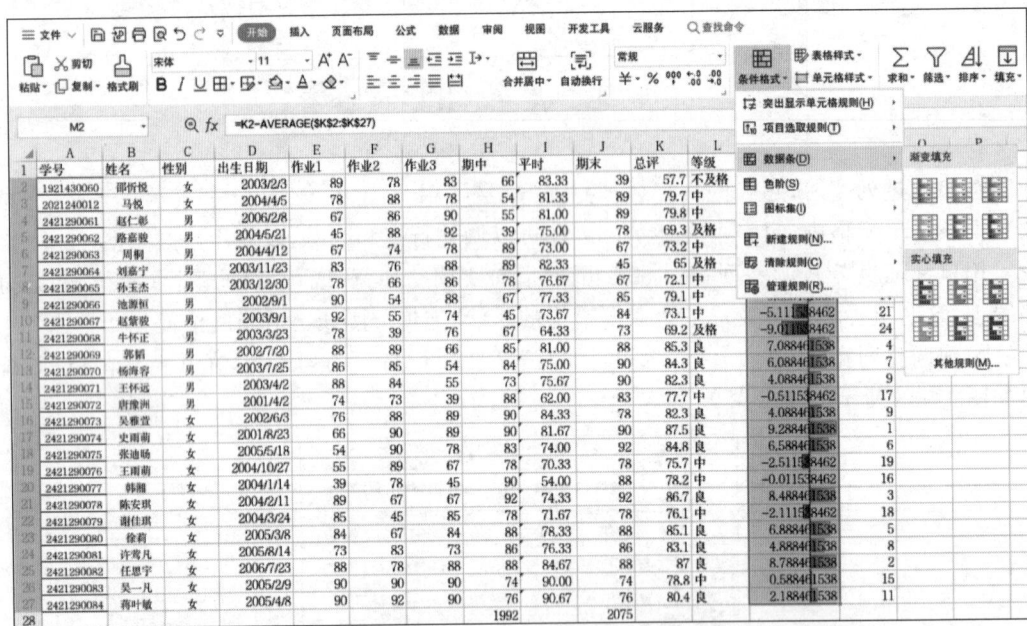

图 11-34　使用"渐变填充"中的"绿色数据条"填充后的"离差"项效果

对当前选中的单元格区域应用"渐变填充"中的"绿色数据条"填充规则，效果如图 11-34 所示。此时，正值和负值的数据条被左右分开，单元格中出现的"红色"数据条代表负值，"绿色"数据条代表正值。

默认情况下，系统根据选中单元格区域中正、负数值的大小情况自动绘制数据条，不过，用户也可以根据需要进行修改，如更改颜色、更改坐标轴位置等。单击"开始"功能区的"样式"选项组中的"条件格式"按钮，在打开的下拉列表中，选择"新建规则"命令，打开如图 11-35 所示的"新建格式规则"对话框，在该对话框中即可设置。

如果已有的单元格样式不能满足要求，还可以自定义单元格样式。具体操作方法如下。

（1）选择"开始"功能区的"样式"选项组中的"单元格样式"，在其下拉列表中选择"新建

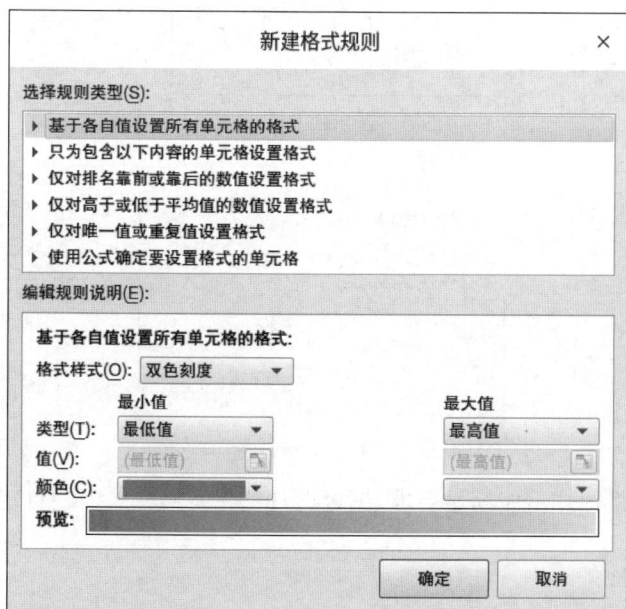

图 11-35　新建格式规则

单元格样式"命令,打开如图 11-36 所示的"样式"对话框。

(2)在"样式"对话框中选择所包括的样式类型(字体、对齐、边框等)并输入新样式名,如"样式实例"。

(3)通过"格式"按钮设置所需的样式,返回"样式"对话框,单击"确定"按钮。

(4)选择应用新样式的单元格,单击"单元格样式"按钮,在弹出的下拉菜单中选择"自定义"栏中的新样式"样式实例"即可,如图 11-37 所示。

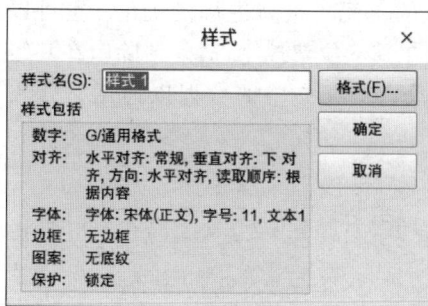

图 11-36　"样式"对话框

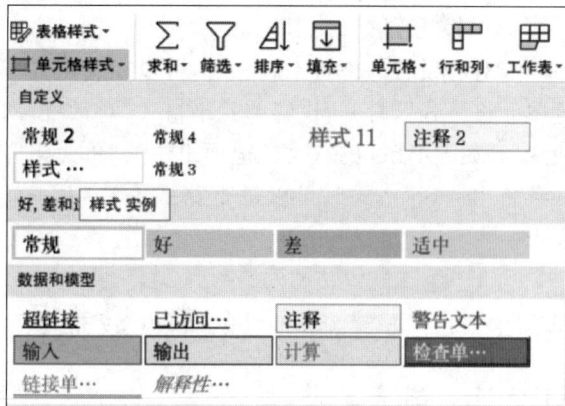

图 11-37　查看自定义新样式"样式实例"

11.4.2　表格自动套用格式

WPS 表格提供的表格自动套用格式功能,预定义好了多种制表格式供用户使用,这样既可节省大量的时间,并且有较好的效果。

选择"开始"功能区的"样式"选项组中的"表格样式"命令,打开所能套用的表格样式下拉菜单。选择一种样式后,打开如图 11-38 所示"套用表格样式"对话框,输入要使用该样式的单元格区域,然后单击"确定"按钮即可。

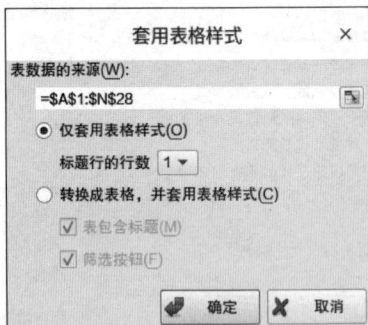

图 11-38 "套用表格样式"对话框

如果已有的表格样式不能满足要求,还可以自定义表格样式,与"自定义单元格样式"类似,此处不再赘述。

11.4.3 复制与删除格式

对已格式化的数据区域,如果其他区域也要使用该格式,可以不必重复设置格式,通过格式复制来快速完成,也可以把不满意的格式删除。

(1) 格式复制。

格式复制可以使用"开始"功能区的"剪切板"选项组的"格式刷"按钮;也可以使用"开始"功能区"剪切板"选项组的"复制"命令确定复制的格式,然后在选定的目标区域右击鼠标,在弹出的快捷菜单中选择"选择性粘贴",在打开的"选择性粘贴"对话框的"粘贴"区域,选择"格式"单选按钮来实现对目标区域格式的复制。

(2) 格式删除。

当对已设置的格式不满意时,可以在选定区域右击鼠标,在弹出的快捷菜单中选择"设置单元格格式",打开"设置单元格格式"对话框,对选定的单元格重新进行格式化。也可以使用"开始"功能区的"表格"选项组中的"单元格"按钮,在其下拉菜单中选择"清除",在其级联菜单中选择"格式",可以进行格式的清除。格式清除后单元格中的数据以通用格式来表示。

11.5 数据图表的使用

11.5.1 图表的建立

将工作表以图形形式表示,能够更快、更好地理解和说明工作表数据。WPS 表格中的图表是嵌入式的图表,它和创建图表的数据源放置在同一张工作表中,打印时也同时打印;也可以通过移动,将图表放入其他工作表中。WPS 表格中的图表类型有十多种,有二维图表和三维图表;每一类又有若干种子类型。可以通过"插入"功能区的"图表"选项组快速创建图表。

例如,在"学籍管理资料"工作簿中,将"成绩等级计算"工作表的内容,复制成"成绩柱形图"工作表。在"成绩柱形图"工作表中,对数据区域 B1:B27,E1:G27 建立簇状柱形图。

操作步骤:选定数据区域 B1:B27,E1:G27,单击"插入"功能区的"图表"选项组中的"全部图表"按钮,打开如图 11-39 所示"插入图表"对话框。先选择图形类型中的"柱形图",然后选择子类型"簇状柱形图",再单击"确定"按钮,结果如图 11-40 所示。

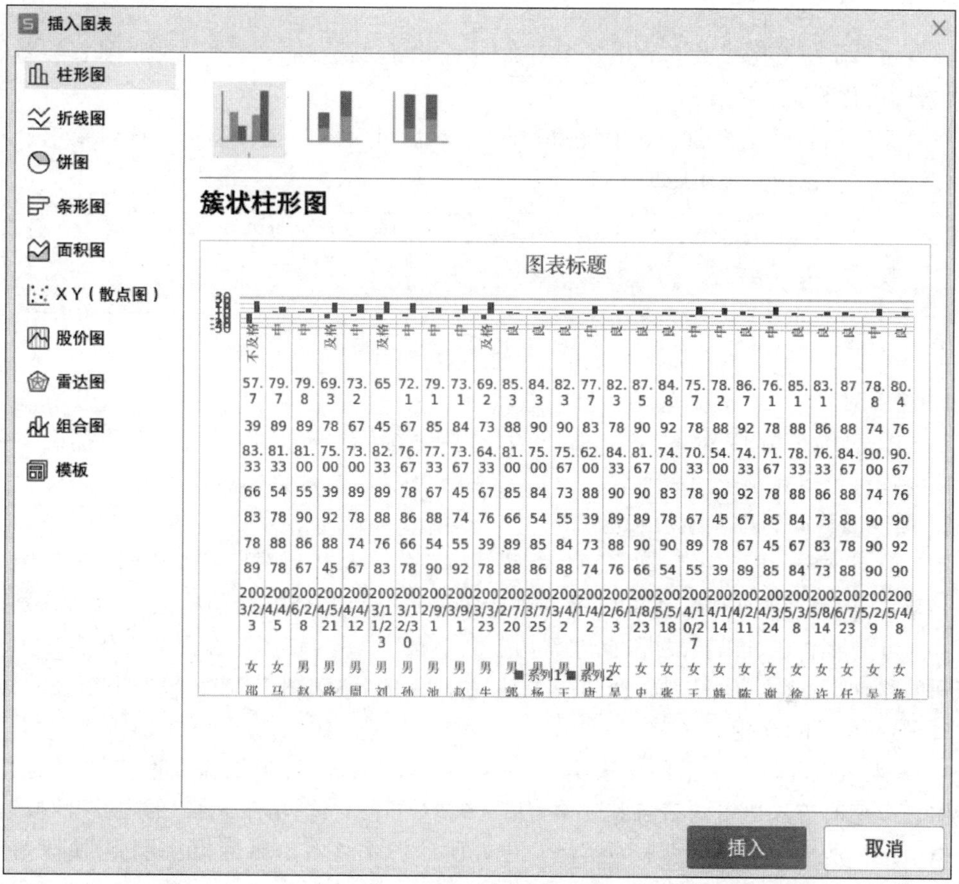

图 11-39 "插入图表"对话框

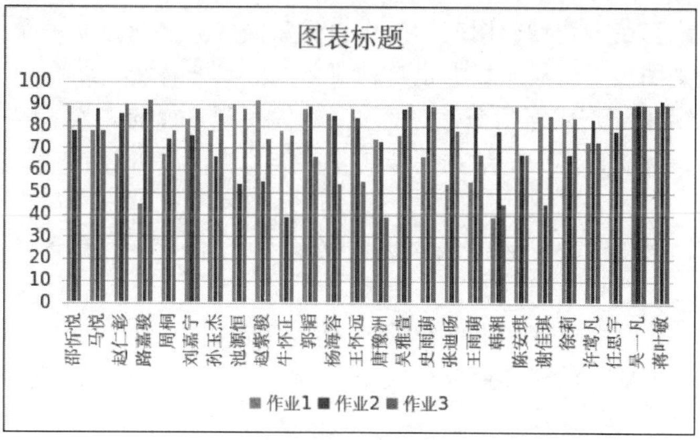

图 11-40 各人的"作业 1""作业 2""作业 3"的簇状柱形图

提示：正确地选定数据区域是能否创建图表的关键。选定的数据区域可以连续，也可以不连续。若选定的区域有文字，则文字应在区域的最左列或最上行，作为说明图表中数据的含义。

11.5.2 图表的编辑

图表编辑是指对图表及图表中各个对象的编辑，包括数据的增加、删除、图表类型的更改、数据格式化等。

在 WPS 表格中，单击图表即可将图表选中，然后可对图表进行编辑。这时菜单栏中增加了"图表工具"选项功能组，如图 11-41 所示。

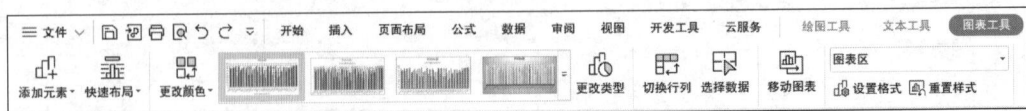

图 11-41　增加图表后的菜单栏

1. 图表对象

一个图表由许多图表对象组成，如图表标题、坐标轴、坐标轴标题、图例等都是图表对象。鼠标指针停留在某个图表对象上时，图表提示功能将显示该图表对象名。

2. 图表的移动、复制、缩放和删除

实际上对选定的图表的移动、复制、缩放和删除操作与任何图形操作相同：拖动图表可进行移动；按 Ctrl 键同时拖动可对图表进行复制；拖动 8 个方向句柄之一进行缩放；按 Delete 键可删除。也可以通过"复制""剪切"和"粘贴"命令实现图表在同一工作表或不同工作表间的移动、复制。还可以通过"图表工具"功能区的"移动图表"按钮来实现图表的移动。

3. 图表类型的改变

WPS 表格中提供了丰富的图表类型，对已创建的图表，可根据需要改变图表的类型。改变图表类型时首先单击图表将其选中，然后单击"图表工具"功能区的"更改类型"按钮，在对话框中选择所需的图表类型和子类型。更方便的方法是右击鼠标，在弹出的快捷菜单中选择"更改图表类型"来改变图表类型。

4. 图表中数据的编辑

当创建了图表后，图表和创建图表的工作表的数据区域之间建立了联系，当工作表中的数据发生了变化，则图表中的对应数据也自动更新。

(1) 删除数据系列：选定所需删除的数据系列，按 Delete 键即可将整个数据系列从图表中删除，但这不影响工作表中的数据。若删除工作表中的数据，则图表中对应的数据系列也随之删除。

(2) 向图表添加数据系列：向图表添加数据系列可通过单击"图表工具"功能区的"选择数据"按钮来完成。

例如，向图 11-40 中添加"期中"数据系列，操作步骤如下。

(1) 单击"图表工具"功能区的"选择数据"按钮，弹出如图 11-42 所示的"编辑数据源"对话框。

(2) 单击"图例项"区域的"添加"按钮，在弹出的"编辑数据系列"对话框的"系列名称"区域选择"期中"所在的单元格 H1，在"系列值"区域选择"期中成绩"所在的单元格区域 h2：h27，如图 11-43 所示。

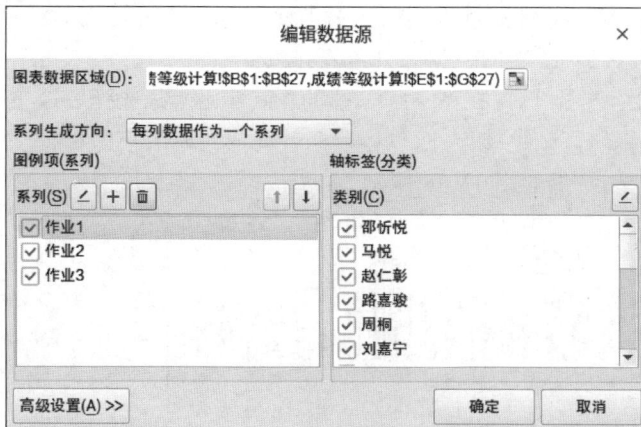

图 11-42 "编辑数据源"对话框   图 11-43 "编辑数据系列"对话框

（3）在图 11-43 中单击"确定"按钮，返回"编辑数据源"对话框，如图 11-44 所示。此时可看到图 11-44 中"图例项"区域与图 11-42 相比，多了"期中"一项。

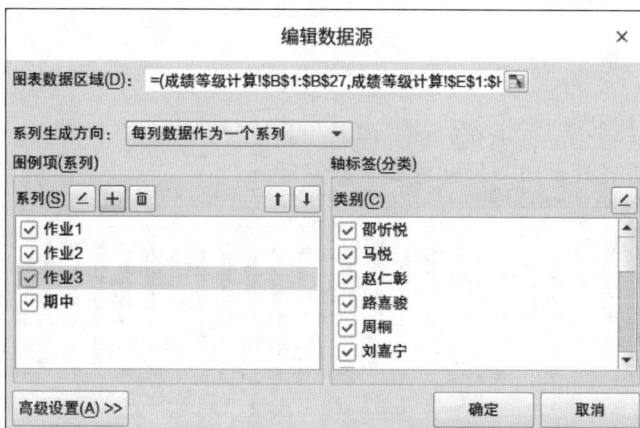

图 11-44 添加了"期中"系列的"编辑数据源"对话框

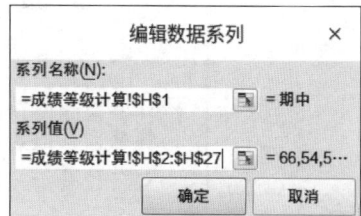

（4）单击"确定"按钮，即可完成"期中"数据系列的添加。添加后的图表如图 11-45 所示。

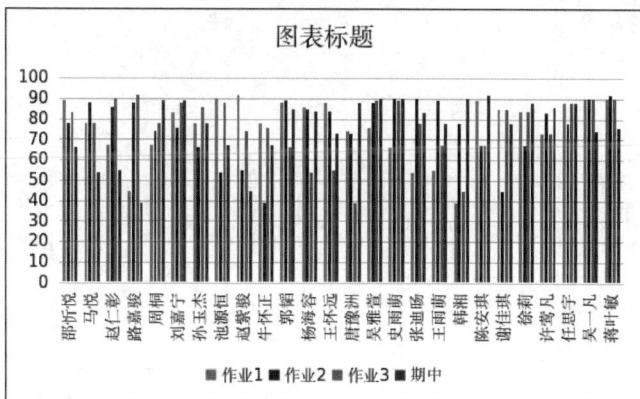

图 11-45 添加了"期中"数据系列的簇状柱形图

5. 图表中系列次序的调整

可通过图 11-44 右侧的 ↑↓ 按钮来调节各数据系列的先后顺序。

为便于数据之间的对比和分析,可以对图表的数据系列重新排列。

例如,改变图 11-45 的数据系列次序,则只需在图 11-44 中的"系列"区域,选择要改变系列次序的某数据系列,然后单击右侧的 ↑↓ 按钮来调节各数据系列的先后顺序即可。

例如,将"期中"成绩移到第一位置,结果如图 11-46 所示。

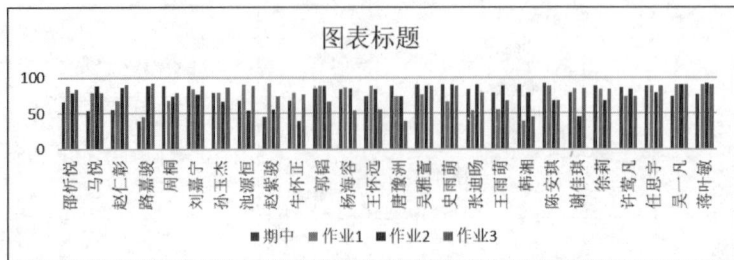

图 11-46 移动"期中"数据系列后的簇状柱形图

6. 图表中文字的编辑

文字的编辑是指对图表增加说明性文字,以便更好地说明图表中的有关内容,也可删除或修改文字。

(1) 添加图表标题和坐标轴标题。

例如,在"成绩柱形图"工作表中,按"期末""总评"和"离差"列数据建立如图 11-47 所示的簇状柱形图,并在其上添加图表标题和坐标轴标题。

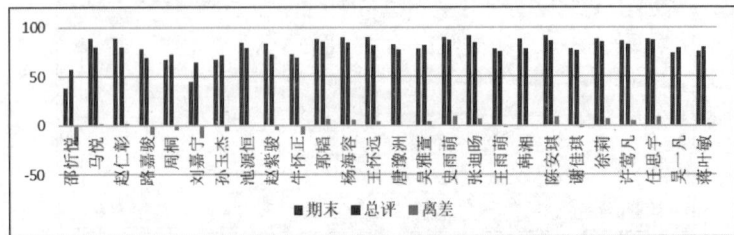

图 11-47 "期末""总评""离差"三组数据的簇状柱形图

先创建如图 11-47 所示的簇状柱形图,然后单击"图表工具"功能区的"添加元素"按钮,在其下拉菜单中选择"图表标题",在其级联菜单中选择"居中覆盖",添加"学生成绩"图表标题,如图 11-48 所示;再单击"添加元素"按钮,在其下拉菜单中选择"坐标轴",在其级联菜单中选择"主要纵坐标轴",添加"成绩"纵坐标标题,如图 11-49 所示。

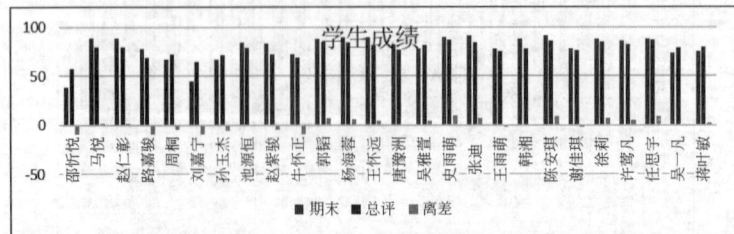

图 11-48 增加图表标题后的"期末""总评""离差"三组数据的簇状柱形图

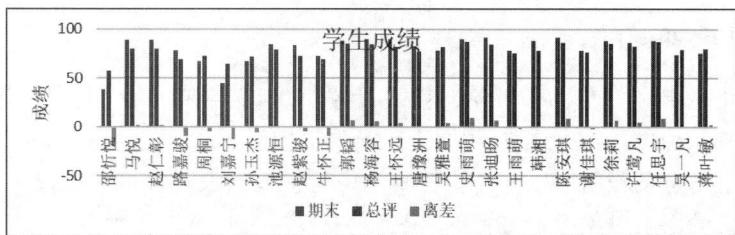

图 11-49 增加纵坐标标题后的"期末""总评""离差"三组数据的簇状柱形图

（2）添加数据标志：数据标志是为图表中的数据系列增加数据标志，标志形式与创建的图表类型有关。选中要添加数据标志的图表，然后单击"图表工具"功能区的"添加元素"按钮，在其下拉菜单中选择"数据标签"，在其级联菜单中选择所需的数据标志即可。

（3）修改和删除文字：若要对添加的文字修改，只要先单击要修改的文字处，就可直接修改或删除其中的内容。

7. 显示效果的设置

显示效果的设置指对图表中的对象根据需要进行设置，包括图例、网格线、三维图表视角的改变等。

（1）图例。

图表上加图例用于解释图表中的数据。创建图表时，图例默认出现在图表的右边，用户可根据需要对图例进行增加、删除和移动等操作。要增加图例，首先选中图表，然后单击"图表工具"功能区的"添加元素"按钮，在其下拉菜单中选择"图例"，在其级联菜单中进行图例显示的设置和图例位置的设置；删除图例，只要选中图例，直接按 Delete 键即可；移动图例，最方便的方法是把选中的图例，直接拖动到所需的位置。

（2）网格线。

图表上加网格线可以清楚地显示数据。网格线的设置通过单击"图表工具"功能区的"添加元素"按钮，在其下拉菜单中选择"网格线"，在其级联拉菜单中选择对应的选项即可。

8. 改变图表布局

创建图表后，可更改它的外观。为了避免手动进行大量的格式设置，WPS 表格提供了多种有用的预定义布局和样式，可快速将其应用于图表中。选择预定义图表布局的方法如下。

单击要设置格式的图表（此处选择图 11-49），选择"图表工具"功能区的"快速布局"按钮，在其下拉菜单中选择"布局 5"，结果如图 11-50 所示。

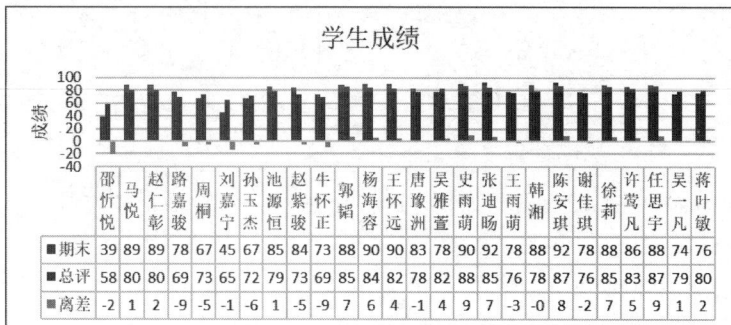

	邵忻悦	马悦	赵仁彰	路嘉骏	周桐	刘嘉宁	孙玉杰	池源恒	赵紫骏	牛怀正	郭韬	杨海容	王怀远	唐豫洲	吴雅萱	史雨萌	张迪旸	王雨萌	韩湘	陈安琪	谢佳琪	徐莉	许莺凡	任思宇	吴一凡	蒋叶敏
期末	39	89	89	78	67	45	72	67	85	84	73	88	84	83	78	90	92	78	88	92	78	88	88	88	74	76
总评	58	80	80	69	73	45	72	79	73	69	85	84	82	83	82	88	85	76	78	87	76	85	83	87	79	80
离差	-2	1	2	-9	-5	-1	-6	1	-5	-9	7	6	4	-1	4	9	7	-3	-0	8	-2	7	5	9	1	2

图 11-50 更改成布局 5 后的"期末""总评""离差"三组数据的簇状柱形图

11.5.3 图表格式化

图表格式化是指对图表各个对象的格式设置,包括文字和数值的格式、颜色、外观等。格式设置可以有三种方式:一是使用"图表工具"功能组中的"设置格式"按钮,在其"属性"对话框中进行各部分的设置;二是在快捷菜单中选择该图表对象格式设置命令;三是双击欲进行格式设置的图表对象。最方便的是最后一种方式。

例如,对图 11-49 进行格式化。

(1) 双击数值轴,在弹出的"属性"对话框中选择"坐标轴",设置主要刻度单位为 10,次要刻度单位为 5,如图 11-51 所示坐标轴格式设置。

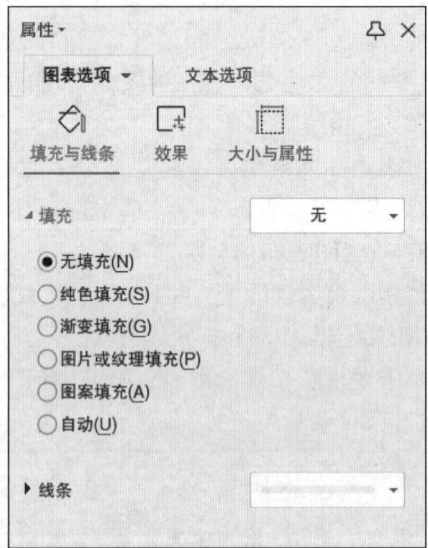

(2) 双击图表区,在弹出的"属性"对话框中选择"填充与线条"进行图表区背景色填充、线样式、颜色和圆角等的设置,如图 11-52 所示。

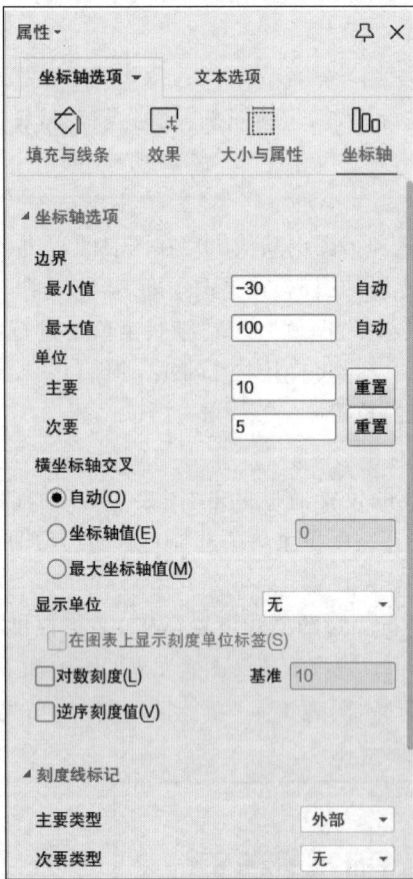

图 11-51　设置坐标轴格式　　　　图 11-52　设置图表区格式

(3) 双击坐标轴标题,在弹出的如图 11-53 所示"属性"对话框中选择"大小与属性",设置文字方向为竖排。

格式化后的图表如图 11-54 所示。

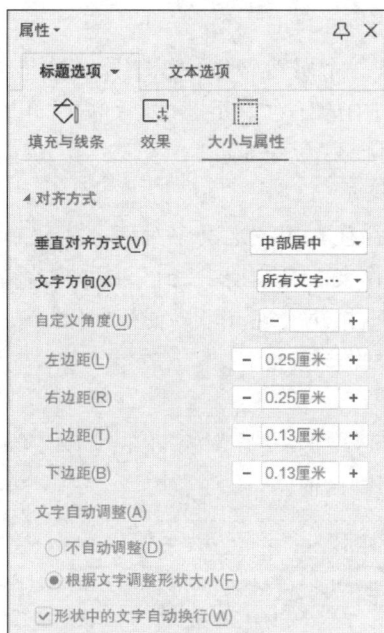

图 11-53　设置分类轴标题格式

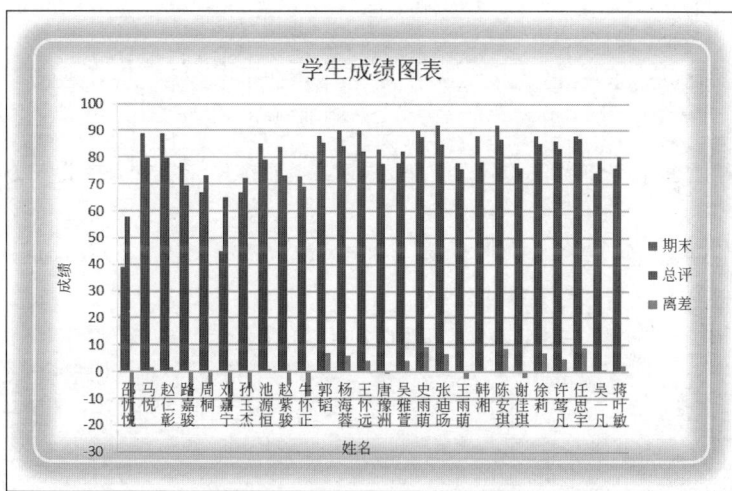

图 11-54　格式化后的图表

11.6　数据管理

11.6.1　数据排序

数据排序是指按一定的规则把一列或多列无序的数据变成有序的数据。

在"学籍管理资料"工作簿中,将"成绩等级计算"工作表的内容复制成"数据排序"工作表。在"数据排序"工作表中进行数据排序。

在实际运用过程中,用户往往有按一定次序对数据重新排列的要求。根据要求的不同可以采用以下方式实现数据有序化的要求。

1. 快速数据排序

如果需要排序的数据只有一个属性(列),则采用快速数据排序。操作步骤如下。

首先选定要排序的数据列中的任意单元格,然后单击"开始"功能区中的"排序"按钮,在其下拉菜单中选择"升序"或"降序"命令即可。

2. 简单数据排序

在实际运用过程中,用户往往有按一定次序对两个或两个以上的数据属性进行重新排列的要求,如在"数据排序"工作表中,按"期末"和"期中"成绩降序排序。对于这类按单列数据排序的要求,可采用简单数据排序实现。可以使用"开始"功能区的"排序和筛选"选项组的"排序"命令来实现。具体操作步骤如下。

(1)首先选定数据源。

(2)然后单击"开始"功能区中的"排序"按钮,在其下拉菜单中选择"自定义排序"命令,打开如图 11-55 所示的"排序"对话框。

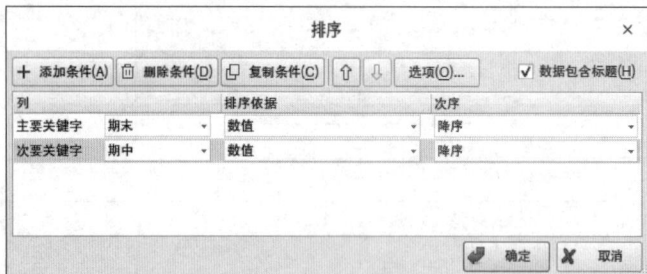

图 11-55　简单数据排序

(3)在该对话框中,"主要关键字"选择为"期末","排序依据"选择为"数值","次序"选择为"降序"。

(4)单击"添加条件"按钮,出现"次要关键字"行,"次要关键字"选择为"期中","排序依据"选择为"数值",并设置"次序"为"降序"。

(5)单击"确定"按钮。排序后的数据如图 11-56 所示。

	A 学号	B 姓名	C 性别	D 出生日期	E 作业1	F 作业2	G 作业3	H 期中	I 平时	J 期末	K 总评	L 等级	M 离差	N 排名
2	2421290078	陈安琪	女	2004/2/11	89	67	67	92	74.33	92	86.7	良	8.488461538	3
3	2421290075	张迪畅	女	2005/5/18	54	90	78	83	74.00	92	84.8	良	6.588461538	6
4	2421290074	史雨萌	女	2001/8/23	66	90	89	90	81.67	90	87.5	良	9.288461538	1
5	2421290070	杨海容	男	2003/7/25	86	85	54	84	75.00	90	84.3	良	6.088461538	7
6	2421290071	王怀远	男	2003/3/4	88	84	55	73	75.67	90	82.3	良	4.088461538	9
7	2421290061	赵仁彰	男	2006/2/8	67	86	90	55	81.00	89	79.8	中	1.588461538	12
8	2021240012	马悦	女	2004/4/5	78	88	78	54	81.33	89	79.7	中	1.488461538	13
9	2421290077	韩湘	女	2004/1/14	39	78	54	90	54.00	88	78.2	中	-0.011153846	16
10	2421290080	徐莉	女	2005/3/8	84	67	84	88	78.33	88	85.1	良	6.888461538	5
11	2421290082	任思宇	女	2006/7/23	88	78	88	88	84.67	88	87	良	8.788461538	2
12	2421290069	郭娟	男	2002/7/20	88	89	66	85	81.00	88	85.3	良	7.088461538	4
13	2421290072	许鸢凡	男	2005/8/14	73	83	73	86	76.33	86	83.1	良	4.888461538	8
14	2421290066	池源恒	男	2002/9/1	90	54	88	67	77.33	85	79.1	中	0.888461538	14
15	2421290067	赵紫骏	男	2003/9/1	92	55	74	73	73.67	84	73.1	中	-5.11153846	21
16	2421290072	唐撄洲	男	2001/4/2	74	73	39	88	62.00	83	77.7	中	-0.51153846	17
17	2421290073	吴雅萱	女	2002/6/3	76	88	89	90	84.33	78	82.3	良	4.088461538	10
18	2421290076	王雨萌	女	2004/10/27	55	89	67	78	70.33	78	75.7	中	-2.51153846	19
19	2421290079	谢佳琪	女	2004/3/24	85	45	85	78	71.67	78	76.1	中	-2.11153846	18
20	2421290062	陆嘉骏	男	2004/5/21	45	88	92	39	75.00	78	69.3	及格	-8.91153846	23
21	2421290084	蒋叶敏	女	2005/4/8	90	92	90	76	90.67	76	80.4	良	2.188461538	11
22	2421290083	吴一凡	女	2005/2/9	90	90	90	76	90.00	76	78.8	中	0.588461538	15
23	2421290068	牛怀正	男	2003/3/23	79	39	76	67	64.33	73	69.2	及格	-9.01153846	24
24	2421290063	周桐	男	2004/4/12	67	74	78	73	73.00	67	73.2	中	-5.01153846	20
25	2421290065	孙玉杰	男	2003/12/30	78	66	86	77	76.67	67	72.1	中	-6.11153846	22
26	2421290064	刘嘉宁	男	2003/11/23	83	76	88	89	82.33	45	65	及格	-13.2115385	25

图 11-56　按"期末"和"期中"成绩降序排序

提示：选定数据源后，通过右击鼠标，在弹出的快捷菜单中选择"排序"命令，在其级联菜单中选择"自定义排序"命令也可实现排序。

3. 复杂数据排序

如果排序要求复杂一点。例如，按照指定的顺序作为排序方式，如先按"等级"的优、良、中、及格和不及格进行排序，然后按"期末"成绩降序排列，则须使用"排序"命令中的"自定义序列"来完成。具体的操作同简单排序类似，所不同的是在设置主关键字"等级"的排序次序时，选择"自定义序列"，在弹出的"自定义序列"对话框中，如图 11-57 所示，在"输入序列"文本框中输入自定义序列，然后单击"添加"按钮，再单击"确定"按钮，返回"排序"对话框。排序结果如图 11-58 所示。

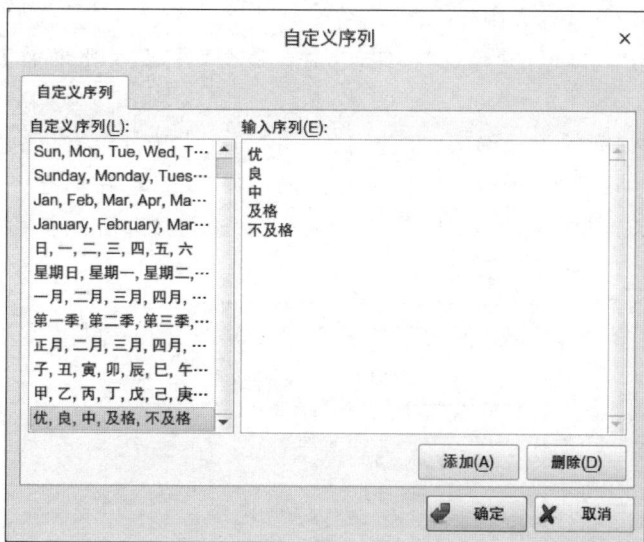

图 11-57 "自定义序列"对话框

	A	B	C	D	E	F	G	H	I	J	K	L	M	N
1	学号	姓名	性别	出生日期	作业1	作业2	作业3	期中	平时	期末	总评	等级	离差	排名
2	2421290078	陈安琪	女	2004/2/11	89	67	67	92	74.33	92	86.7	良	8.488461538	3
3	2421290075	张迪旸	女	2005/5/18	54	90	78	83	74.00	92	84.8	良	6.588461538	6
4	2421290074	史雨萌	女	2001/8/23	66	90	89	90	81.67	90	87.5	良	9.288461538	1
5	2421290070	杨海容	男	2003/7/25	86	85	54	84	75.00	90	84.3	良	6.088461538	7
6	2421290071	王怀远	男	2003/4/2	88	84	55	73	75.67	90	82.3	良	4.088461538	9
7	2421290080	徐莉	女	2005/3/8	84	67	84	88	78.33	88	85.1	良	6.888461538	5
8	2421290082	任思宇	女	2006/7/23	88	78	88	88	84.67	88	87	良	8.788461538	2
9	2421290069	郭颖	男	2002/7/20	88	89	66	85	81.00	88	85.3	良	7.088461538	4
10	2421290081	许鸢凡	女	2005/8/14	73	83	73	86	76.33	86	83.1	良	4.888461538	8
11	2421290073	吴雅萱	女	2002/6/3	76	88	89	90	84.33	78	82.3	良	4.088461538	9
12	2421290084	蒋叶敏	女	2005/4/8	90	92	90	76	90.67	76	80.4	良	2.188461538	11
13	2421290061	赵仁彰	男	2006/2/8	67	86	90	55	81.00	89	79.8	中	1.588461538	12
14	2021240012	马悦	女	2004/4/5	78	88	78	54	81.33	89	79.7	中	1.488461538	13
15	2421290077	韩湘	女	2004/1/14	39	78	45	90	54.00	88	78.2	中	-0.011538461	16
16	2421290066	池源恒	男	2002/9/1	90	54	88	67	77.33	85	79.1	中	0.888461538	14
17	2421290067	赵紫骏	男	2003/9/1	92	55	74	45	73.67	84	73.1	中	-5.111538461	21
18	2421290072	唐豫洲	男	2001/4/2	74	73	39	88	62.00	83	77.7	中	-0.511538461	17
19	2421290076	王雨萌	女	2004/10/27	55	89	67	78	70.33	78	75.7	中	-2.511538461	19
20	2421290079	谢佳琪	女	2004/3/24	85	45	85	78	71.67	78	76.1	中	-2.111538461	18
21	2421290083	吴一凡	女	2005/2/9	90	90	90	74	90.00	74	78.8	中	0.588461538	15
22	2421290063	周桐	男	2004/4/12	67	74	78	89	73.00	67	73.2	中	-5.011538461	20
23	2421290065	孙玉杰	男	2003/12/30	78	66	86	78	76.67	67	72.1	中	-6.011538461	22
24	2421290062	路嘉骏	男	2004/5/21	45	88	92	39	75.00	78	69.3	及格	-8.911538461	23
25	2421290068	牛怀正	男	2003/3/23	78	39	76	67	64.33	73	69.2	及格	-9.011538461	24
26	2421290064	刘嘉宁	男	2003/11/23	83	76	88	89	82.33	45	65	及格	-13.2115385	25

图 11-58 采用了"自定义序列"的排序数据

11.6.2 数据筛选

当数据列表中记录非常多,用户如果只需要其中一部分数据时,可以使用 WPS 表格的数据筛选功能,即将不需要的数据暂时隐藏起来,只显示需要的数据。

在"学籍管理资料"工作簿中,将"成绩等级计算"工作表复制成"成绩筛选"工作表。在"成绩筛选"工作表中,进行数据的筛选。

1. 自动筛选

如果要筛选的要求只有一个时,就可以使用自动筛选实现。例如,只想看到期末成绩在80 分以上(含 80 分)的记录,可以使用"开始"功能区的"筛选"按钮来实现。操作步骤如下。

(1) 用鼠标单击数据列表中任一单元格。

(2) 单击"开始"功能区的"筛选"按钮,这时在每个列标题旁边增加了一个向下的筛选箭头。

(3) 单击"期末"列的筛选箭头,在弹出的下拉列表中选择"数字筛选",如图 11-59 所示,在其下拉菜单中选择"大于或等于",在弹出的"自定义自动筛选方式"对话框中设置条件,单击"确定"按钮即可。筛选后,含筛选条件列的旁边的筛选箭头会变为小斗。筛选结果如图 11-60 所示。

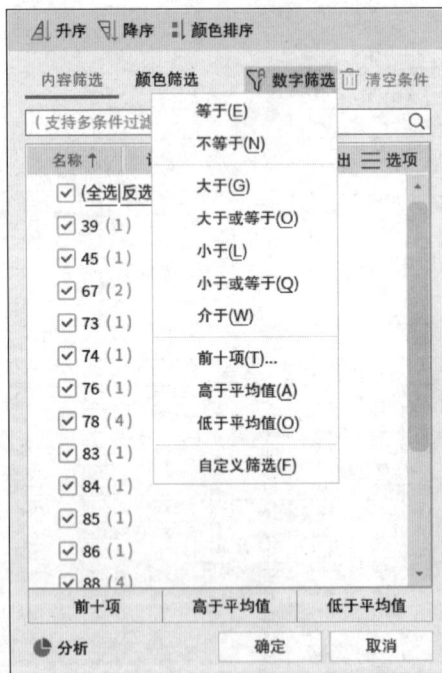

图 11-59　自动筛选

提示:筛选并不意味着删除不满足条件的记录,而只是暂时隐藏。如果想恢复被隐藏的记录,只须单击"筛选"按钮即可。

2. 简单筛选

筛选的条件还可以复杂一些,如要查看期末成绩为 85～95 分的学生记录。操作步骤如下。

	A	B	C	D	E	F	G	H	I	J	K	L	M	N
1	学号	姓名	性别	出生日期	作业	作业	作业	期中	平时	期末	总评	等级	离差	排名
2	2421290078	陈安琪	女	2004/2/11	89	67	67	92	74.33	92	86.7	良	8.488461538	3
3	2421290075	张迪旸	女	2005/5/18	54	90	78	83	74.00	92	84.8	良	6.588461538	6
4	2421290074	史雨萌	女	2001/8/23	66	90	89	90	81.67	90	87.5	良	9.288461538	1
5	2421290070	杨海容	男	2003/7/25	86	85	54	84	75.00	90	84.3	良	6.088461538	7
6	2421290071	王怀远	男	2003/4/2	88	84	55	73	75.67	90	82.3	良	4.088461538	9
7	2421290061	赵仁彰	男	2006/2/8	67	86	90	55	81.00	89	79.8	中	1.588461538	12
8	2021240012	马悦	女	2004/4/5	78	88	78	54	81.33	89	79.7	中	1.488461538	13
9	2421290077	韩湘	女	2004/1/14	39	78	45	90	54.00	88	78.2	中	-0.01153846	16
10	2421290080	徐莉	女	2005/3/8	84	67	84	88	78.33	88	85.1	良	6.888461538	5
11	2421290082	任思宇	女	2006/7/23	88	78	88	88	84.67	88	87	良	8.788461538	2
12	2421290069	郭韬	男	2002/7/20	88	89	66	85	81.00	88	85.3	良	7.088461538	4
13	2421290081	许鸢凡	女	2005/8/14	73	83	73	86	76.33	86	83.1	良	4.888461538	8
14	2421290066	池源恒	男	2002/9/1	90	54	88	67	77.33	85	79.1	中	0.888461538	14
15	2421290067	赵紫骏	男	2003/9/1	92	55	74	45	73.67	84	73.1	中	-5.11153846	21
16	2421290072	唐豫洲	男	2001/4/2	74	73	39	88	62.00	83	77.7	中	-0.51153846	17

图 11-60　筛选"期末成绩在 80 分以上"的数据

（1）用鼠标单击数据列表中任意一个单元格。

（2）单击"开始"功能区的"筛选"按钮,这时在每个列标题的旁边增加了一个向下的筛选箭头。

（3）单击"期末"列的筛选箭头,在弹出的下拉列表中选择"数字筛选"中的"自定义筛选",弹出如图 11-61 所示的"自定义自动筛选方式"对话框。

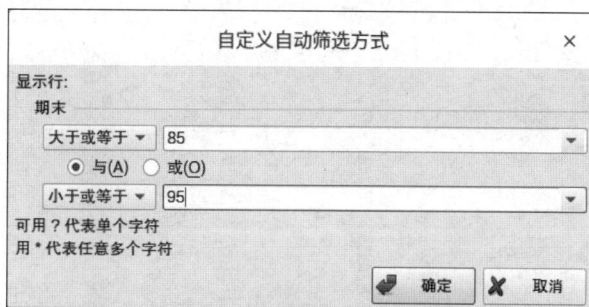

图 11-61　"自定义自动筛选方式"对话框

（4）在该对话框左边的操作符列表框中选择"大于或等于",在右边值列表框中输入"85"。

（5）选中"与"单选按钮,在下面的操作符列表框中选择"小于或等于",在值列表框中输入"95"。单击"确定"按钮,可筛选出符合条件的记录。筛选结果如图 11-62 所示。

	A	B	C	D	E	F	G	H	I	J	K	L	M	N
1	学号	姓名	性别	出生日期	作业	作业	作业	期中	平时	期末	总评	等级	离差	排名
2	2421290078	陈安琪	女	2004/2/11	89	67	67	92	74.33	92	86.7	良	8.488461538	3
3	2421290075	张迪旸	女	2005/5/18	54	90	78	83	74.00	92	84.8	良	6.588461538	6
4	2421290074	史雨萌	女	2001/8/23	66	90	89	90	81.67	90	87.5	良	9.288461538	1
5	2421290070	杨海容	男	2003/7/25	86	85	54	84	75.00	90	84.3	良	6.088461538	7
6	2421290071	王怀远	男	2003/4/2	88	84	55	73	75.67	90	82.3	良	4.088461538	9
7	2421290061	赵仁彰	男	2006/2/8	67	86	90	55	81.00	89	79.8	中	1.588461538	12
8	2021240012	马悦	女	2004/4/5	78	88	78	54	81.33	89	79.7	中	1.488461538	13
9	2421290077	韩湘	女	2004/1/14	39	78	45	90	54.00	88	78.2	中	-0.01153846	16
10	2421290080	徐莉	女	2005/3/8	84	67	84	88	78.33	88	85.1	良	6.888461538	5
11	2421290082	任思宇	女	2006/7/23	88	78	88	88	84.67	88	87	良	8.788461538	2
12	2421290069	郭韬	男	2002/7/20	88	89	66	85	81.00	88	85.3	良	7.088461538	4
13	2421290081	许鸢凡	女	2005/8/14	73	83	73	86	76.33	86	83.1	良	4.888461538	8
14	2421290066	池源恒	男	2002/9/1	90	54	88	67	77.33	85	79.1	中	0.888461538	14

图 11-62　筛选"期末成绩为 85～95 分"的数据

如果想取消自动筛选功能,可以使用"数据"功能组"自动筛选"按钮,则数据恢复显示,且筛选箭头也随之消失。

3. 高级筛选

如果筛选条件更为复杂,涉及两列及以上数据或一列复杂关系时,就用高级筛选来实现。例如,筛选出期末成绩为 80～90 分或等级是"中"的学生,则需要采用高级筛选。此时可选择"开始"功能区的"筛选"中的"高级筛选"命令来实现。

在"学籍管理资料"工作簿中,将"成绩等级计算"工作表的内容复制成"成绩高级筛选"工作表。在"成绩高级筛选"工作表中,进行上例的数据筛选。操作步骤如下。

(1) 在数据表中选择一个条件区域并输入筛选条件,条件区域至少两行,且首行应该是和数据列表相应列标题精确匹配的列标题。同一行上的条件关系为"逻辑与",不同行间为"逻辑或"。本例中的筛选条件如图 11-63 所示。

	A	B	C	D	E	F	G	H	I	J	K	L	M	N
1	学号	姓名	性别	出生日期	作业1	作业2	作业3	期中	平时	期末	总评	等级	离差	排名
2	1921430060	邵析悦	女	2003/2/3	89	78	83	66	83.33	39	57.7	不及格	−20.51153846	26
3	2021240012	马悦	女	2004/4/5	78	88	78	54	81.33	89	79.7	中	1.488461538	13
4	2421290061	赵仁彰	男	2006/2/8	67	86	90	55	81.00	89	79.8	中	1.588461538	12
5	2421290062	路嘉骏	男	2004/5/21	45	88	92	39	75.00	78	69.3	及格	−8.911538462	23
6	2421290063	周桐	男	2004/4/12	67	74	78	89	73.00	67	73.2	中	−5.011538462	20
7	2421290064	刘嘉宁	男	2003/11/23	83	76	88	89	82.33	45	65	及格	−13.21153846	25
8	2421290065	孙玉杰	男	2003/12/30	78	66	86	78	76.67	67	72.1	中	−6.111538462	22
9	2421290066	池源恒	男	2002/9/1	90	54	88	67	77.33	85	79.1	中	0.888461538	14
10	2421290067	赵紫骏	男	2003/9/1	92	55	74	45	73.67	84	73.1	中	−5.111538462	21
11	2421290068	牛怀正	男	2003/3/23	78	39	76	67	64.33	73	69.2	及格	−9.011538462	24
12	2421290069	郭娟	男	2002/7/20	88	89	66	85	81.00	88	85.3	良	7.088461538	4
13	2421290070	杨海容	男	2003/7/25	86	85	54	84	75.00	90	84.3	良	6.088461538	7
14	2421290071	王怀远	男	2003/4/2	88	84	55	73	75.67	90	82.3	良	4.088461538	9
15	2421290072	唐豫洲	男	2001/4/2	74	73	39	88	62.00	83	77.7	中	−0.511538462	17
16	2421290073	吴雅萱	女	2002/6/3	76	88	89	90	84.33	78	82.3	良	4.088461538	9
17	2421290074	史甜萌	女	2001/8/23	66	90	78	90	81.67	90	87.5	良	9.288461538	1
18	2421290075	张迪旸	女	2005/5/18	54	90	78	83	74.00	92	84.8	良	6.588461538	6
19	2421290076	王雨萌	女	2004/10/27	55	89	67	90	70.33	78	75.7	中	−2.511538462	19
20	2421290077	韩湘	女	2004/1/14	39	78	45	90	54.00	88	78.2	中	−0.011538462	16
21	2421290078	陈安琪	女	2004/2/11	89	67	67	92	74.33	92	86.7	良	8.488461538	3
22	2421290079	谢佳琪	女	2004/3/24	85	45	78	78	71.67	78	76.1	中	−2.111538462	18
23	2421290080	徐莉	女	2005/3/8	84	67	84	88	78.33	88	85.1	良	6.888461538	5
24	2421290081	许雪凡	女	2005/8/14	73	83	73	86	76.33	86	83.1	良	4.888461538	8
25	2421290082	任思宇	女	2006/7/23	88	78	88	88	84.67	88	87	良	8.788461538	2
26	2421290083	吴一凡	女	2005/2/9	90	90	90	74	90.00	74	78.8	中	0.588461538	15
27	2421290084	蒋叶敏	女	2005/4/8	90	92	90	76	90.67	76	80.4	良	2.188461538	11
28									1992		2075			
29					期末	期末	等级							
30					>=80	<90								
31							中							

图 11-63 筛选条件

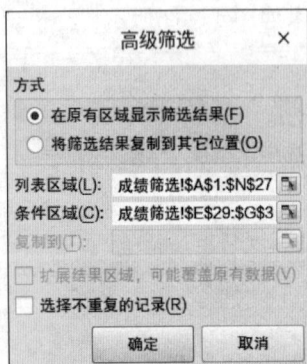

图 11-64 高级筛选

(2) 单击"开始"功能区的"筛选"按钮,在其下拉列表中选择"高级筛选"命令,在弹出的"高级筛选"对话框中选择数据区域、选择条件区域和确定是否选择重复的记录等,如图 11-64 所示。

(3) 设置好后,单击"确定"按钮,得到如图 11-65 所示的筛选结果。

如果想取消高级筛选功能,可用"开始"功能组的"筛选"按钮,在其下拉菜单中选择"全部显示"命令,则数据恢复显示。

	A	B	C	D	E	F	G	H	I	J	K	L	M	N
1	学号	姓名	性别	出生日期	作业1	作业2	作业3	期中	平时	期末	总评	等级	离差	排名
3	2021240012	马悦	女	2004/4/5	78	88	78	54	81.33	89	79.7	中	1.488461538	13
4	2421290061	赵仁彰	男	2006/2/8	67	86	90	55	81.00	89	79.8	中	1.588461538	12
6	2421290063	周桐	男	2004/4/12	67	74	78	89	73.00	67	73.2	中	-5.011538462	20
8	2421290065	孙玉杰	男	2003/12/30	78	66	86	78	76.67	67	72.1	中	-6.111538462	22
9	2421290066	池源恒	男	2002/9/1	90	54	88	67	77.33	85	79.1	中	0.888461538	14
10	2421290067	赵紫骏	男	2003/9/1	92	55	74	45	73.67	84	73.1	中	-5.111538462	21
12	2421290069	郭韬	男	2002/7/20	88	89	66	85	81.00	88	85.3	良	7.088461538	4
15	2421290072	唐豫洲	男	2001/4/2	74	73	39	88	62.00	83	77.7	中	-0.511538462	17
19	2421290076	王雨萌	女	2004/10/27	55	89	67	78	70.33	78	75.7	中	-2.511538462	19
20	2421290077	韩湘	女	2004/1/14	39	78	45	90	54.00	88	78.2	中	-0.011538462	16
22	2421290079	谢佳琪	女	2004/3/24	85	45	85	78	71.67	88	76.1	中	-2.111538462	18
23	2421290080	徐莉	女	2005/3/8	84	67	84	88	78.33	88	85.1	良	6.888461538	5
24	2421290081	许鸢凡	女	2005/8/14	73	83	73	86	76.33	86	83.1	良	4.888461538	8
25	2421290082	任思宇	女	2006/7/23	88	78	88	88	84.67	88	87	良	8.788461538	2
26	2421290083	吴一凡	女	2005/2/9	90	90	90	74	90.00	74	78.8	中	0.588461538	15
28								1992		2075				
29					期末	期末	等级							
30					>=80	<90								
31							中							

图 11-65　应用了高级筛选后的数据

11.6.3　分类汇总

实际应用中分类汇总经常要用到,如仓库的库存管理,经常要统计各类产品的库存总量,商店的销售管理经常要统计各类商品的售出总量等,它们共同的特点是首先要进行分类,将同类别数据放在一起,然后再进行数量求和之类的汇总运算。WPS 表格具有分类汇总功能,但并不局限于求和,也可以进行计数、求平均值等其他运算。并且针对同一个分类字段,可进行多种汇总。

在"学籍管理资料"工作簿中,将"成绩等级计算"工作表的内容复制成"成绩分类汇总"工作表。在"成绩分类汇总"工作表中,进行数据的分类汇总。

1. 简单汇总

例如,求各等级的作业 1、期中和期末的总和。

(1) 首先进行数据的排序。

按"等级"字段将同等级的同学记录排在一起,可通过对"等级"字段排序来实现。

(2) 进行分类汇总。

单击"数据"功能区中的"分类汇总"按钮,弹出如图 11-66 所示的"分类汇总"对话框。其中,"分类字段"表示按该字段分类(注意,一定是排序的字段),本例在列表框中选择"等级";"汇总方式"表示要进行汇总的函数,如求和、计数、平均值等,本例选择"求和";"选定汇总项"表示用选定的汇总函数进行汇总的对象,本例中选择"作业 1""期中"和"期末",并清除其余默认汇总对象。分类汇总后的结果如图 11-67 所示。

2. 分类汇总数据分级显示

在进行分类汇总时,WPS 表格会自动对列表中的数据进行分级显示,在工作表窗口左侧会出现分级显示区,列出一些分级显示符号,以便对数据的显示进行控制。

默认情况下,数据会分为三级显示,可以通过单击分级显示区上方的"1""2""3"三个按

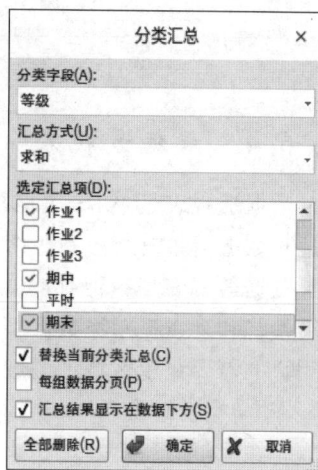

图 11-66　分类汇总

	A	B	C	D	E	F	G	H	I	J	K	L	M	N
1	学号	姓名	性别	出生日期	作业1	作业2	作业3	期中	平时	期末	总评	等级	离差	排名
2	1921430060	邵忻悦	女	2003/2/3	89	78	83	66	83.33	39	57.7	不及格	-20.5115385	26
3					89			66		39		不及格 汇总		26
4	2421290062	路嘉竣	男	2004/5/21	45	88	92	39	75.00	78	69.3	及格	-8.91153846	23
5	2421290068	牛怀正	男	2003/3/23	78	39	76	67	64.33	73	69.2	及格	-9.01153846	24
6	2421290064	刘喜宁	男	2003/11/23	83	76	88	89	82.33	45	65	及格	-13.2115385	25
7					206			195		196		及格 汇总		72
8	2421290078	陈安琪	女	2004/2/11	89	67	67	92	74.33	92	86.7	良	8.488461538	3
9	2421290075	张迪旸	女	2005/5/18	54	90	78	83	74.00	92	84.8	良	6.588461538	6
10	2421290074	史雨欣	女	2001/8/31	66	90	89	90	81.67	90	87.5	良	9.288461538	1
11	2421290070	杨海容	男	2003/7/25	86	85	54	84	75.00	90	84.3	良	6.088461538	7
12	2421290071	王怀远	男	2003/4/2	88	84	55	73	75.67	90	82.3	良	4.088461538	9
13	2421290080	徐莉	女	2005/3/8	84	67	84	88	78.33	88	85.1	良	6.888461538	5
14	2421290082	任思宇	女	2006/7/23	88	78	88	88	84.67	88	87	良	8.788461538	2
15	2421290069	郭颢	男	2002/7/20	88	89	66	85	81.00	88	85.3	良	7.088461538	4
16	2421290081	许骞凡	女	2005/8/14	73	83	73	86	76.33	86	83.1	良	4.888461538	8
17	2421290073	吴雅萱	女	2002/6/31	76	88	89	90	84.33	78	82.3	良	4.088461538	9
18	2421290084	蒋叶敏	女	2005/4/8	90	92	90	76	90.67	76	80.4	良	2.188461538	11
19					882			935		958		良 汇总		65
20	2421290061	赵仁彰	男	2006/2/8	67	86	90	55	81.00	89	79.8	中	1.588461538	12
21	2021240012	马悦	女	2004/4/5	78	88	78	54	81.33	89	79.7	中	1.488461538	13
22	2421290077	韩湘	女	2004/1/14	39	78	45	90	54.00	88	78.2	中	-0.01153846	16
23	2421290066	池卿恒	男	2002/9/1	90	54	88	67	77.33	85	79.1	中	0.888461538	14
24	2421290067	赵紫骏	男	2003/9/1	92	55	74	45	73.67	84	73.1	中	-5.11153846	21
25	2421290072	唐豫洲	男	2001/4/2	74	73	39	88	62.00	83	77.7	中	-0.51153846	17
26	2421290076	王雨萌	女	2004/10/27	55	89	67	78	70.33	78	75.7	中	-2.51153846	19
27	2421290079	谢佳琪	女	2004/3/24	85	45	85	78	71.67	78	76.1	中	-2.11153846	18
28	2421290083	吴一凡	女	2005/2/9	90	90	90	74	90.00	74	78.8	中	0.588461538	15
29	2421290063	周桐	男	2004/4/12	67	74	76	89	73.00	67	73.2	中	-5.01153846	20
30	2421290065	孙玉杰	男	2003/12/30	78	66	86	78	76.67	67	72.1	中	-6.11153846	22
31					815			796		882		中 汇总		187
32					1992			1992		2075		总计		350

图 11-67 按"等级"分类,将作业 1、期中和期末汇总明细

钮进行控制。"1"按钮只显示列表中的列标题和总计结果;"2"按钮显示列标题、各级分类汇总结果和总计结果;"3"按钮显示了所有的详细数据,即如图 11-67 所示所有数据。

从上面的操作不难看出,"1"代表总计,"2"代表分类汇总结果,"3"代表明细数据。为叙述方便,把"1"称为最上级,"3"称为最下级。分级显示区中有"＋""－"等分级显示符号,单击"－"可以隐藏下级数据,包括下级的下级数据,单击"＋"可以恢复下级数据显示。单击如图 11-67 所示的"2"按钮下的"－"可隐藏掉下一级明细数据,如图 11-68 所示。

	A	B	C	D	E	F	G	H	I	J	K	L	M	N
1	学号	姓名	性别	出生日期	作业1	作业2	作业3	期中	平时	期末	总评	等级	离差	排名
3					89			66		39		不及格 汇总		
7					206			195		196		及格 汇总		
19					882			935		958		良 汇总		
31					815			796		882		中 汇总		
32					1992			1992		2075		总计		

图 11-68 按"等级"分类,将作业 1、期中和期末汇总分级显示结果

11.6.4 数据透视表

数据透视表是 WPS 表格提供的一种简单、形象、实用的数据分析工具,使用它可以全面地对数据清单进行重新组织和统计数据,是对分类汇总的进一步深化。

数据透视表是一种对大量数据进行快速汇总和建立交叉列表的交互式表格,它不仅可以转换行和列以显示原数据不同的汇总结果,也可以显示不同页面用于筛选数据,还可以根据用户的需要显示区域中的细节数据。

在"学籍管理资料"工作簿中,将"成绩等级计算"工作表的内容复制成"成绩透视表"工作表。在"成绩透视表"工作表中,进行数据透视表的建立和格式化处理。

1. 建立数据透视表

(1) 单击"插入"功能区的"表格"选项组的"数据透视表"按钮,弹出如图 11-69 所示的"创建数据透视表"对话框。

（2）在该对话框中设置要分析的数据和放置数据透视表的位置后单击"确定"按钮。弹出如图 11-70 所示界面，此时数据透视表是空表，若要生成数据透视表，还需进行数据透视表字段的设置。

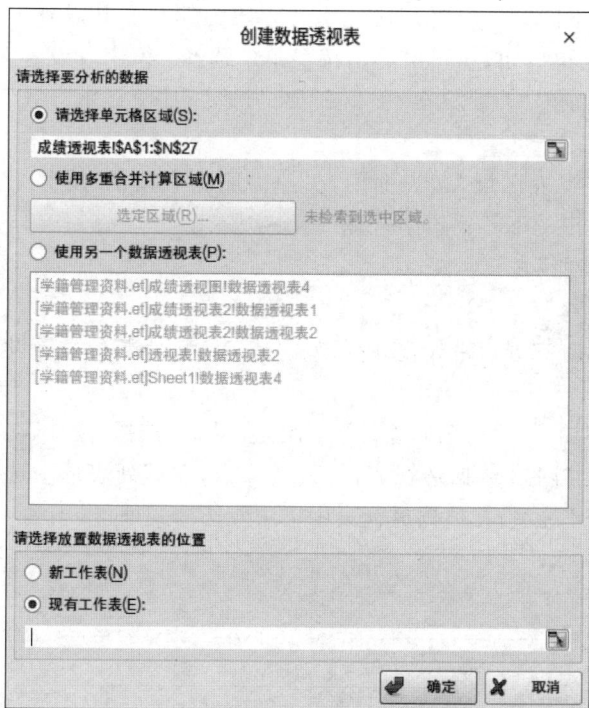

图 11-69　"创建数据透视表"对话框

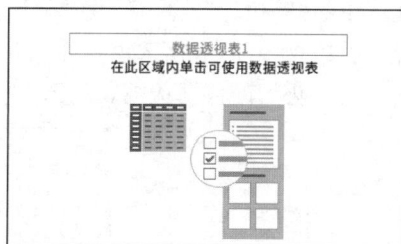

图 11-70　空的数据透视表

（3）根据数据需要将表格中的数据添加到数据透视表中或从数据透视表中进行删除、移动位置、设置等操作。

添加字段：右击数据透视表，选择"显示字段列表"命令，在如图 11-71 所示的 WPS 表格窗口右侧的"数据透视表字段"列表窗格的"将字段拖动至数据透视表区域"列表框中，选中对应字段的复选框。

图 11-71　数据透视表示例

移动字段：将鼠标指定到需移动的字段上，然后按住鼠标左键并进行拖动至所需区域时再释放鼠标即可。或者单击需移动字段中的下拉按钮，在弹出的下拉菜单中选择目标区域。

设置字段：设置字段是指对字段名称、分类汇总和筛选、布局和打印以及汇总方式等进行设置。不同区域中字段的设置方式是不同的。以"值"区域中的字段为例介绍其设置方法：单击该区域中需设置字段上的下拉菜单按钮，在弹出的下拉菜单中选择"值字段设置"命令，在打开的"值字段设置"对话框中分别对"自定义名称""值汇总方式"和"值显示方式"等进行设置，完成后单击"确定"按钮即可。

删除字段：在"将字段拖动至数据透视表区域"列表框中，去掉需删除字段的"对号"。或者单击需删除字段中的下拉按钮，在弹出的下拉菜单中选择"删除字段"。

添加数据后的数据透视表如图 11-71 所示。

2. 数据透视表的格式化

用户在建立了数据透视表之后，可以对它进行格式化处理，如字体、颜色、小数位数等设置。操作如下。

单击数据透视表，这时在菜单栏中增加了"分析"和"设计"两个选项功能，选择"设计"功能区中的"镶边行"复选框；选择"设计"功能区"数据透视表样式"选项组，在其列表框中选择"浅"色栏中的"数据透视表样式浅色 23"选项，在数据透视表中应用所选样式即可。

格式化后的数据透视表如图 11-72 所示。

性别	(全部)	女	2003/2/3
	值		
等级	求和项:作业1	求和项:期中	平均值项:期末
良	882	935	87.09090909
中	815	796	80.18181818
及格	206	195	65.33333333
不及格	89	66	39
总计	1992	1992	79.80769231

图 11-72　数据透视表格式化

3. 切片器的应用

WPS 表格的"切片器"功能可以帮助用户快速动态地分割和筛选数据，让用户用更少的时间，完成更多的数据分析工作。

切片器在数据透视表视图中提供了丰富的可视化功能，简单单击，即可迅速显示所需数据。根据需要可以添加多个切片器，并且每一个切片器都被关联在一起，相关数据能够快速显示，从而节省了用户筛选数据的时间，大大提高数据分析效率。在"成绩透视表"工作表中，利用便捷的切片器功能，对数据透视表进行快速筛选。例如，在图 11-71 图中，筛选出"男"的数据，可知其各等级的"作业 1"的和、"期中"的和、"期末"的平均值，如图 11-73 所示。

性别	男	女	2005/4/8
等级	求和项:作业1	求和项:期中	平均值项:期末
及格	206	195	65.33333333
良	262	242	89.33333333
中	468	422	79.16666667
总计	936	859	78.25

图 11-73　男生各等级的"作业 1"的和，"期中"的和，"期末"的平均值透视表

想知道各等级的男生的具体姓名是什么。具体的操作步骤如下。

（1）首先，将光标定位到制作好的数据透视表中。

（2）在"插入"功能区中，单击"切片器"按钮，打开如图 11-74 所示的"插入切片器"对话框。

（3）在"插入切片器"对话框中，列出了当前数据透视表中所有可用的字段，用户可根据需要进行选择，本例中选择"姓名"。

（4）单击"确定"按钮关闭对话框，系统将对每一个选中的字段，创建单独的"切片器"，如图 11-75 所示。每一个切片器中都清晰地列出了该切片器对应字段的具体数据项，用户只需单击某个数据项，即可对数据透视表进行快速地筛选操作。例如，在"姓名"切片器中单击"牛怀正"，则符合条件的结果随即显示在数据透视表中，如图 11-76 所示。

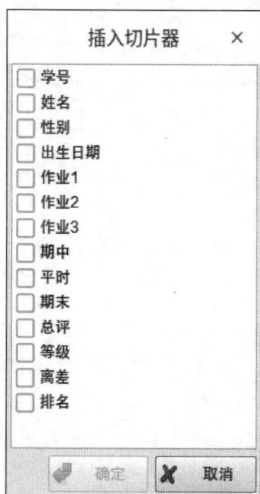

图 11-74　插入切片器

图 11-75　建立切片器

在切片器中，按住 Ctrl 键的同时单击具体数据项，可选择多个数据项。而如果想清除筛选，单击切片器右上角的"清除筛选器"按钮即可。为了增加可视化效果，在 WPS 表格中还提供了"切片器工具"，可用来格式化切片器外观，如更改样式、大小，以及对多个切片器进行排列等，如图 11-77 所示。

图 11-76　应用切片器

图 11-77　格式化切片器

11.6.5　数据透视图

数据透视图是数据透视表的图形表达方式，其图表类型与前面的一般图表类型类似，主要有柱形图、条形图、折线图、饼图、面积图以及圆环图等。

在"学籍管理资料"工作簿中,将"成绩等级计算"工作表的内容,复制成"成绩透视图"工作表。在"成绩透视图"工作表中,进行数据透视图的建立。

1. 创建数据透视图

方法一:与创建数据透视表类似,可以利用源数据创建,下面以"成绩透视图"工作表为例建立数据透视图。操作如下。

(1) 单击"插入"功能区的"数据透视图"按钮,弹出如图 11-78 所示的"创建数据透视图"对话框(如已有数据透视表,可以一键生成数据透视图)。

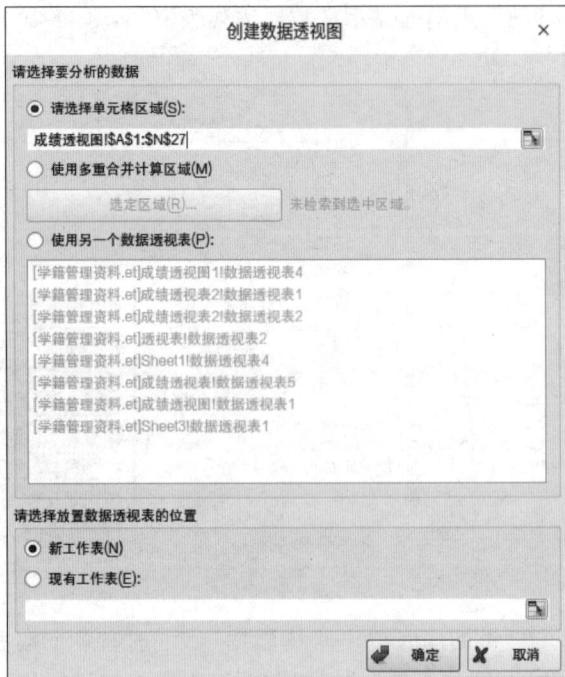

图 11-78　创建数据透视图

(2) 在该对话框的"请选择要分析的数据"选项区域中的"请选择单元格区域"单击文本框右侧按钮,拖动鼠标选择表格中的数据区域。

(3) 在"请选择放置数据透视图的位置"选项区中选择"现有工作表"单选按钮,拖动鼠标选择数据透视图放置的位置,然后单击"确定"按钮。如图 11-79 所示。此时的数据透视图是空的,若要生成数据透视图,还需要进行数据透视图字段的设置。

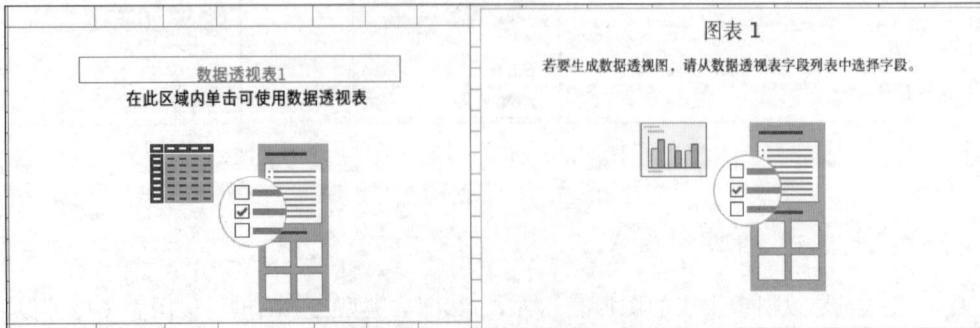

图 11-79　空的数据透视图

（4）根据数据需要将表格中的数据添加到数据透视图中或从数据透视图中删除或移动位置或设置等操作，操作方法与数据透视表相同，此处不再赘述。

方法二：利用数据透视表创建透视图。具体的操作如下。

（1）将光标放在数据透视表中，在"插入"功能组"图表"选项组中选择图表类型和样式，然后单击"确定"按钮即可。

（2）在"数据透视表字段"列表窗格中，取消不想显示到数据透视图中的字段，此时数据的数据透视表和数据透视图将同时变化。

2. 筛选数据透视图中的数据

用户在建立了数据透视图之后，在图左上方将出现一个系列名称下拉按钮，单击该下拉按钮，在打开的下拉列表中选择相应的命令可以筛选数据。例如，筛选出"男"生各等级的"作业1"的和、"期中"的和、"期末"的平均值透视图，如图 11-80 所示。

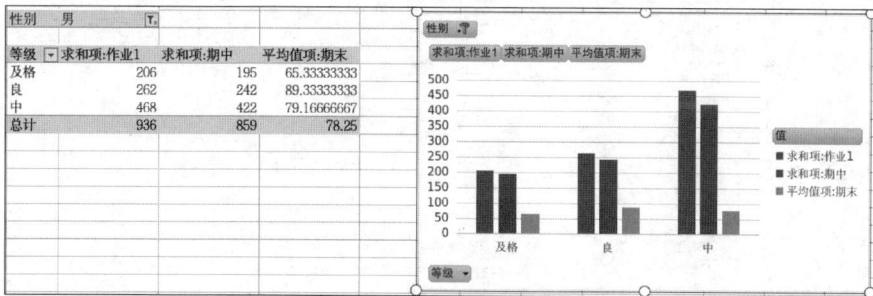

图 11-80　数据筛选后的透视图和表

11.6.6　数据迷你图

使用数据迷你图可以在一个单元格中创建小型图表来快速发现数据变化趋势。它是突出显示重要数据变化趋势的更加快速简便的方法，可为用户节省大量时间。切换到"插入"选项卡，在"迷你图"选项组中列出了三种类型的迷你图，如图 11-81 所示。

例如，在"学籍管理资料"工作簿中，将"成绩等级计算"工作表的内容复制成"成绩迷你图"工作表，在"成绩迷你图"工作表中，利用迷你图功能对各列绘制折线迷你图，进行直观的数据分析。

选择要插入"折线迷你图"的单元格 E28，单击"插入"功能区的"迷你图"选项组中的"折线"按钮，弹出如图 11-82 所示的"创建迷你图"对话框。在该对话框中，放置迷你图的位置范围已经自动填充为当前选择的单元格，此时只需确定所需数据的范围 E2：E27 即可。单击"确定"按钮，基于选中数据所绘制的迷你图自动显示在指定的单元格中。

图 11-81　"迷你图"选项组　　　图 11-82　"创建迷你图"对话框

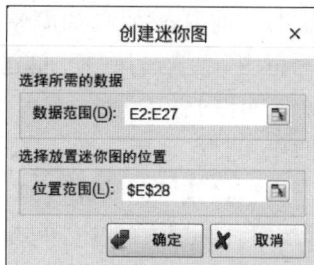

当选中迷你图后,菜单栏中会出现"迷你图工具"功能组区,可以对迷你图进行丰富的格式化操作。

选中 E28 迷你图所在的单元格,在"迷你图工具"功能区中,选中"标记"选项组复选框,则折线图上会显示数据标志点;在"样式"选项组中,可以选择不同的样式,或者自定义迷你图的颜色;单击"标记颜色"按钮,在随即打开的下拉列表中,将"高点"和"低点"的颜色均设置为红色。

像复制填充公式一样,拖动迷你图所在单元格右下角的填充柄,可将迷你图复制填充到其他单元格中。设置后如图 11-83 所示,其中,O 列的折线迷你图是对作业 1、作业 2 和作业 3 列所作的折线迷你图。

	A	B	C	D	E	F	G	H	I	J	K	L	M	N	O
1	学号	姓名	性别	出生日期	作业1	作业2	作业3	期中	平时	期末	总评	等级	离差	排名	折线迷你图
2	1921430060	邵忻悦	女	2003/2/3	89	78	83	66	83.33	39	57.7	不及格	-20.51153846	26	
3	2021240012	马悦	女	2004/4/5	78	88	78	54	81.33	89	79.7	中	1.488461538	13	
4	2421290061	赵仁彰	男	2006/2/8	67	86	90	55	81.00	89	79.8	中	1.588461538	12	
5	2421290062	路嘉骏	男	2004/5/21	45	88	92	39	75.00	78	69.3	及格	-8.911538462	23	
6	2421290063	周桐	男	2004/4/12	67	74	78	89	73.00	67	73.2	中	-5.011538462	20	
7	2421290064	刘嘉宁	男	2003/11/23	83	76	88	89	82.33	45	65	及格	-13.21153846	25	
8	2421290065	孙玉杰	男	2003/12/30	78	66	86	78	76.67	67	72.1	中	-6.111538462	22	
9	2421290066	池源恒	男	2002/9/1	90	54	88	67	77.33	85	79.1	中	0.888461538	14	
10	2421290067	赵紫薇	男	2003/9/1	92	58	74	45	73.67	84	73.1	中	-5.111538462	21	
11	2421290068	牛怀正	男	2003/3/23	78	39	76	67	64.33	73	69.2	及格	-9.011538462	24	
12	2421290069	郭镛	男	2002/7/20	88	89	66	85	81.00	88	85.3	良	7.088461538	4	
13	2421290070	杨海容	男	2003/7/25	86	85	54	84	75.00	90	84.3	良	6.088461538	7	
14	2421290071	王怀远	男	2003/4/2	88	84	55	73	75.67	90	82.3	良	4.088461538	9	
15	2421290072	唐濠洲	男	2001/4/2	74	73	39	88	62.00	83	77.7	中	-0.511538462	17	
16	2421290073	吴雅萱	女	2002/6/3	76	88	89	90	84.33	78	82.3	良	4.088461538	9	
17	2421290074	史雨萌	女	2001/8/23	66	90	89	90	81.67	90	87.5	良	9.288461538	1	
18	2421290075	张迪旸	女	2005/5/18	54	90	78	83	74.00	92	84.8	良	6.588461538	6	
19	2421290076	王雨萌	女	2004/10/27	55	89	67	78	70.33	78	75.7	中	-2.511538462	19	
20	2421290077	韩湘	女	2004/1/14	39	78	45	90	54.00	88	78.2	中	-0.011538462	16	
21	2421290078	陈安琪	女	2004/2/11	89	67	67	92	74.33	92	86.7	良	8.488461538	3	
22	2421290079	谢佳琪	女	2004/3/24	85	45	85	78	71.67	78	76.1	中	-2.111538462	18	
23	2421290080	徐莉	女	2005/3/8	84	67	84	88	78.33	88	85.1	良	6.888461538	5	
24	2421290081	许骞凡	女	2005/8/14	73	83	73	86	76.33	86	83.1	良	4.888461538	8	
25	2421290082	任思宇	女	2006/7/23	88	78	88	88	84.67	88	87	良	8.788461538	2	
26	2421290083	吴一凡	女	2005/2/9	90	90	90	74	90.00	74	78.8	中	0.588461538	15	
27	2421290084	蒋叶敏	女	2005/4/8	90	92	90	76	90.67	76	80.4	良	2.188461538	11	
28								1992		2075					

图 11-83　绘制好的迷你图

11.7　表格打印

1. 打印设置

在打开的 WPS 表格窗口中选择"文件",在其打开的下拉菜单中选择"打印"选项或者单击功能区"打印"快捷按钮,打开如图 11-84 所示的"打印"对话框。在对话框的"打印机"区域单击"名称"下拉列表,选择打印机,如需双面打印,单击"双面打印"复选框。在"页码范围"区域,选择需要打印的内容范围,如需要全部打印,单击"全部"单选按钮,如需要此外的特定页面,在"页码范围"区域选择"页"单选按钮,再指定范围即可。在"副本"区域,在"份数"文本框输入需要打印的表格份数。

如需要在一页纸中打印多版表格,需要使用并打功能。在"并打和缩放"区域单击"每页的版数",如"4 版";选择"按纸型缩放",如"A4",在"并打顺序"区选择"从左到右""从上到下"或"重复"单选按钮,确定并打顺序,单击"确定"按钮开始打印。

2. 打印预览与打印

在打开的 WPS 表格窗口中选择"文件",在其下拉菜单中单击"打印"选项中的"打印预览"

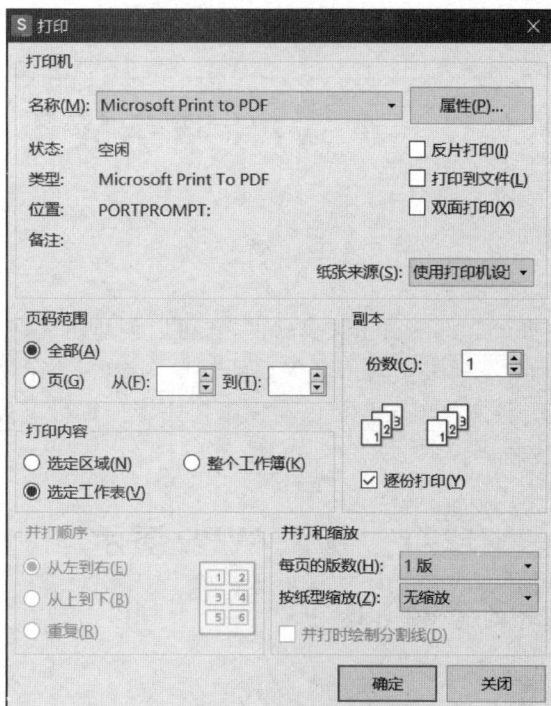

图 11-84　"打印"对话框

按钮或者单击功能区"打印预览"快捷按钮,打开如图 11-85 所示的"打印预览"窗口。在该状态下,用户可以查看在上一步中设置的表格打印内容,可以快捷调整打印机、打印份数和打印方向等内容,单击"直接打印"按钮进行文档打印,单击下拉列表,选择"打印"命令,打开如图 11-84 所示的"打印"对话框,用户可以再次对文档打印内容进行设置,单击"确定"按钮进行打印。单击"关闭"按钮退出打印预览窗口。

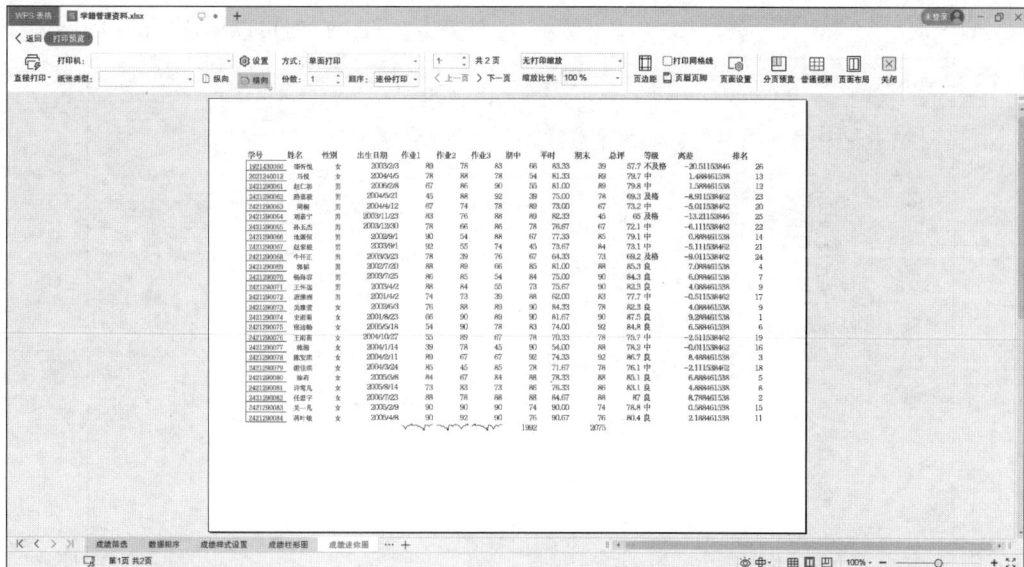

图 11-85　打印预览

第11章

WPS表格应用

第 12 章　WPS 演示应用

WPS 演示是 WPS 办公套件的演示文稿软件，它可以创建由文字、图片、视频以及其他事物组成的幻灯片，更加形象地表达演示者需要的信息。WPS 演示文件也叫作演示文稿，其格式后缀名为 * . dps。演示文稿不仅可以在投影仪或者计算机上进行演示，也可以将演示文稿打印出来，制作成胶片。

12.1　认识 WPS 演示

12.1.1　WPS 演示的启动与退出

1. 启动应用程序

WPS 中包含的组件众多，启动方式基本相同，主要有以下几种方法。

（1）启动器菜单启动。

打开启动器，在菜单中可以看到所有已安装的组件，单击需要的组件即可启动相应的程序。

（2）快捷方式启动。

如果桌面上有 WPS 演示的快捷方式图标，可以通过双击图标来启动对应的应用程序。

（3）常用文档启动。

双击一个演示文稿，系统同样可以启动应用程序并打开表格。

WPS 演示的默认打开界面如图 12-1 所示，这时单击"新建"按钮可以创建新的演示文稿。

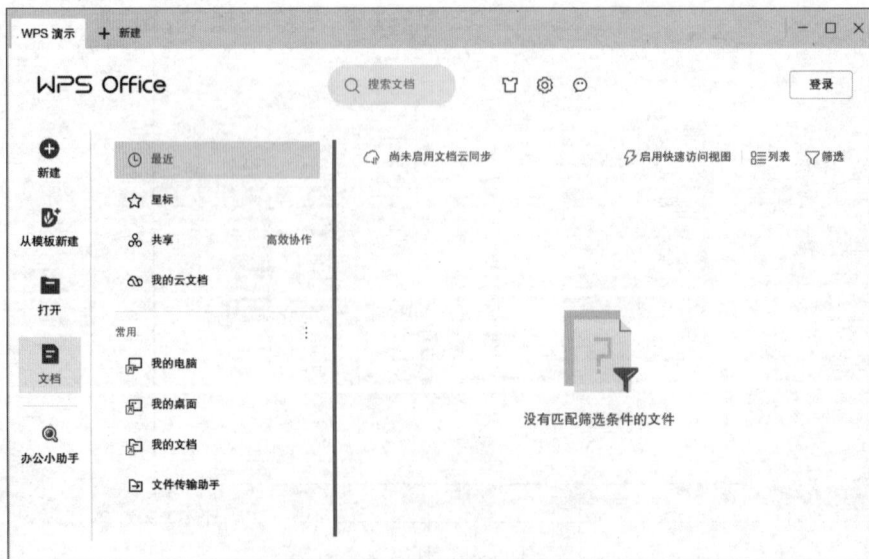

图 12-1　WPS 演示默认界面

2. 退出应用程序

以下几种方法均可退出应用程序。

（1）单击 WPS 演示右上角标题栏上的"关闭"按钮。

（2）在 WPS 演示中单击"文件"，在打开的菜单中单击"退出"。

（3）使用快捷键 Alt＋F4。

12.1.2　WPS 演示文稿工作界面

在使用 WPS 演示编辑演示文稿前，应先了解 WPS 演示工作界面。WPS 演示工作界面由标题栏、"文件"按钮、功能区、工作区、状态栏、视图切换区和比例缩放区等组成，如图 12-2 所示。

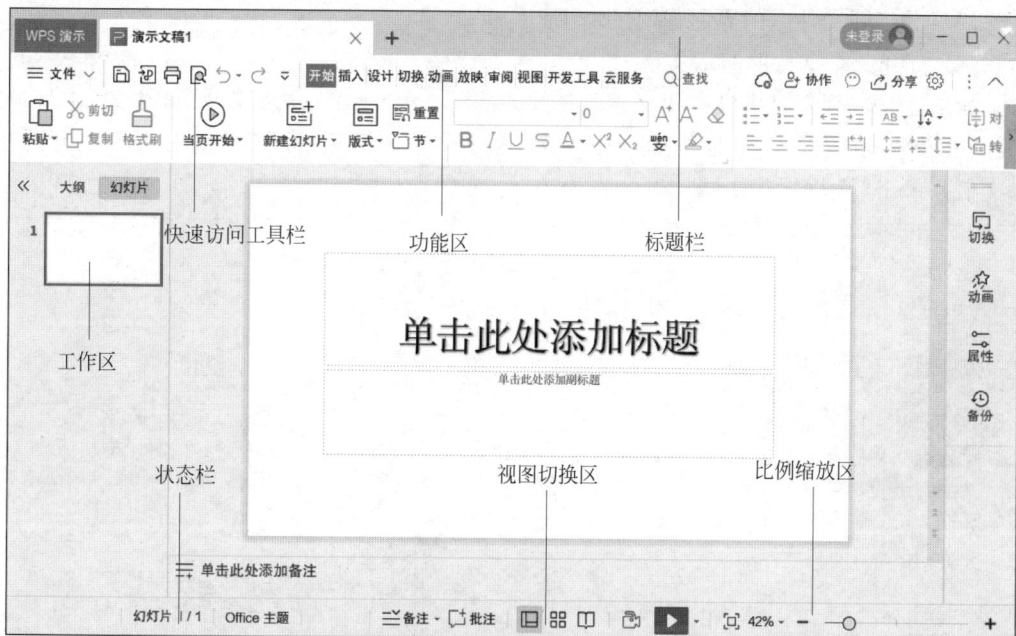

图 12-2　WPS 演示工作界面

标题栏：位于窗口的最上方，由控制菜单图标、演示文稿名称和窗口控制按钮等组成。

快速访问工具栏：实现演示文稿的保存、打开、关闭、新建、打印和保存并发送等操作。

功能区：主要由各个功能区及其所包含的选项组，以及各选项组所包含的选项组成。用户可以切换到某个功能区中，在相应的组中单击相应的命令按钮，即可完成相应的操作。

工作区：用户编辑演示文稿的区域。左侧是幻灯片预览窗格，提供了两种预览演示文稿的方式，即"幻灯片"预览和"大纲"预览。右侧是幻灯片设计窗格，是编辑演示文稿的核心区，用于编辑和设计幻灯片。幻灯片设计窗格下方是备注窗格，用户可以在此添加一些备注信息，为当前幻灯片中的部分内容进行解释说明，或者补充幻灯片的内容。

状态栏：位于窗口的最下方，主要用于显示当前演示文稿的状态信息。

视图切换区：位于状态栏的右侧，用来切换演示文稿的视图方式，它由"普通视图"按钮、"幻灯片浏览"按钮和"阅读视图"按钮等组成。

比例缩放区：位于视图切换区的右侧，用来设置工作区的设计窗格的显示比例，如果单

195

击"最佳显示比例"按钮,系统会自动根据窗口大小调整设计窗格幻灯片的显示比例。

12.1.3 演示文稿的打开与保存

1. 打开演示文稿

打开演示文稿是指将保存在磁盘上的演示文稿文件、其他版本的演示文稿或用其他软件创建的其他演示文稿调入内存并显示在窗口中。WPS 演示中打开文件有以下几种情况。

(1) 打开最近使用的演示文稿。

在 WPS 演示中默认会显示最近打开或编辑过的演示文稿,显示文件与系统设置有关,可以在 WPS 演示的"设置"中关闭。打开最近使用的文件,操作步骤为:单击"文件",在其弹出的菜单中选择"打开",在"打开文件"对话框的列表中单击准备打开的 WPS 演示文件名称即可。打开文件后的界面如图 12-2 所示。

(2) 打开所有支持的演示文稿。

如果在"最近"列表中没有找到想要打开的演示文稿,则可以选择图 12-3 中的"主目录""我的桌面""我的文档""其他位置"等选项,根据实际情况在相应路径中选择需要打开的演示文稿并单击"打开"按钮即可。

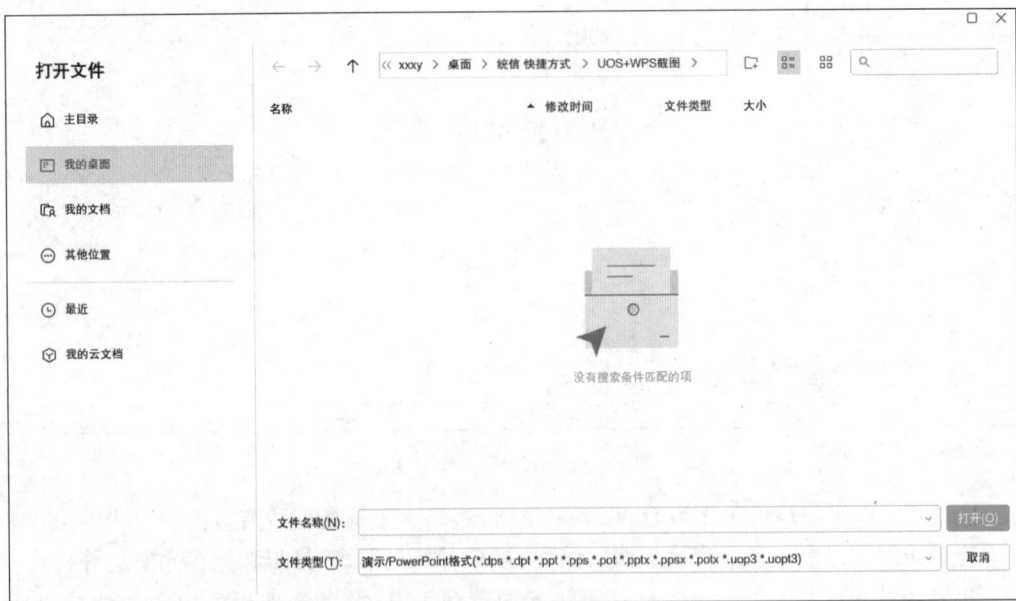

图 12-3 "打开文件"演示文稿选项

2. 保存演示文稿

在对演示文稿进行首次保存时,必须要给它命名、确定类型,并要决定其存放路径。默认情况下,使用 WPS 演示文稿会保存为.dps 格式的文件。

(1) 将文档保存为.pptx 文件。

WPS 演示文稿是.dps 格式的文件,与 PPTX 格式有所不同,如果需要将 WPS 演示文稿保存格式设置为 PPTX 文件,可单击"文件",在其弹出的菜单中选择"另存为",在打开的"另存文件"窗口中单击"文件类型"下拉三角按钮,并在打开的下拉菜单中选择"Microsoft PowerPoint 文件(＊.pptx)"选项,并单击"保存"按钮,如图 12-4 所示。

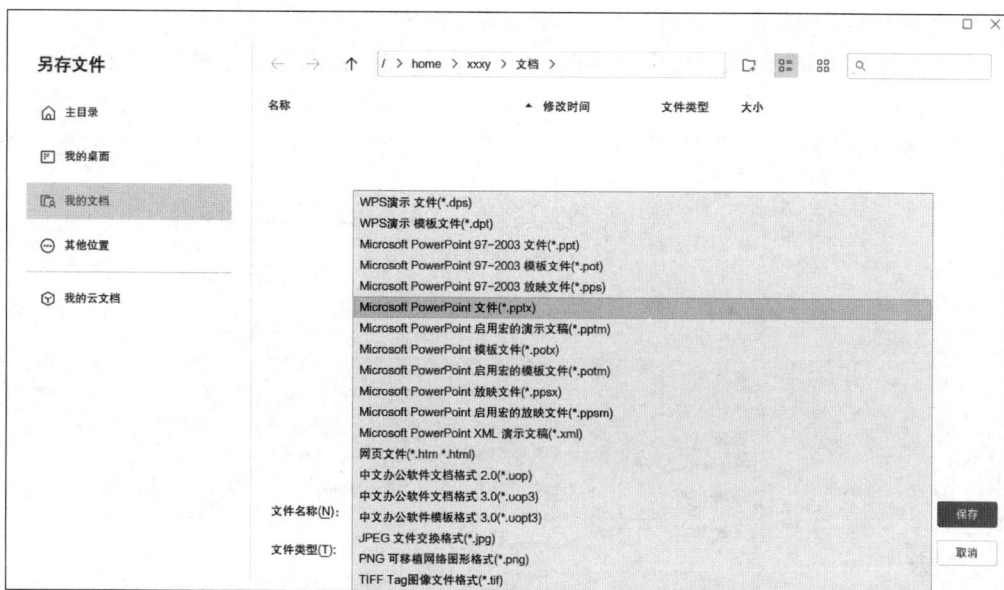

图 12-4　文件的保存类型

（2）将 WPS 演示文稿直接保存为 PDF 文件。

WPS 演示具有直接将演示文稿另存为 PDF 文件的功能，具体操作是在打开的 WPS 演示文稿窗口中单击"文件"，在其弹出的菜单中选择"输出为 PDF"，打开如图 12-5 所示的"输出 PDF 文件"对话框，在该对话框中，选择 PDF 文件的保存位置并输入 PDF 文件名称，然后单击"确定"按钮，则保存为 PDF 文件。

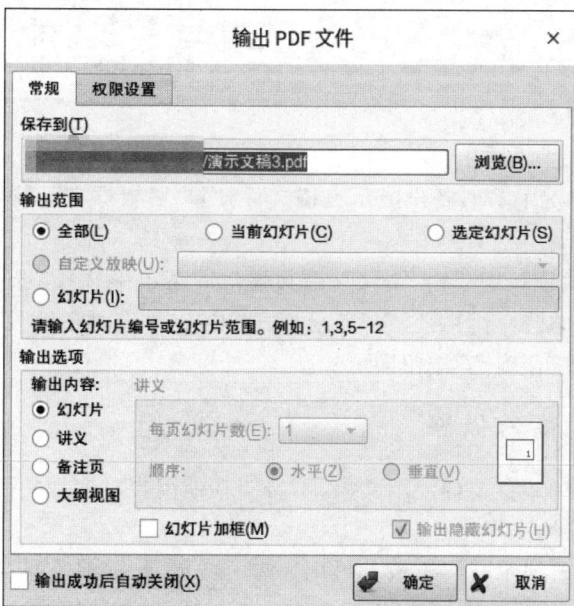

图 12-5　输出 PDF 文件

（3）设置 WPS 演示文稿属性信息。

WPS 演示文稿的属性信息包括作者、标题、主题、关键字、类别、状态和备注等项目，关键字属性属于 WPS 演示文稿属性之一。用户通过设置 WPS 演示文稿属性,将有助于管理文档。在打开的 WPS 演示文稿窗口中单击"文件",在其弹出的菜单中选择"文档加密",在其级联菜单中选择"属性",打开如图 12-6 所示的文档"属性"对话框,在该对话框中切换到"摘要"选项卡,分别输入标题、作者、单位、类别、关键字等相关信息,并单击"确定"按钮即可。

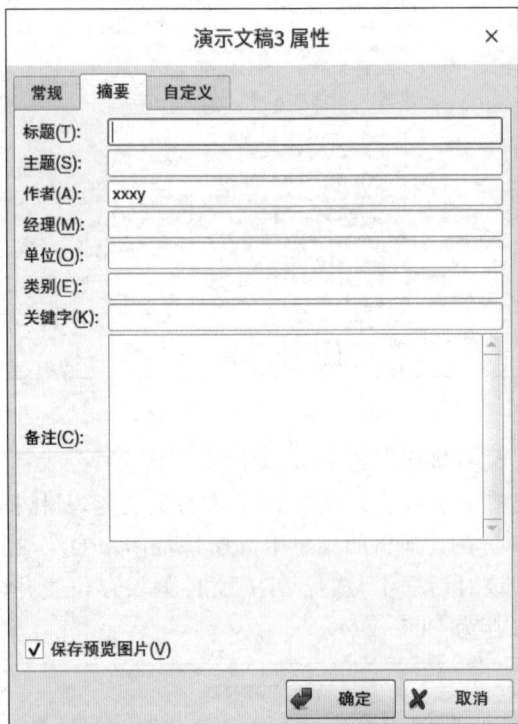

图 12-6　文件属性界面

(4) 设置自动保存时间间隔。

WPS 表格默认情况下实时备份演示文稿文件,用户可根据实际情况设置自动保存时间间隔,操作如下。

在 WPS 演示文稿窗口中单击"文件",在其弹出的菜单中选择"选项"命令,在"选项"对话框中选择左窗格中的"备份设置",在"备份模式"中选择"定时备份",并在其后面的编辑框中设置合适的数值,单击"确定"按钮即可。

12.1.4　演示文稿的保护

如果用户建立了一些重要的演示文稿,不希望其他用户对演示文稿进行查看或编辑,可以对演示文稿进行保护。

如果用户直接希望演示文稿不被其他用户查看或编辑,可以直接为演示文稿设置密码,这样不掌握密码的用户便无法打开演示文稿查看其内容或编辑其内容。设置方法是,在 WPS 演示文稿窗口中单击"文件",在其弹出的菜单中选择"文档加密",在其级联菜单中选择"文件加密",打开如图 12-7 所示的"选项"对话框。在该对话框中可以设置文档打开权限和文档编辑权限的密码,设置完成后单击"确定"按钮即可为演示文稿设置密码。此时,再次打开文稿时,需要输入正确的密码才能打开,如果密码输入错误,则不能打开文稿。若设置的是编辑权限密码,则在不知道密码的情况下无法完成对演示文稿的编辑。

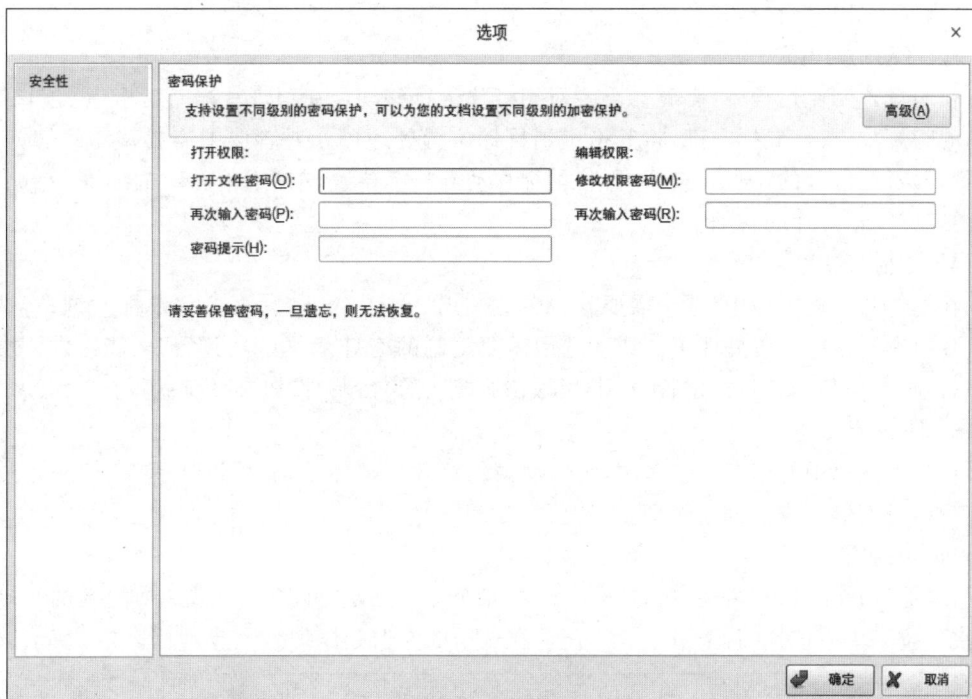

图 12-7 "选项"对话框

12.2 制作演示文稿

12.2.1 幻灯片基本操作

将演示文稿保存后,就可以对幻灯片进行操作了,如新建幻灯片、为幻灯片选择版式等。

1. 新建幻灯片

新建的演示文稿中,默认只有一张幻灯片。用户可以根据需要,在演示文稿中创建更多的幻灯片。创建新的幻灯片有多种方法。

(1)使用"开始"功能区。

单击"开始"功能区的"新建幻灯片"按钮,系统自动创建一个新的幻灯片。

(2)使用鼠标右键。

在"幻灯片缩略图"窗格的任意位置右击鼠标,在弹出的快捷菜单中选择"新建幻灯片"选项,便可以添加新的幻灯片。

(3)使用"插入"功能区。

单击"插入"功能区的"新建幻灯片"按钮,系统自动创建一个新的幻灯片。这个功能与使用"开始"功能区创建新幻灯片基本相同。

(4)使用快捷键。

使用快捷键 Ctrl+M 也可以快速创建新的幻灯片。

2. 删除幻灯片

选中一个或多个要删除的幻灯片,在要删除的幻灯片上右击鼠标,在弹出的快捷菜单中选择"删除幻灯片"命令,或者按 Delete 键,都可以删除选中的幻灯片。

3. 移动幻灯片

在幻灯片制作过程中,有时会需要对幻灯片进行移动。在幻灯片缩略窗格中,选中需要移动的幻灯片,按住鼠标左键,将其拖曳到目标位置处即可。或者选中需要移动的幻灯片,单击"开始"功能区的"剪切"按钮,再将鼠标移动到目标位置,单击"开始"功能区的"粘贴"按钮,便完成了幻灯片的移动。

4. 复制幻灯片

在幻灯片缩略窗格中,选中需要移动的幻灯片,按住 Ctrl 键,再按住鼠标左键,将选中幻灯片拖曳到目标位置处即可。或者选中需要复制的幻灯片,单击"开始"功能区的"复制"按钮,再将鼠标移动到目标位置,单击"开始"功能区的"粘贴"按钮,便完成了幻灯片的复制。

5. 使用节管理

当演示文稿中的幻灯片较多时,为了厘清幻灯片的整体结构,可以使用 WPS 演示提供的节功能对幻灯片进行分组管理。

(1) 添加节。

在"幻灯片缩略图"窗格中,单击需要添加节的空白处,再单击"开始"功能区的"节"按钮,在下拉菜单中选择"新增节"选项,便可在选中的空白处添加一个节,如图 12-8 所示。

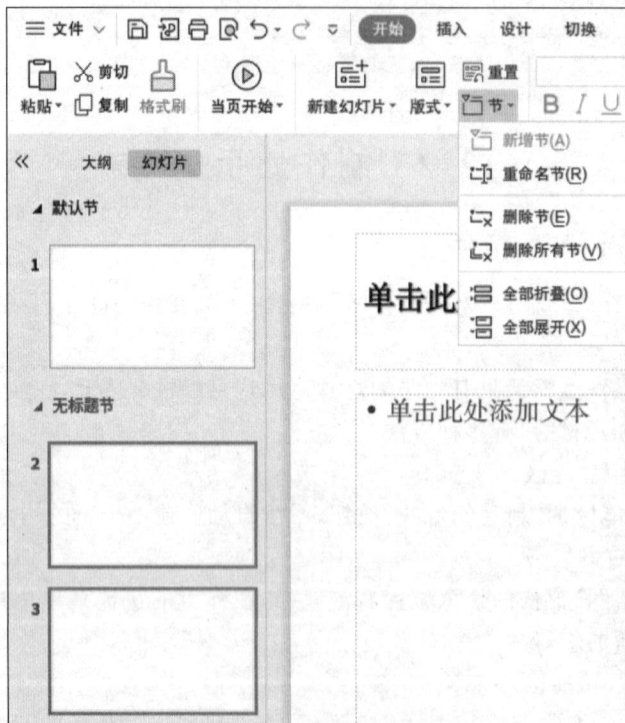

图 12-8　演示文稿的节管理

在"幻灯片缩略图"窗格中,选中某一个幻灯片,右击鼠标,在弹出的快捷菜单中选择"新增节"命令,便在这个幻灯片的上方添加一个新节。

（2）重命名节。

选中某一个节，在其上右击鼠标，在弹出的快捷菜单中选择"重命名节"，便会弹出"重命名节"对话框，在"节名称"框中输入新的节名称，完成节的重命名。

（3）折叠与展开节。

单击节标题前的 ◢ 按钮，可折叠节内的幻灯片；单击节标题前的 ▷ 按钮，可展开节。

（4）删除节。

选中某一个节，右击鼠标，在弹出的快捷菜单中选择"删除节"，便可以删除选中的节；如果选择"删除所有节"，便可以删除演示文稿中的所有节。

6．隐藏幻灯片

如果用户不想放映某些幻灯片，可以将其隐藏起来。在幻灯片缩略图窗格中，选中要隐藏的幻灯片，在幻灯片上右击鼠标，在弹出的快捷菜单中选中"隐藏幻灯片"选项，此时幻灯片上的标号上会显示隐藏标记，表示该幻灯片已经被隐藏。

7．确定幻灯片版式

幻灯片版式是 WPS 演示中的一种常规排版的格式，通过幻灯片版式的应用可以对文字、图片等进行更加简洁合理的布局。WPS 演示中由文字版式、内容版式等多种版式组成。确定幻灯片版式有两种方式。

（1）使用"开始"功能区。

选中要确定版式的幻灯片，单击"开始"功能区的"版式"按钮，在打开的如图 12-9 所示的"版式"列表中选择需要的版式，即可完成版式设置。

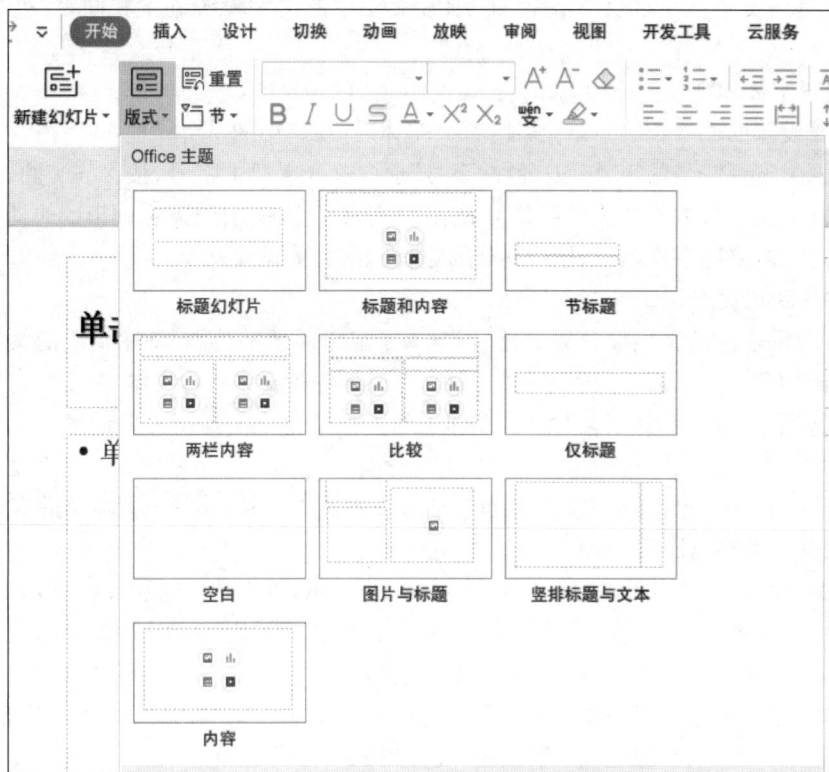

图 12-9　设置幻灯片版式

（2）使用鼠标右键。

选中要确定版式的幻灯片，在其上右击鼠标，在弹出的快捷菜单中选择"版式"，在弹出的"版式"列表中选择所需的版式，也可完成版式设置。

12.2.2　输入文本

完成幻灯片页面的添加之后，就可以向幻灯片中输入文本内容了。文本是演示文稿中最基本的元素，用以表达幻灯片的主要内容。

1. 在文本占位符中输入文本

在普通视图中，幻灯片会出现"单击此处添加标题"或"单击此处添加副标题"等提示文本框。这种文本框统称为文本占位符。在 WPS 演示中，可以在文本占位符中直接输入文本。

2. 在文本框中输入文本

幻灯片中文本占位符的位置是固定的，不同版式中的文本占位符位置不同。如果想在幻灯片的其他位置输入文本，可以在幻灯片中绘制一个新的文本框，在文本框中可以输入文本。单击"插入"功能区中的"文本框"按钮，在其下拉菜单中选择"横向文本框"或"竖向文本框"选项，然后将光标移至幻灯片中的合适位置，按住鼠标左键并拖动，可创建一个横排或竖排的文本框。接下来将鼠标指针移动到文本框内部，便可以在文本框内部输入文字。

12.2.3　文字设置

WPS 演示文本框中的文字设置与 WPS 文字中的文字设置基本相同，此处仅做简单介绍。

1. 设置字体和字号

选中要设置的文字，在"开始"功能区的"字体"选项组中的"字体"框中选择需要的字体，在"字号"框中选择需要的字号；或者在"字号"框中输入需要的字号，按 Enter 键，完成字体和字号设置。第二种方式是选择要设置的文字，在文字上右击鼠标，在弹出的快捷菜单中选择"字体"，在弹出的"字体"对话框中完成对字体和字号的设置。

2. 字体颜色设置

WPS 演示默认的文字颜色为黑色，用户为了显示不同的信息，演示文稿的文字可能会采用不同的颜色。如果需要设置字体的颜色，可以选中需要设置的文本，单击"开始"功能区的"字体"选项组中的"字体颜色"按钮，在弹出的下拉菜单中选择所需要的颜色。如果已有颜色不满足需要，可以在下拉菜单中选择"其他字体颜色"，在弹出的"颜色"对话框给出的标准颜色中进行选择；或者选择"更多设置"，通过设置文本属性，精确设置需要的字体效果。

3. 设置文本突出显示

（1）如果用户想要对某一段文本使用色彩突出显示，可以选中需要突出显示的文本，然后单击"开始"功能区的"字体"选项组中的"文本突出显示颜色"按钮，在弹出的下拉列表中选择一种颜色，选中的文本内容就应用选中颜色的荧光笔效果，突出显示选择的文本。

（2）如果想取消突出显示的文本，可以选中突出显示的文本，单击"开始"功能区的"字体"选项组中的"文本突出显示颜色"按钮，在弹出的下拉列表中选中"无"选项，取消文本的突出显示。

12.2.4 段落设置

1. 设置对齐方式

选中需要设置对齐方式的文本,或者选中文本框,选择"开始"功能区,例如,设置居中对齐,则可在"段落"选项组中单击"居中"按钮,便可以实现对文本居中对齐设置,或者选中文本,右击鼠标,在弹出的快捷菜单中选择"段落"选项,弹出如图 12-10 所示的"段落"对话框中,在"对齐方式"下拉列表中选择"居中",即可将所选文本设为居中。

2. 设置文本段落缩进

段落缩进指的是段落中的行相对于页面左边界或右边界的位置。段落缩进方式主要包括左缩进、悬挂缩进和首行缩进等。文本段落缩进设置方式与对齐方式设置类似,选中文本框,可以对文本框内的所有文本进行设置;如果选中文本,则只对文本进行设置。设置中,选中文本框,或者选中需要设置的文本,单击"开始"功能区中"段落"选项组右下角的"段落"按钮,在弹出的如图 12-10 所示的"段落"对话框中,在"缩进和间距"选项卡的"缩进"区域中分别对"文本之前""特殊格式""度量值"三个选项进行设置,确定文本段落缩进方式和缩进量。

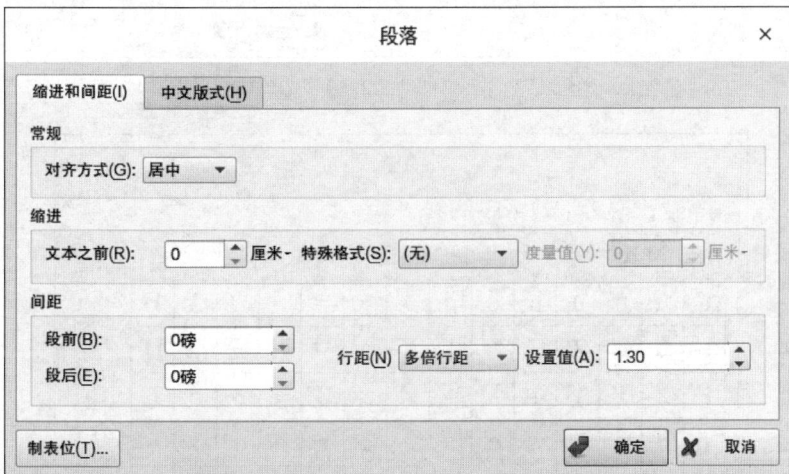

图 12-10 "段落"对话框

12.2.5 添加项目符号或编号

幻灯片中经常要为文本添加项目符号或编号,以便文档更具条理、更清晰。

1. 添加项目符号或编号

选中要添加项目符号或编号的文本,单击"开始"功能区的"段落"选项组中的"项目符号"或"编号"按钮右侧的下拉按钮,在弹出的下拉列表中选择一种项目符号或编号,便为所选文本添加了项目符号或编号。

2. 更改项目符号或编号外观

选中已经添加了项目符号或编号的文本,单击"开始"功能区的"段落"选项组中的"项目符号"或"项目编号"按钮右侧的下拉按钮,在弹出的下拉列表中选择一种其他类型的项目符号或编号,为所选文本修改项目符号或编号的外观。如果弹出的列表中没有需要的项目符号或项目编号外观,可以单击"其他项目符号"或"其他编号",在弹出的如图 12-11 所示的

"项目符号与编号"对话框中,选择需要的符号作为项目符号的外观,单击"确定"按钮,完成项目符号或编号的外观设置。若"项目符号与编号"对话框中,没有所需要的项目符号或编号,可单击"自定义"按钮,在弹出的如图 12-12 所示的"符号"对话框中进行进一步的设置。

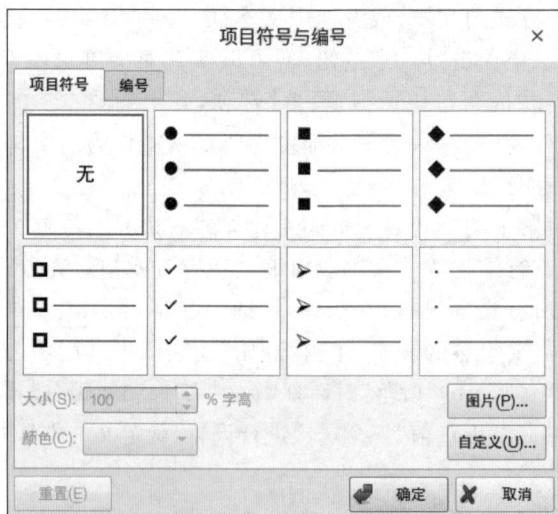

图 12-11 "项目符号与编号"对话框

图 12-12 "符号"对话框

12.3 幻灯片设计

12.3.1 添加表格

表格是幻灯片中常用的一类模板,用户可以在幻灯片中插入表格,利用表格更清晰地展示信息,并对表格进行编辑。

1. 创建表格

（1）快速插入表格。

在要插入表格的幻灯片中，单击"插入"功能区中的"表格"按钮，在打开的表格列表中，拖动鼠标指针选中合适数量的行和列即可插入表格，如图 12-13 所示。

（2）使用"插入表格"对话框插入表格。

单击"插入"功能区中的"表格"按钮，并在打开的表格列表中选择"插入表格"命令，打开如图 12-14 所示的"插入表格"对话框。分别设置表格的行数和列数，设置完毕单击"确定"按钮，便插入设定行数与列数的表格。

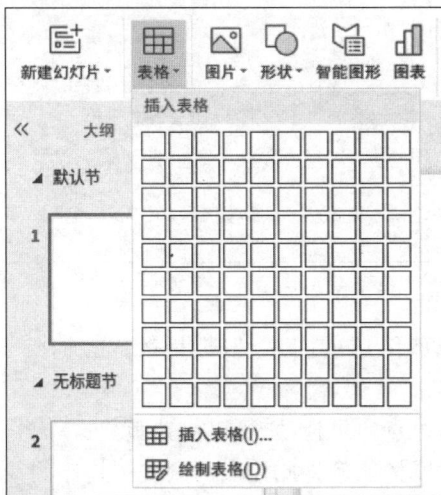

图 12-13　快速插入表格　　　　　图 12-14　"插入表格"对话框

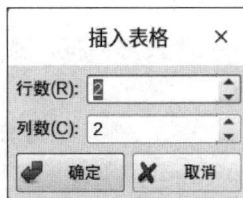

2. 表格设计

WPS 演示中的表格设计，与 WPS 文字中的表格设计基本相同，表格设计具体内容可参考第 10 章相关内容，此处不再赘述。

12.3.2　添加图片

为了更好地做好演示，在制作幻灯片的时候，适当插入一些图片，做到图文并茂，可以达到更好的展示效果。

1. 插入图片

单击"插入"功能区的"图片"按钮，在弹出的如图 12-15 所示的"插入图片"窗口中，选择图片所在的位置，然后单击选择所要使用的图片，单击"打开"按钮，完成图片插入。

2. 调整图片大小

如果插入图片与预想尺寸不符，可调整图片的大小。选中插入的图片，单击打开的"图片工具"功能区中的"形状高度"或"形状宽度"按钮，在其文本框中输入图片高度和宽度，完成图片大小设置。或者使用"形状高度"和"形状宽度"微调按钮微调图片高度和宽度。

3. 裁剪图片

有时用户需要对图片进行裁剪，只保留图片的一部分。选中图片，单击"图片工具"功能区的"裁剪"按钮，打开图片裁剪框。此时有以下裁剪方式。

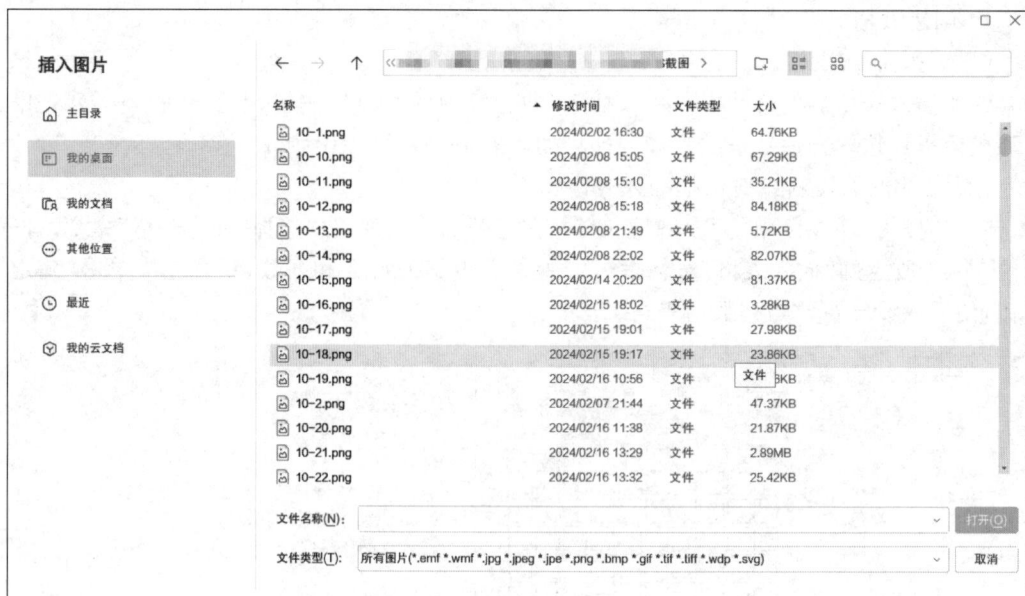

图 12-15　插入图片

（1）通过拖动裁剪方框的边缘移动裁剪区域或图片，鼠标指针放置的位置即为裁剪区域。

（2）将上、下、左、右某一侧的中心裁剪控点向里拖动，可以单独裁剪这一侧。

（3）将任一角部裁剪控点向里拖动，可以按比例将此控点两侧按图片比例裁剪。

此外，单击"裁剪"下拉按钮，或单击"裁剪"按钮后都可以打开如图 12-16 所示的"裁剪设置"菜单，可以对图片"按形状裁剪"或"按比例裁剪"进行进一步裁剪。

4. 设置图片样式

双击图片，打开"对象属性"侧边栏，在侧边栏中，可以调整图片填充与线条、图片效果、图片大小与属性等样式设置，如图 12-17 所示。

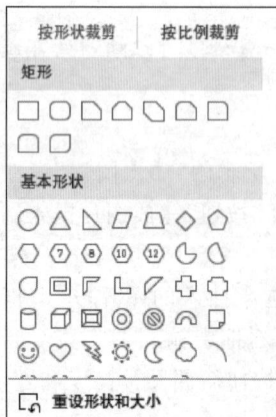

图 12-16　裁剪设置

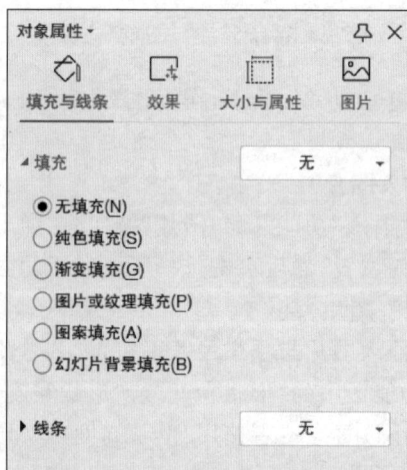

图 12-17　"对象属性"侧边栏

12.3.3 添加图标

1. 插入 SVG 图标

单击"插入"功能区的"图片"按钮,在弹出的"插入图片"对话框中,选择需要的 *.svg 图标,然后单击所要使用的图标,单击"打开"按钮,便插入选中的 SVG 图标,如图 12-18(a)所示。

2. 设置 SVG 图标

双击插入的图标,在"对象属性"侧边栏的"填充与线条"中选择"渐变填充",再单击"线条"下拉按钮,在下拉列表中选择"实线",完成图标格式设置,如图 12-18(b)所示。

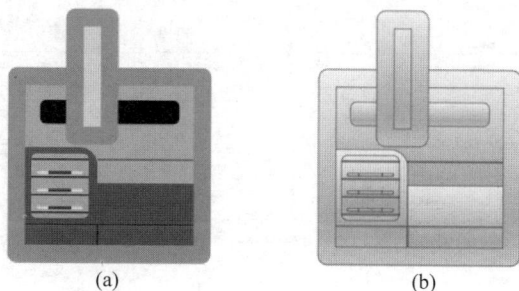

(a)   (b)

图 12-18　插入并设置 SVG 图标

12.3.4 添加图表

演示文稿的作用是向观众展示信息,图表与文字的结合更容易让观众接受,所以制作演示文稿时往往会插入图表,WPS 演示可以向幻灯片中插入柱形图、折线图、饼图、条形图等多种图表。

要插入图表,单击"插入"功能区的"图表"按钮,打开"插入图表"对话框,单击需要的图表类型,例如选择饼图,单击"确定"按钮,在幻灯片中插入饼图,在"图表工具"功能区单击"选择数据"按钮,打开 WPS 表格窗口。用户需要在 WPS 表格窗口中编辑数据。例如,修改系列名称和类别名称,并编辑具体数值。在编辑 WPS 表格数据的同时,演示窗口中将同步显示图表结果,如图 12-19 所示。完成 WPS 表格数据的编辑后关闭 WPS 表格窗口,在 WPS 演示窗口中可以看到创建完成的图表。

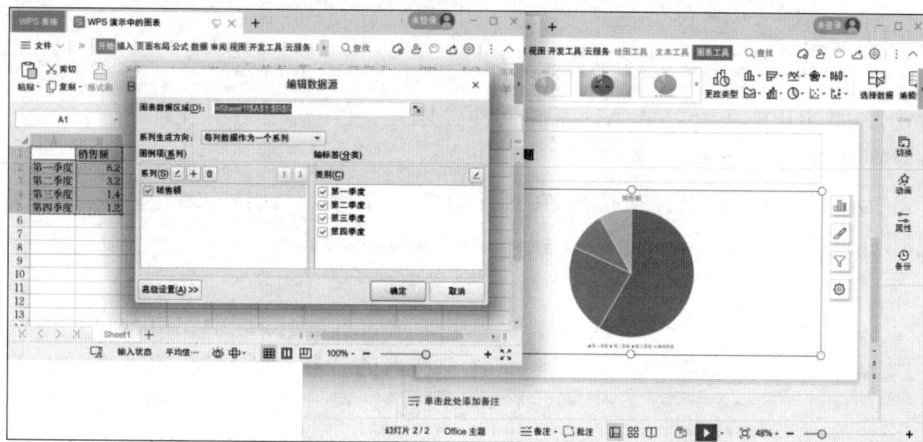

图 12-19　插入图表

12.3.5　添加智能图形

虽然插图和图形比文字更有助于读者理解和回忆信息,但创建高水准的插图很困难。智能图形是一种文本和形状相结合的图形,能以可视化的方式直观地表达出各项内容之间的关系。智能图形使用户可以方便地创建高水平的插图,方便用户使用和操作。

单击"插入"功能区的"智能图形"按钮,在打开的如图 12-20 所示的"选择智能图形"对话框中,单击左侧的类别名称选择合适的类别,然后在对话框右侧单击选择需要的智能图形,单击"插入"按钮。返回 WPS 演示窗口,在插入的智能图形中单击文本占位符,输入合适的文字即可。

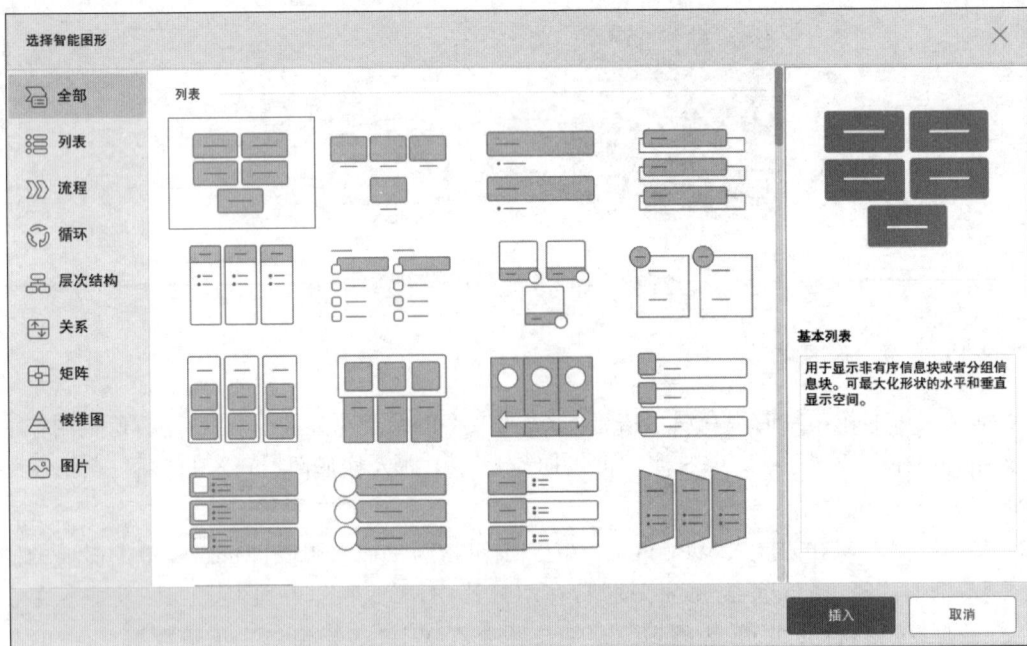

图 12-20　"选择智能图形"对话框

12.3.6　添加音频和视频

1. 添加音频

为了达到更好的演示效果,WPS 演示可以在幻灯片中添加音频。WPS 演示支持多种声音格式,包括 AIFF 音频文件、AU 音频文件、MIDI 文件、MP3 音频文件等。

(1) 添加 PC 上的音频文件。

单击"插入"功能区的"音频"按钮,在打开的"插入音频"对话框中,找到音频文件所在位置,选择相应音频文件后单击"打开"按钮,完成音频文件的插入。

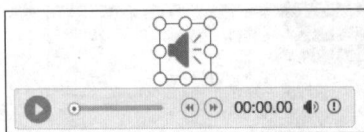

图 12-21　音频"播放"按钮

(2) 播放音频。

音频添加完成后,幻灯片中便出现一个"音频"图标 。选中插入的音频文件图标,其下方会出现音频"播放"按钮,如图 12-21 所示,单击"播放"按钮便可以播放音频。或者选中插入的音频文件图标,则在功能区打开了"音频工具"功能区,单击该功能区的"播放"按钮,也可以播放音频。

(3)设置音频播放开始方式。

演示文稿中添加的音频,可以在幻灯片显示时自动播放,也可以通过单击鼠标触发音频播放,还可以跨页播放音频,甚至还可以将一个音频循环播放直至演示文稿播放完毕。

选中幻灯片中添加的音频文件图标,便在功能区打开了"音频工具"功能区,单击该功能区的"开始"下的三角按钮,在弹出的下拉列表中包括"自动""单击"两个选项,分别对应音频播放的两种开始方式,选择需要的方式单击完成设置。如果同时勾选"循环播放,直至停止"和"播放完返回开头"复选框,可以使该音频文件循环播放。

(4)设置播放音量。

选中幻灯片中添加的音频文件图标,单击"音频工具"功能区的"音量"后的下三角按钮,在弹出的下拉列表中选择合适的音量选项。

(5)设置淡入/淡出播放时间。

为了更好地与演示文稿的播放相配合,音频播放过程中还可以设置音量的淡入和淡出效果。在"音频工具"功能区的"淡入"或"淡出"文本框中输入数值,可以在音频开始的或结束之前的时间内使用"淡入"或"淡出"效果。

(6)剪辑音频。

有时添加的音频与演示文稿不能完全匹配,为达到较好的效果,可对音频文件进行剪辑。对音频文件的剪辑只能对音频开头和末尾处进行修剪,以缩短音频时间使其与演示文稿放映时间步调一致。

选中插入的音频文件图标,单击"音频工具"功能区中的"裁剪音频"按钮,弹出如图 12-22 所示"裁剪音频"对话框,单击对话框中显示的音频起点,也就是最左侧的绿色标记,当鼠标指针变为双向箭头时,按住鼠标左键,并将鼠标指针拖动到想要音频开始的位置松开鼠标,便将音频开头位置进行了修改。按同样方法,将音频结束位置向左侧移动,修改音频结束位置,便完成了对音频的裁剪。为了精确裁剪音频,还可以在"裁剪音频"对话框中,在"开始时

图 12-22 裁剪音频

间"和"结束时间"文本框中输入精确的时间,裁剪音频。裁剪完成后,单击"裁剪音频"对话框中的"播放"按钮,可以试听裁剪后的音频。

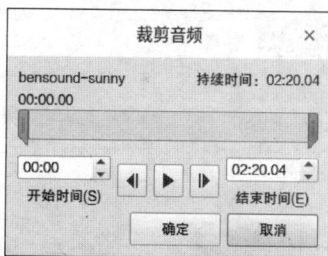

2. 添加视频

WPS 演示的演示文稿可以链接外部视频文件或电影文件,增强播放效果。WPS 演示支持多种格式视频文件,包括 *.asf、*.asx、*.wpl、*.avi、*.mov、*.mp4、*.m4v 等。

(1)链接视频文件。

选中需要链接到视频的幻灯片,单击"插入"功能区的"视频"按钮,打开如图 12-23 所示"插入视频"窗口,找到并选择所需要的视频文件,单击"打开"按钮,便将视频插入幻灯片中。选中插入的视频,可以调整视频的位置和大小。选中视频文件,其下方会出现类似图 12-21 的视频"播放"按钮,单击"播放"按钮,可以播放视频。或选中视频文件后,则在功能区打开了"视频工具"功能区,单击该功能区的"播放"按钮,也可以播放视频。

图 12-23　插入视频

（2）播放视频。

选中插入的视频文件，单击文件图标下的"播放"按钮，便可以播放视频。或者选中插入的视频文件，选择"视频工具"功能区找到"播放"按钮，便可以播放视频，如图 12-24 所示。

图 12-24　播放视频

（3）设置视频播放开始方式。

在演示文稿中添加的视频，可以在幻灯片放映时自动播放，也可以通过单击鼠标触发播放,还可以通过单击的顺序播放演示文稿中的所有视频,甚至还可以将一个视频循环播放直至演示文稿播放完毕。

选中幻灯片中添加的视频文件,则在功能区打开了"视频工具"功能区,单击该功能区的"开始"下面的下三角按钮,弹出的下拉列表中包括"自动""单击"两个选项,分别对应视频播放的两种开始方式,选择需要的方式完成设置。如果同时勾选"循环播放,直至停止"和"播放完返回开头"复选框,可以使该视频文件循环播放。

(4)剪辑视频。

有时添加的视频与演示文稿不能完全匹配,为达到较好效果,可对视频文件进行剪辑,对视频开头和末尾处进行修剪,使其与演示文稿放映时间步调一致。

选中插入的视频,单击"视频工具"功能区中的"裁剪视频"按钮,弹出如图 12-25 所示的"裁剪视频"对话框,单击对话框中显示的视频起点,也就是最左侧的绿色标记,当鼠标指针变为双向箭头时,按住鼠标左键,并将鼠标拖动到想要视频开始的位置松开鼠标,便将视频开头位置进行了修改。按同样的方法,将视频结束位置向左侧移动,修改视频结束位置,便完成了对视频裁剪。为了精确裁剪视频,还可以在"裁剪视频"对话框中,在"开始时间"和"结束时间"文本框中输入精确的时间,裁剪视频。裁剪完成后,单击"裁剪视频"对话框中的"播放"按钮,可以试看裁剪后的视频效果。

图 12-25　剪辑视频

12.3.7　添加艺术字

艺术字可以充分表达含义,凸显一些重点内容。为了更好地宣传,演示文稿中经常会使用艺术字。

1. 添加艺术字

在需要添加艺术字的幻灯片中,单击"插入"功能区中的"艺术字"按钮,在打开的如图 12-26 所示的艺术字预设样式下拉列表中选择需要的艺术字样式。例如,选择"填充-矢车菊蓝,着色 1,阴影"样式,便在幻灯片中插入了艺术字文本框。选中艺术字文本框内的文字,删除,重新输入需要用艺术字展示的文本,例如,输入"艺术字示例",则在幻灯片中完成了艺术字的添加。

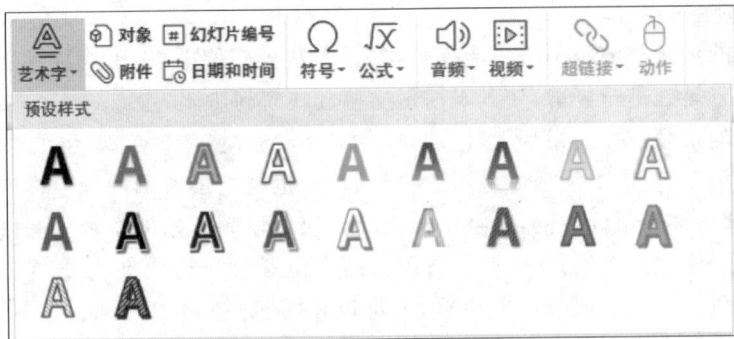

图 12-26　艺术字预设样式

2. 更改艺术字样式

艺术字添加完成后,可以对艺术字样式进行修改,将艺术字换成其他需要的样式。选中艺术字文本框,功能区出现"文本工具"功能区,单击"艺术字样式"下拉按钮,在打开的"艺术字样式"列表中选择所需要的艺术字样式,便可以更改艺术字的样式。

3. 设计艺术字格式

(1) 形状填充。

选中艺术字文本框,单击"文本工具"功能区中的"形状填充"下拉按钮,在打开的列表中选择需要的颜色,便为艺术字文本框填充了颜色。

(2) 形状轮廓。

选中艺术字文本框,单击"文本工具"功能区中的"形状轮廓"下拉按钮,在打开的列表中选择需要的形状轮廓,便为艺术字文本框线条选择了形状轮廓。

(3) 文本填充。

选中艺术字文本框,单击"文本工具"功能区中的"文本填充"下拉按钮,在打开的列表中选择需要的颜色,便为艺术字填充了颜色。

(4) 文本轮廓。

选中艺术字文本框,单击"文本工具"功能区中的"文本轮廓"下拉按钮,在打开的列表中选择需要的文本轮廓,便为艺术字轮廓添加了颜色线条。

(5) 文本效果。

选中艺术字文本框,单击"文本工具"功能区中的"文本效果"下拉按钮,在打开的列表中单击"转换"按钮,在其级联的如图 12-27 所示的艺术字形状列表中选择"弯曲"组中的"波形 2",完成艺术字效果设置。

(6) 艺术字旋转。

选中艺术字文本框,拖动旋转按钮对艺术字进行旋转。

以上 6 步设计后,艺术字最终设计效果如图 12-28 所示(说明:以上 6 步选择不同,最终效果也各不相同)。

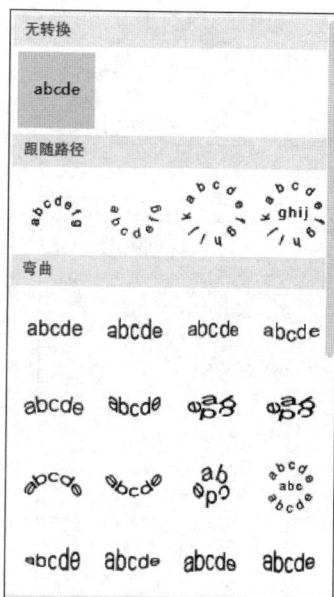

图 12-27　艺术字形状

图 12-28　设计艺术字

12.3.8　添加超链接

演示文稿中的超链接,可以在幻灯片放映过程中,直接跳到网页、邮件地址、其他文件,或是演示文稿中的其他位置,通过超链接,用户可以直接进行切换,在演示文稿中可以对文本或其他对象设置超链接。

1. 链接到同一演示文稿中的幻灯片

选中要创建超链接的对象,单击"插入"功能区中的"超链接"按钮,打开如图 12-29 所示

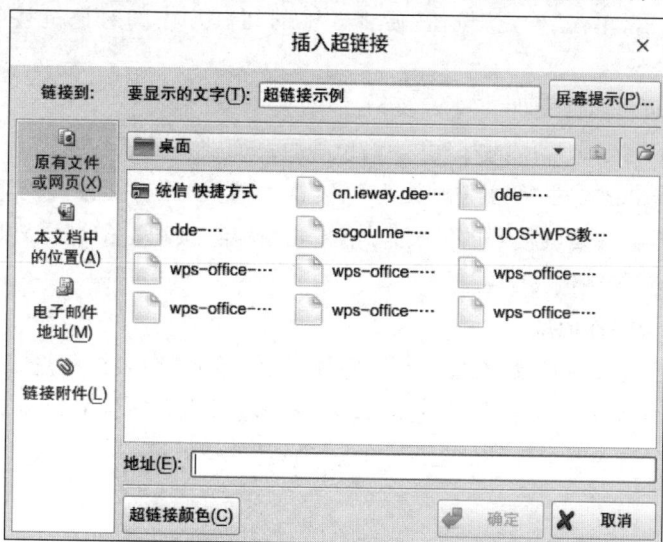

图 12-29　"插入超链接"对话框

的"插入超链接"对话框,在对话框左侧的"链接到"列表框中选择"本文档中的位置"选项,在右侧的"请选择文档中的位置"列表框中选择"幻灯片标题"下方的需要被链接的幻灯片,如图 12-30 所示,单击"确定"按钮,便将选中的对象链接到了选中的幻灯片。如果建立超链接的对象是文本,超链接建立后,文本显示为蓝色,并添加了下画线。在放映幻灯片时,单击已建立的超链接的对象,便可以直接跳转到被链接的幻灯片。

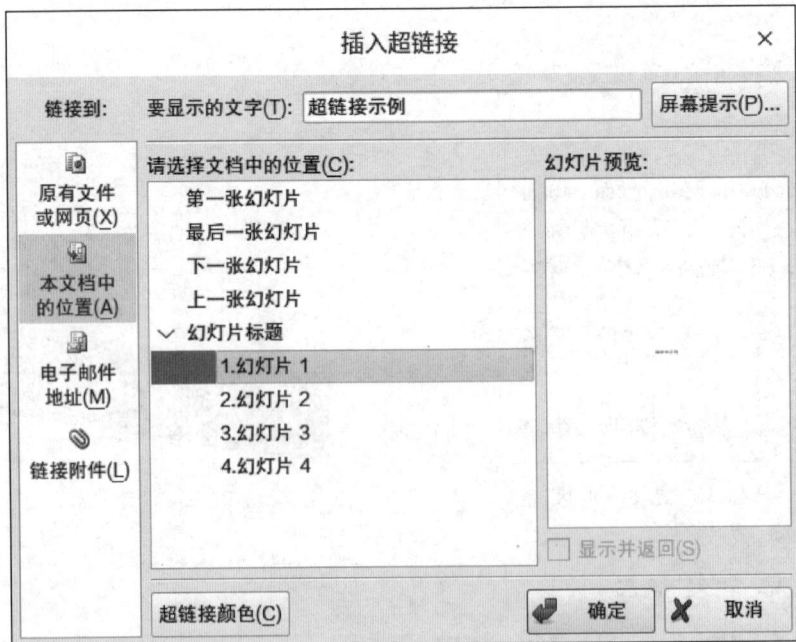

图 12-30　超链接到本文档中的位置

2. 链接到不同演示文稿中的幻灯片

超链接还可以将幻灯片中的对象与其他文件相链接。选中要建立超链接的对象,在图 12-29 左侧的"链接到"列表框中选择"原有文件或网页"选项,选择其他的演示文稿文件,如图 12-29 所示,单击"确定"按钮,便将选中的幻灯片中的对象链接到另一个演示文稿中。

3. 链接到网页页面或文件

超链接还可以将幻灯片中的对象与 Web 上的页面或文件相链接。选中幻灯片中建立超链接的对象,在图 12-29 左侧的"链接到"列表框中选择"原有文件或网页"选项,单击"地址"文本框,粘贴或输入要链接到的网页地址,单击"确定"按钮。幻灯片放映时,单击创建超链接的对象,便会跳转到链接的网页。

4. 链接到电子邮件地址

选中要建立超链接的对象,在图 12-29 左侧的"链接到"列表框中选择"电子邮件地址"选项,如图 12-31 所示,在"电子邮件地址"文本框中输入需要链接到的邮件地址,同时可以在"主题"文本框中输入电子邮件的主题,单击"确定"按钮即可。

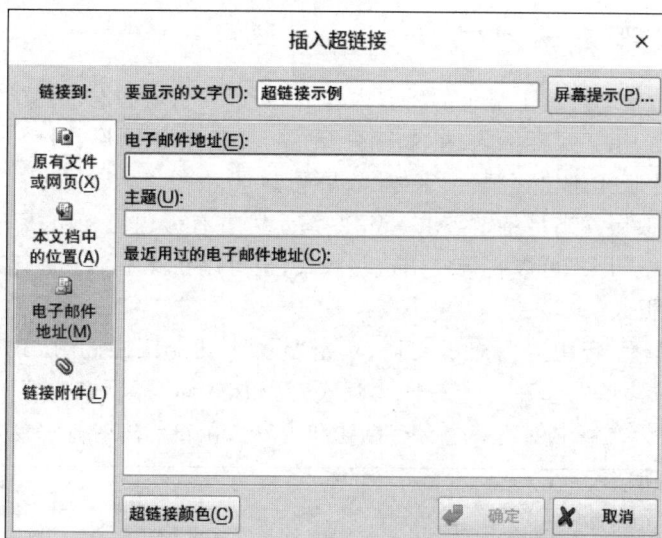

图 12-31　超链接到电子邮件地址

12.4　幻灯片版式设置

12.4.1　使用模板

打开 WPS 演示,单击"从模板新建"按钮,打开"新建"界面,如图 12-32 所示,单击"本地模板"下的模板链接可以从本地模板创建新的演示文稿,单击"查看免费模板"可以在线选择模板创建演示文稿。

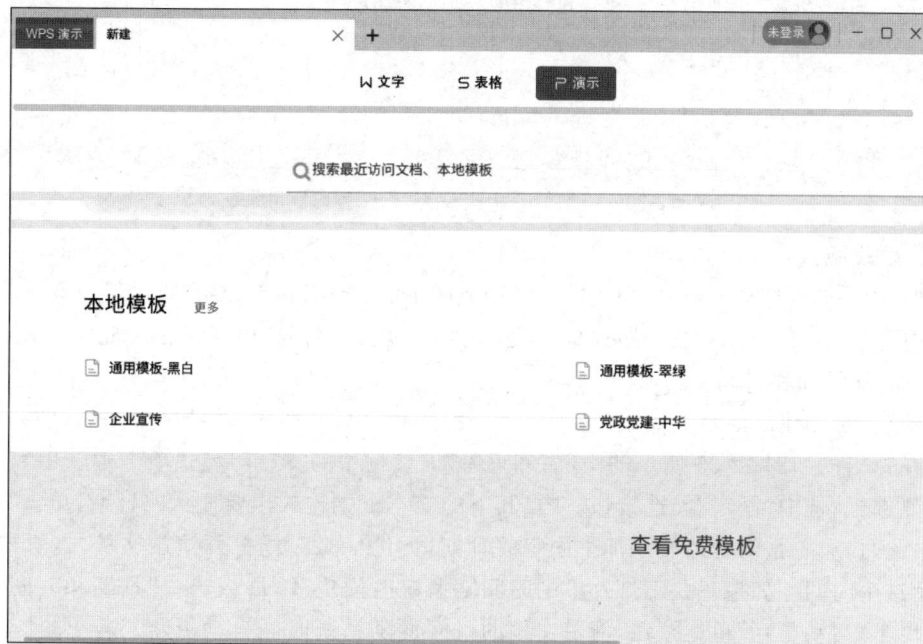

图 12-32　使用模板

12.4.2 版式设置

幻灯片版式包含幻灯片上显示的所有内容的格式、位置和占位符框。占位符是幻灯片版式上的虚线容器,用于保存标题、正文文本、表格、图表、智能图形、图片、剪贴画、视频和声音等内容。幻灯片版式还包含颜色、字体、效果和背景主题。WPS 演示包括内置的幻灯片版式,用户可以修改版式满足特定需求。WPS 演示内置有标题幻灯片、标题和内容、节标题等多种幻灯片版式。用户可以直接使用这些版式,也可以在此基础上进行其他内容的添加。

1. 使用内置版式

启动 WPS 演示,新建空白演示文稿,单击"设计"功能区中的"版式"按钮,在弹出的"Office 主题"下拉菜单中选择一个幻灯片版式,例如,选择"标题和内容"版式,如图 12-33所示,即可以在演示文稿中创建一个含有标题和内容占位符的幻灯片。

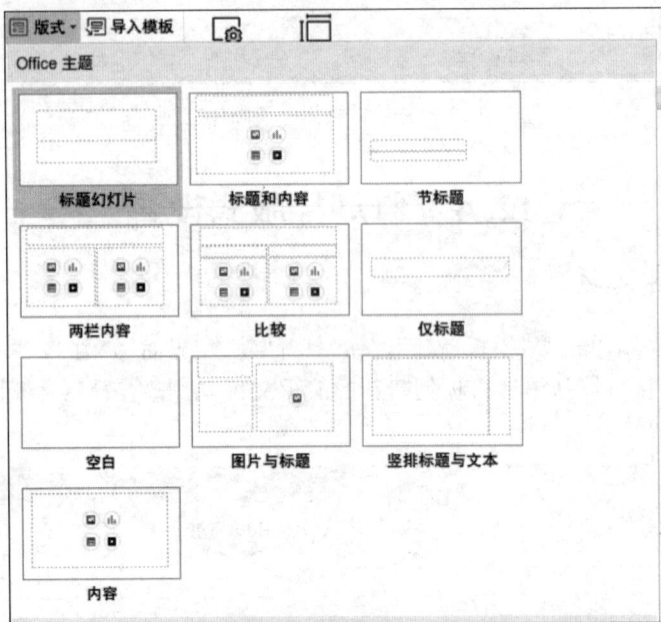

图 12-33　将幻灯片版式设为"标题和内容"版式

2. 更改版式

选中上一步新建的幻灯片,单击"设计"功能区中的"版式"按钮,在弹出的下拉菜单中选择"两栏内容"版式,便将幻灯片的版式从"标题和内容"更改为"两栏内容"版式,如图 12-34 所示。

3. 添加日期和时间

在上一步创建的演示文稿中,选中第 1 张幻灯片,单击"插入"功能区中的"日期和时间"按钮,在弹出的如图 12-35 所示的"页眉和页脚"对话框中的"幻灯片"选项卡中选中"日期和时间"复选框,选中"固定"单选按钮,并在其下的文本框中输入想要显示的日期,单击"应用"按钮。此时,第 1 张幻灯片便添加了固定的日期,无论什么时候打开演示文稿,这页幻灯片都显示这个时间。如果想要幻灯片中的时间随系统时间更改,那么选中"日期和时间"复选框后,单击"自动更新"单选按钮,演示文稿的时间便随系统时间自动更新。若单击"全部应用"按钮,演示文稿的所有幻灯片都将添加日期和时间。

图 12-34　更改幻灯片版式

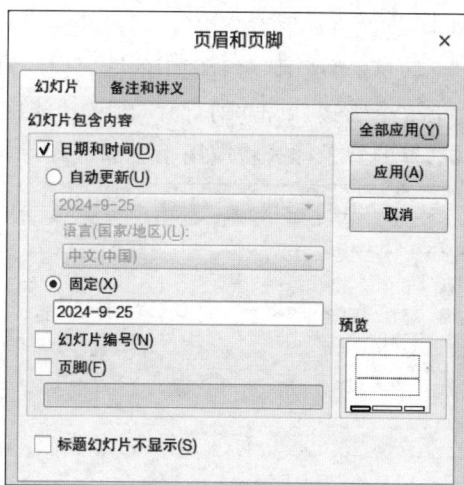

图 12-35　添加日期和时间

4. 添加幻灯片编号

在上文所述的演示文稿中,选中第 2 张幻灯片缩略图,单击"插入"功能区中的"幻灯片编号"按钮,在弹出的如图 12-35 所示的"页眉和页脚"对话框的"幻灯片"选项卡中选中"幻灯片编号"复选框,单击"应用"按钮便为第 2 张幻灯片添加了编号;若单击"全部应用"按钮便为演示文稿中的所有幻灯片添加了编号。

12.4.3　母版设置

幻灯片母版使所有的幻灯片包含相同的字体和图像(如徽标),在一个位置中便可以进行这些更改,这些更改将应用到所有幻灯片。在 WPS 演示的"视图"选项卡上,母版类型有三种,分别是幻灯片母版、讲义母版、备注母版。

1. 认识母版视图

(1) 幻灯片母版。

幻灯片母版是制作幻灯片过程中应用最多的母版,它相当于一种存储了幻灯片所有信息的模板,如果幻灯片母版发生变化,使用母版的幻灯片也会发生变化。

(2) 讲义母版。

讲义母版提供在一张打印纸上同时打印 1、2、3、4、6、9 张幻灯片的版面布局选择,同时可以设置页眉与页脚的默认样式。

(3) 备注母版。

设置向各幻灯片添加备注文本的默认样式。

2. 设计母版

(1) 设计背景格式。

幻灯片母版背景格式的设置,与幻灯片背景格式的设置方法基本相同,只是幻灯片母版版式背景的设计需要在幻灯片母版视图下进行。一般情况下,打开母版视图,会看到多张幻灯版。其中,第 1 张幻灯片为幻灯片母版,除此以外默认包含 11 张幻灯版母版版式。如果修改幻灯版母版背景,那么幻灯片母片和所有幻灯片母版版式的背景格式都会同步修改,但如果修改幻灯片母版版式的背景格式,那么只有所选幻灯片母版版式的背景格式发生变化,其他幻灯片母版和幻灯片母版版式的背景不会相应进行修改。

继续使用上文的演示文稿,单击"视图"功能区中的"幻灯片母版"按钮,进入幻灯片母版视图,选中幻灯片母版中的第一个版式,单击"幻灯片母版"功能区中的"背景"按钮,在侧边栏中设置合适的背景样式,选择的背景样式将应用于全部幻灯片,如图 12-36 所示。

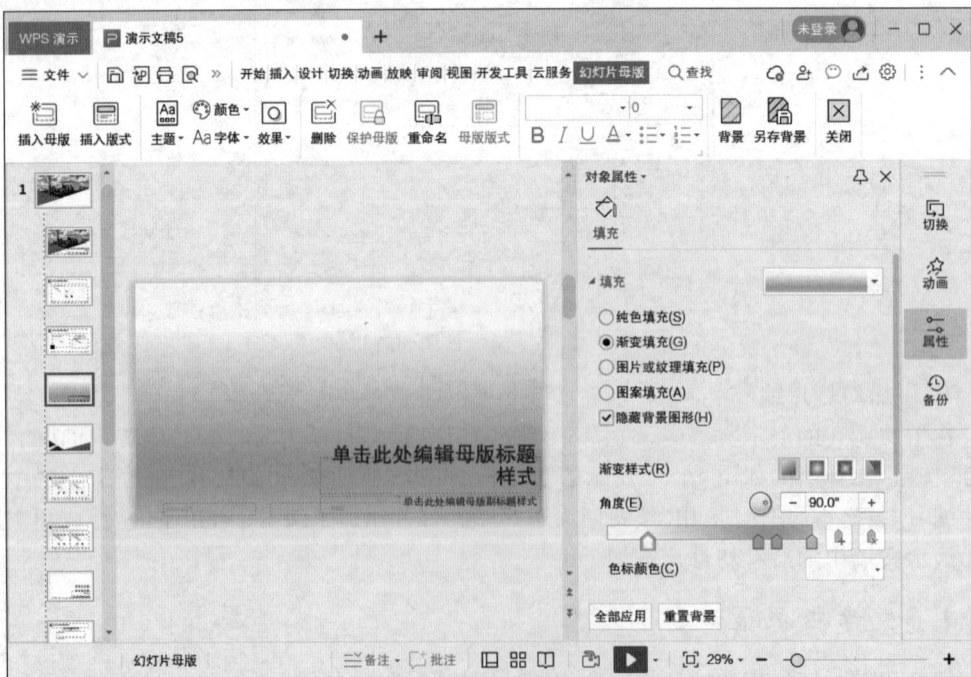

图 12-36 设置母版背景格式

（2）设计占位符。

通过设计幻灯片母版中的占位符，可以让演示文稿中的所有幻灯片拥有相同的字体格式、段落格式等。

继续使用上文演示文稿，打开幻灯片母版，选择幻灯片母版中的标题占位符，选择"开始"功能区中的"字体"，将字体设置为"CESI 黑体-GB2312"，字号设置为"51"，单击"倾斜"按钮和"文字阴影"按钮，字体颜色设置为"绿色"。完成幻灯片母版标题字体设置。

选择幻灯片母版内容占位符，单击"开始"功能区中的"增大字号"按钮，单击"加粗"按钮。单击"开始"功能区中的"项目符号"下拉按钮，在弹出的列表中选择"箭头项目符号"选项，完成幻灯片母版内容字体设置。

关闭幻灯片母版，可以看到幻灯片的标题和内容部分的字体，都更改为在母版中设置的相应的字体，如图 12-37 所示。

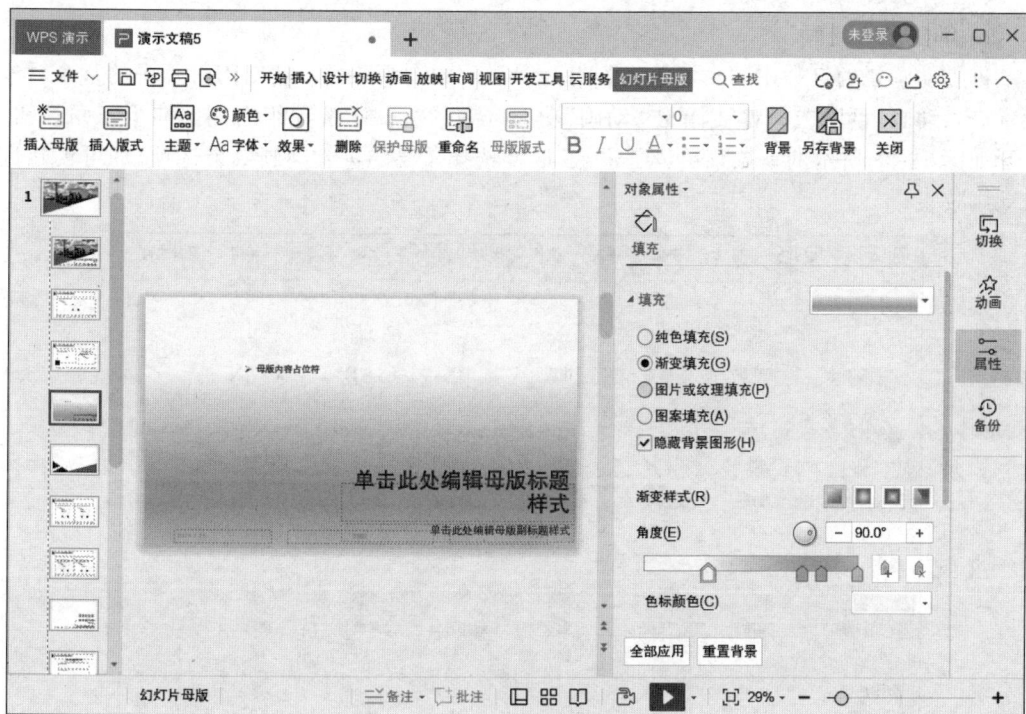

图 12-37　设置母版占位符格式

（3）设计页眉页脚。

如果需要在幻灯片中添加统一的日期、时间、编号等内容，可以通过幻灯片母版快速设计。在上文打开的演示文稿中，打开幻灯片母版视图，选择幻灯片母版，单击"插入"功能区中的"页眉页脚"按钮，打开如图 12-35 所示的"页眉和页脚"对话框，勾选"日期和时间"复选框。如果需要为幻灯片添加固定的日期，选择"固定"单选按钮，在"固定"下面的文本框中输入固定的时间；如果希望为幻灯片添加的时间随系统时间而变化，则选择"自动更新"单选按钮，在"自动更新"下面的文本框中选择日期和时间的类型，完成对"日期和时间"的设计。勾选"幻灯片编号"复选框，便为幻灯片添加了编号。勾选"页脚"复选框，为幻灯片母版添加了页脚内容，在"页脚"下的文本框中输入想在所有幻灯片页脚显示的内容，例如，输入"幻灯片页脚内容"文字,单击"应用到全部"按钮,便将设置内容全部应用到幻灯片母版和幻灯片版式。

12.5　动 画 设 置

12.5.1　创建动画

在制作演示文稿的时候,使用动画效果可以大大提高演示文稿的表现力,在展示过程中起到画龙点睛的作用,提高观众对演示文稿的兴趣。但也要注意适当使用,并尽可能简化,其中最好包含制作者的创意,才能使动画效果发挥其应有的作用,避免适得其反。

WPS演示可以将动画效果应用于个别幻灯片上的文本或对象、幻灯片母版的文本或对象,或者自定义幻灯片版式上的占位符。

1. 创建进入动画

进入动画是幻灯片中的对象进入幻灯片时显示的动画效果。要对幻灯片中的某个对象设置进入动画,可以选中对象,单击"动画"功能区中的"动画"选项组右侧的向下三角按钮,打开如图 12-38 所示的下拉菜单,在"进入"区域选择需要的进入动画效果选项,即可创建进入动画效果。

图 12-38　创建动画

2. 创建强调动画

强调动画主要对幻灯片中的对象进行强调显示。要对幻灯片中的某个对象进行强调,可以先选中对象,然后在图 12-38 中的"强调"区域选择需要强调的动画效果选项,创建强调动画效果。

3. 创建退出动画

退出动画主要对幻灯片中的对象退出幻灯片的方式进行设置。要对幻灯片中的某个对象退出幻灯片进行动画设置,可以先选中对象,然后在图 12-38 中的"退出"区域选择需要的退出动画效果选项,创建退出动画效果。

4. 创建路径动画

路径动画可以使对象进行上下、左右移动,或者沿着星形、椭圆形等图案移动。要对幻灯片中的某个对象进行路径设置,可以先选中对象,然后在图 12-38 中的"动作路径"区域选择需要的路径动画效果选项,创建路径动画效果。

如果下拉列表中没有需要的动画效果,可以单击右侧的下拉按钮,在打开的更丰富的动画效果列表中,选择需要的动画选项。

12.5.2 设置动画

为幻灯片对象创建了不同类型的动画之后,还需要对动画效果的类型、动画效果的相对顺序、动画持续时间等内容进行设置。

1. 查看动画列表

单击"动画"功能区中的"动画窗格"按钮,可以在页面右侧打开"动画窗格",如图 12-39 所示,在这个窗格中可以查看幻灯片上的所有动画。

动画窗格中每一行代表一个动画项目。其中每个项目前面的编号表示幻灯片中所有动画的播放顺序,这个编号与幻灯片上显示的不可打印的动画编号标记对应。序号右侧的图标颜色代表动画效果的类型。动画项目最右侧是菜单图标,选中目标后,会看到相应的菜单图标,也就是一个向下的箭头,单击此图标可以弹出如图 12-40 所示的"动画项目设置"菜单。在该菜单中可以对动画项目进行进一步的设置。

2. 调整动画顺序

幻灯片中动画播放顺序可以调整。选中需要调整播放次序的动画,单击"动画窗格"下方"重新排序"的"向上"或"向下"按钮,便可将选中的动画顺序向前或向后调整顺序。调整动画顺序的另一个方法是,选中需要调整播放次序的动画,拖动鼠标将动画移动到需要的位置,便可以将选中动画的顺序向前或向后调整。

3. 动画效果

每一个动画项目在基本的动画类型基础上,还可以设置其他的动画效果。在"动画窗格"中选中动画项目,然后单击右侧的下拉菜单按钮,在弹出的如图 12-40 所示的下拉菜单中选择"效果选项",则会打开对应动画的对话框,如图 12-41 所示为"出现"效果选项对话框。在该效果选项对话框中进行设置。不同类型的动画效果,

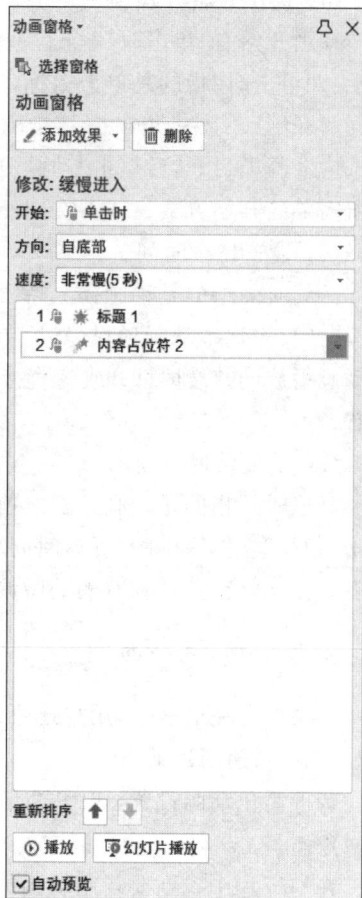

图 12-39 动画窗格

其可选的效果选项不同,用户可以根据设置的动画效果,选择合适的效果选项,优化动画设置。

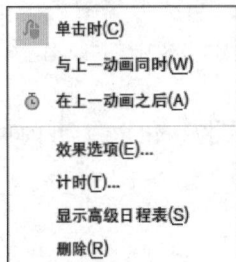

图 12-40　"动画项目设置"菜单	图 12-41　"出现"效果选项对话框

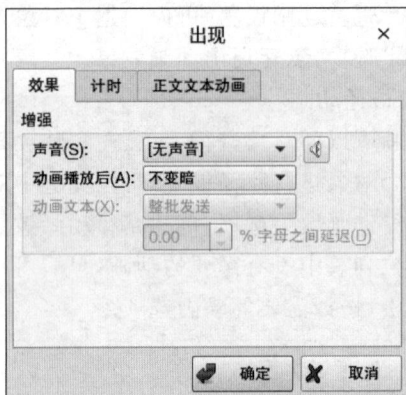

4. 设置动画时间

为了达到更好的效果,创建动画后,还需要为动画指定开始方式、持续时间和延迟时间。

(1) 选择开始方式。

动画开始有"单击时""与上一动画同时""在上一动画之后"三种开始方式,如图 12-40所示。"单击时"指的是单击鼠标,动画开始;"与上一动画同时"指的是本动画与上一个动画同时开始;"上一动画之后"指的是上一动画结束,本动画自动开始。设置动画开始方式,先选中动画项目,然后单击"动画"功能区中的"开始播放"下拉菜单,从弹出的下拉列表中选择所需要的开始方式。或者在图 12-40 中进行设置。

(2) 设置持续时间。

持续时间指的是动画播放持续的时间长度,其时间长短决定了动画播放的快慢。设置持续时间,先选中动画项目,然后单击"动画"功能区中的"持续时间"微调框的微调按钮,调整动画播放的持续时间;或者直接在"持续时间"微调框中输入时间,完成动画持续时间的设置。

(3) 设置延迟时间。

延迟时间指的是动画开始之前需要等待的时间。设置延迟时间,先选中动画项目,然后单击"动画"功能区中的"延迟时间"微调框的微调按钮,调整动画播放之前需要延迟的时间;或者直接在"延迟时间"右侧的微调框中输入时间,完成动画延迟时间的设置。

12.5.3　编辑动画

动画设置完成之后,用户还可以根据需要,对动画进行编辑。

1. 复制动画效果

为了简化动画设置,WPS 演示提供了动画复制功能。在幻灯片中选中已经设置了动画的对象 1,单击"动画"功能区中的"动画刷"按钮,此时幻灯片中的鼠标指针变为动画刷的形状。在幻灯片中找到要复制动画的对象 2,用动画刷单击要复制动画的对象 2,即可将对象 1 的动画复制给对象 2。此时对象 2 具有和对象 1 完全相同的动画。

2．测试动画

为幻灯片设置动画效果后，可以对设置效果进行预览。单击"动画"功能区中的"预览效果"按钮，可以查看幻灯片动画设置效果。"预览效果"按钮下方的下拉按钮中有"预览效果"和"自动预览"两个选项，如果勾选"自动预览"复选框，则每次为幻灯片对象创建动画后，WPS演示会自动在幻灯片窗格中预览动画效果。

3．删除动画

为对象创建动画效果后，可以根据需要删除动画。

（1）选中幻灯片已经设置动画的对象，单击"动画"功能区中的"删除动画"按钮，在弹出的如图 12-42 所示的下拉列表中选择"删除选中对象的所有动画""删除选中幻灯片的所有动画"或"删除演示文稿中的所有动画"选项，完成对动画效果的删除。也可以在图 12-39 中直接单击"删除"按钮，删除所选中项目的动画效果。

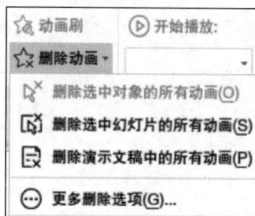

（2）在"动画窗格"中选中要移除的动画选项，单击动画选项的菜单图标，在弹出的下拉列表中选择"删除"选项，即可删除选中的动画选项。这种方法可以单独删除对象中的某一个动画效果。

图 12-42　删除动画

12.6　幻灯片切换

12.6.1　添加切换效果

WPS演示除了可以为幻灯片中的对象设置动画，还可以对幻灯片切换进行动画设置，以使幻灯片的放映更加生动。

WPS演示提供了多种幻灯片切换效果。如果要为幻灯片添加切换效果，先选中幻灯片，然后选择"切换"功能区中的"切换效果"选项组的切换效果。如果单击"切换效果"选项组右下角的向下三角按钮，可以打开如图 12-43 所示的下拉列表，这里有更多的切换效果。选择一个切换效果，例如选择"百叶窗"选项，便为选中幻灯片添加了该切换效果。

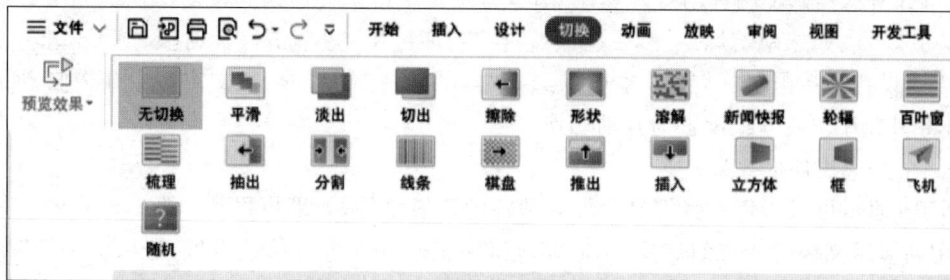

图 12-43　幻灯片切换效果

12.6.2　设置切换效果

1．重置切换效果

幻灯片切换有不同的切换效果，用户可以将现有切换效果重置成不同的效果。先选中重置切换效果的幻灯片,然后单击"切换"功能区中的"切换效果"选项组右下角的向下三角按钮,在打开的如图 12-43 所示的下拉列表中,选择一个效果选项,便为选中的幻灯片重新设置了新的切换效果。

2. 为切换添加声音

为使演示文稿的放映更生动形象,WPS 演示还为幻灯片切换提供了声音效果。先选中幻灯片,然后单击"切换"功能区中的"声音"按钮,在弹出的如图 12-44 所示的下拉列表中选择需要的声音效果即可。

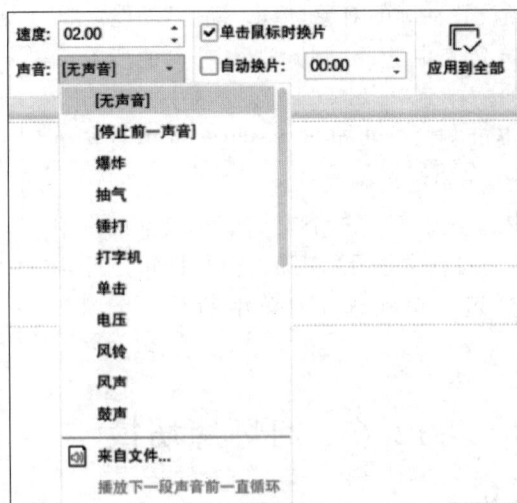

图 12-44　添加切换声音

3. 设置效果持续时间

切换幻灯片时,用户可以为切换设置持续的时间,从而控制切换的速度。先选中想要设置切换持续时间的幻灯片,然后单击"切换"功能区中的"速度"微调按钮,微调切换持续时间;或者直接在微调文本框中输入所需要的具体时间,即可完成对切换持续时间的设置。

4. 设置切换方式

WPS 演示提供了两种幻灯片切换方式,分别是单击鼠标切换和自动切换。如果要设置切换方式,可以先选中幻灯片,然后选择"切换"功能区中的"单击鼠标时换片"复选框,便将切换方式设置为单击鼠标切换;也可以选择"自动换片"复选框,在文本框中输入自动换片时间,将幻灯片切换方式设置为自动切换。

5. 全部应用切换效果

WPS 演示可以为每一张幻灯片设置独特的切换效果,如果想将某一张幻灯片的切换效果应用到演示文稿的所有幻灯片,不需要对每一张幻灯片进行单独设置,可以应用 WPS 演示提供的"应用到全部"按钮来实现。单击想要全部应用的幻灯片,按上文所述设置好其切换效果,然后单击"切换"功能区中的"应用到全部"按钮,即为所有幻灯片设置了相同的切换效果。

6. 预览切换效果

设置过切换效果的幻灯片,可以在放映幻灯片时查看切换效果,也可以设置后预览效果。预览切换效果时,先选中设置过切换效果的幻灯片,然后单击"切换"功能区中的"预览效果"按钮,便可以预览切换效果。

12.7 幻灯片放映

12.7.1 演示文稿放映设置

WPS演示中演示文稿有两种放映类型,分别是演讲者放映和在展台自动循环放映。

(1)演讲者放映方式指的是由演讲者一边讲解一边放映幻灯片。这种演示方式一般用于比较正式的场合,如专题讲座、学术报告等。

(2)展台自动循环放映方式指的是让演示文稿自动放映,不需要演讲者操作。这种演示方式一般用于展示场合,如展览会的产品展示。

设置方法是,在"放映"功能区中单击"放映设置"按钮,在弹出的如图12-45所示的"设置放映方式"对话框中的"放映类型"区域选择需要的放映类型,即可完成对演示文稿放映方式类型的设置。

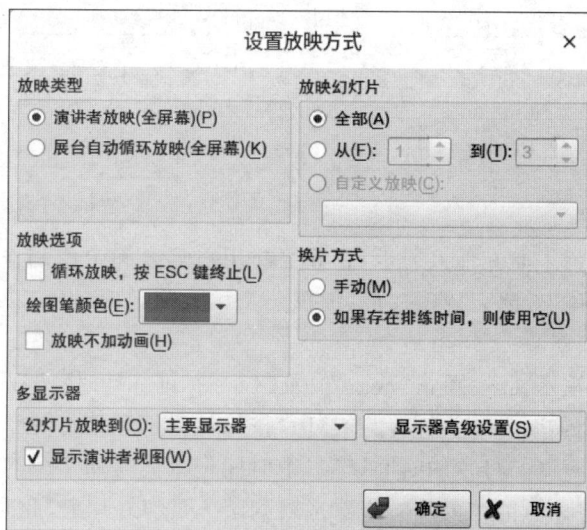

图 12-45 "设置放映方式"对话框

演示文稿的放映默认是从头开始放映,用户可以根据实际需要,从当前幻灯片开始放映,还可以通过 WPS 演示提供的自定义放映功能,为幻灯片设置多种放映方式。

1. 从头开始放映

打开演示文稿,单击"放映"功能区中的"从头开始"按钮,则系统从头开始播放幻灯片。单击鼠标,或按 Enter 键,或按空格键,都可以实现幻灯片的切换。

2. 从当前幻灯片开始放映

打开演示文稿,选中演示文稿中的任意一张幻灯片,然后单击"放映"功能区中的"当页开始"按钮,则系统从选中幻灯片开始播放。单击鼠标,或按 Enter 键,或按空格键,都可以实现幻灯片的切换。

3. 自定义多种放映方式

单击"放映"功能区中的"自定义放映"按钮,在弹出的如图12-46所示的"自定义放映"

对话框中,单击"新建"按钮,弹出如图 12-47 所示"定义自定义放映"对话框,在"在演示文稿中的幻灯片"区域列表框中选择需要放映的幻灯片,单击"添加"按钮,将选中的幻灯片添加到"在自定义放映中的幻灯片"列表框中,单击"确定"按钮,完成自定义放映设置。演示文稿放映时,系统只播放选中的幻灯片。

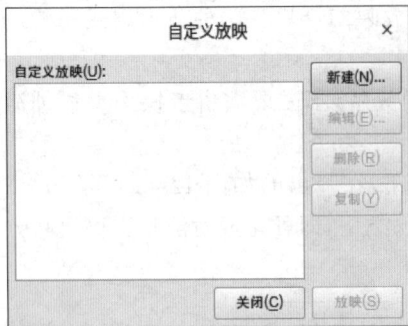

图 12-46 "自定义放映"对话框

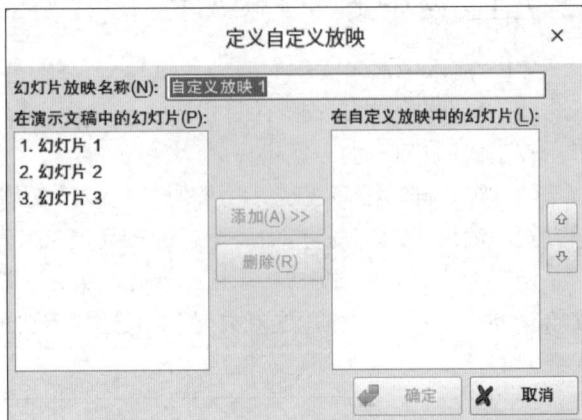

图 12-47 "定义自定义放映"对话框

12.7.2 演示文稿放映控制

1. 使用排练计时

使用演示文稿是为了向其他人展示,在此之前用户需要确定所制作的演示文稿展示需要的时间,以达到更好的效果。WPS 演示提供了文稿放映计时功能,以便帮助用户对文稿展示时间进行把握。

打开需要展示的演示文稿,单击"放映"功能区中的"排练计时"按钮,此时系统会自动切换到放映模式,并弹出如图 12-48 所示的幻灯片排练计时框。幻灯片排练计时框中的第一个时间记录的是放映每张幻灯片的时间,第二个时间记录的是所有幻灯片累计总的放映时间。在放映排练过程中,可能需要临时查看或跳到某一页幻灯片上,此时可通过"录制"对话框中的按钮实现。单击幻灯片排练计时框中的"下一项"按钮,可以切换到下一张幻灯片;单击"暂停"按钮,可以暂时停止计时,再次单击此按钮时计时恢复;单击"重复"按钮,可以重复排练当前幻灯片。排练完成后,系统会显示一个警告的消息框,如图 12-49 所示,显示当前演示文稿按要求放映完成总共所需要的时间,并询问是否保留新的幻灯片排练时间。此时单击"是"按钮,完成幻灯片的排练计时,并保留了新的幻灯片排练时间。

图 12-48 幻灯片排练计时

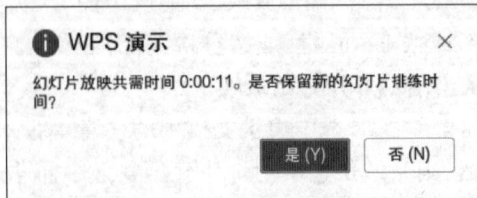

图 12-49 消息框

2. 自动放映

利用排练计时,用户可以设置幻灯片自动放映。在排练计时结束后,WPS 演示会自动切换到"幻灯片浏览"视图,可以看到演示文稿中每张幻灯片播放的时长。再单击"放映"功能区中的"放映设置"按钮,在弹出的如图 12-45 所示的"设置放映方式"对话框中的"换片方式"区域选择"如果存在排练时间,则使用它"单选按钮,单击"确定"按钮。最后单击"放映"功能区中的"从头开始"按钮,幻灯片则按照排练计时确定的时间自动放映。

12.8　幻灯片打印

1. 打印设置

在打开的 WPS 演示文稿窗口中选择"文件",在其打开的下拉菜单中选择"打印"选项或者单击功能区"打印"快捷按钮,打开如图 12-50 所示的"打印"对话框。在对话框的"打印机"区域单击"名称"下拉列表,选择打印机,如需双面打印,勾选"双面打印"复选框。在"打印范围"区域,选择需要打印的内容范围,如需要全部打印,单击"全部"单选按钮;如只需要打印当前页,单击"当前幻灯片"单选按钮;如需要此外的特定页面,可在"幻灯片"文本框中输入需要打印的页码(如 1,2,3;1-9)。在"份数"区域,在"打印份数"文本框中输入需要打印的文档份数。

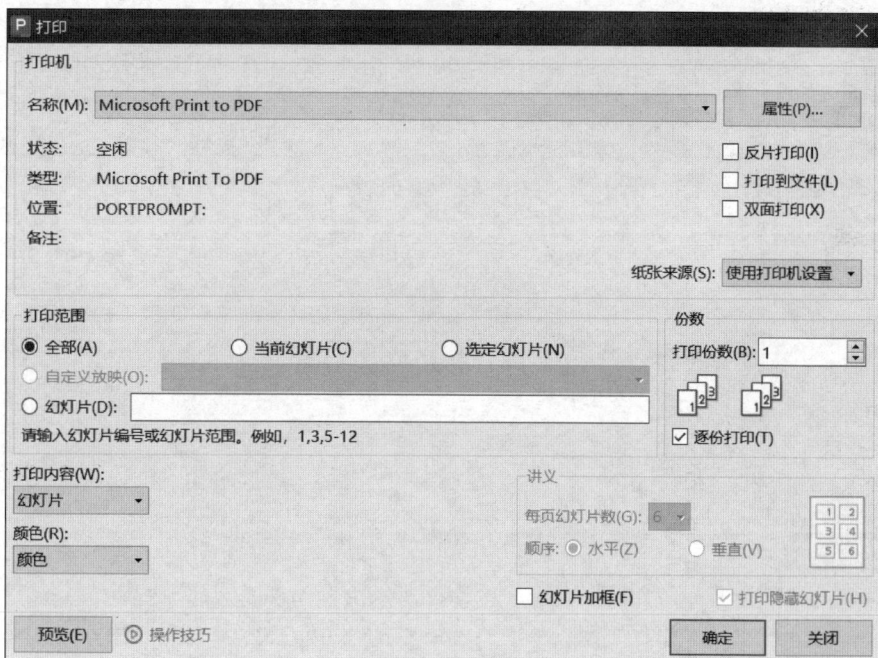

图 12-50　"打印"对话框

如需要在一页纸中打印多版幻灯片,需要使用讲义功能。在"打印内容"区域单击"打印内容"下面的下拉三角按钮,选择"讲义",选择"颜色";在"讲义"区单击"每页幻灯片数"右侧的下拉三角按钮,在下拉菜单中选择每页幻灯片数,确定打印顺序后,单击"确定"按钮开始打印。

2. 打印预览与打印

在打开的 WPS 演示文稿窗口中选择"文件",在其下拉菜单中单击"打印"选项中的"打印预览"按钮或者单击功能区"打印预览"快捷按钮,打开如图 12-51 所示的"打印预览"窗口。在该状态下,用户可以查看在上一步中设置的文档打印内容,可以快捷调整打印机、打印份数和打印方向等内容,单击"直接打印"按钮进行文档打印,单击下拉列表,选择"打印"命令,打开如图 12-50 所示的"打印"对话框,用户可以再次对文档打印内容进行设置,单击"确定"按钮进行打印。单击"关闭"按钮退出打印预览窗口。

图 12-51　打印预览

图书资源支持

感谢您一直以来对清华版图书的支持和爱护。为了配合本书的使用，本书提供配套的资源，有需求的读者请扫描下方的"书圈"微信公众号二维码，在图书专区下载，也可以拨打电话或发送电子邮件咨询。

如果您在使用本书的过程中遇到了什么问题，或者有相关图书出版计划，也请您发邮件告诉我们，以便我们更好地为您服务。

我们的联系方式：

清华大学出版社计算机与信息分社网站：https://www.shuimushuhui.com/

地　　址：北京市海淀区双清路学研大厦 A 座 714

邮　　编：100084

电　　话：010-83470236　　010-83470237

客服邮箱：2301891038@qq.com

QQ：2301891038（请写明您的单位和姓名）

资源下载：关注公众号"书圈"下载配套资源。

资源下载、样书申请　　　图书案例

书圈　　　清华计算机学堂　　　观看课程直播